＼初心者から／

ちゃんとしたプロになる

# Phot

# 基礎入門

Photoshop 2024 対応！

NEW STANDARD FOR PHOTOSHOP

おのれいこ 著

改訂
2版

books.MdN.co.jp
MdN
エムディエヌコーポレーション

# はじめに

本書に、そしてPhotoshopに興味を持ってくださり、ありがとうございます。

私は長年フリーランスのWebデザイナーとして活動しているのですが、Photoshopが大好きで、趣味からはじめた写真の補正も、今ではレタッチャーや講師として仕事になるほど楽しんでいます。

近年は転職市場の活性化や、政府のリスキリング支援などのきっかけもあり、新しいことを学びはじめる人が増えてきました。本書を手にしたあなたも、新しくPhotoshopをはじめてみたいと思ったのではないでしょうか。

本書は、そんな方に向けた入門書です。今回は改訂版となりますが、多くの節を新規で執筆し、初めてPhotoshopに触れる方に、さらに寄り添った内容としました。

Lesson1ではPhotoshopの画面の見方や基本を学び、Lesson2・3では基本的な写真補正、Lesson4では人物の補正について学びます。ここまでに写真の切り抜きや補正といった、Photoshopの代表的な機能が集約されています。またLesson5〜7では補正以外の機能などについてもしっかり学習できるようになっています。作品制作に使える技・機能を重点的に解説していますので、アイデア次第でさまざまなオリジナル作品に応用していただけます。Lesson8・9は学んだことを活かす実践パートですが、解説もしっかりあるので難しくありません。最後のLesson10ではPhotoshop 2024から追加された新機能にも触れます。

本書には、趣味にも仕事にも生きるテクニックが詰まっています。SNSでイベントを告知するバナー、自作の雑貨をネット通販するための商品画像、動画配信サービスのサムネール、どれもPhotoshopの知識があればすぐに作ることができます。

本書で学び、さまざまな作例をいっしょに作りながら、あなたの活動が充実したものになりますように。

2024年5月

おの れいこ

# Contents 目次

# 本書の使い方

本書は、Photoshopを使って写真・画像の編集にチャレンジしてみようという方に向けた本です。Photoshopの画面の見方や基本的な使い方、写真や画像を編集・加工する方法を解説しています。本書の紙面の構成は以下のようになっています。

## ① 記事テーマ

記事番号とテーマタイトルを示しています。

## ② 解説文

記事テーマの解説。文中の重要部分は太字で示しています。

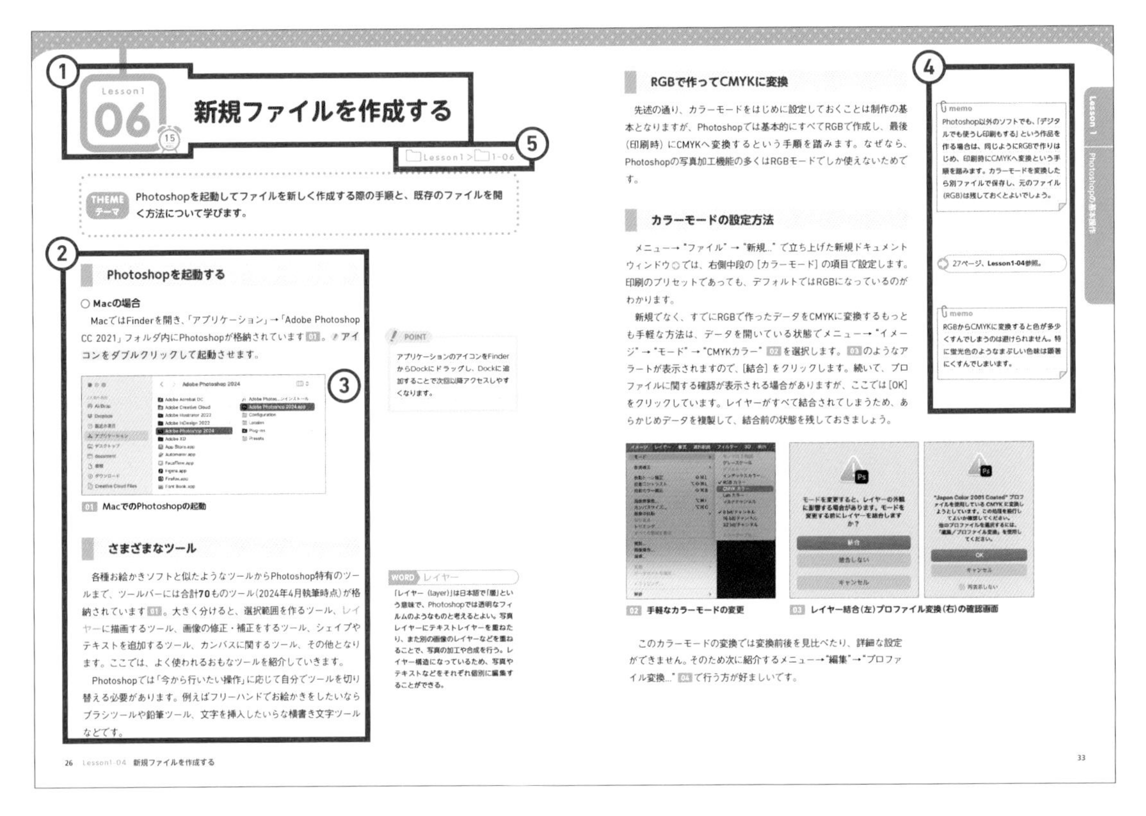
Lesson1 06 新規ファイルを作成する

Lesson1 > 1-06

THEME テーマ Photoshopを起動してファイルを新しく作成する際の手順と、既存のファイルを開く方法について学びます。

**Photoshopを起動する**

○ Macの場合

MacではFinderを開き、「アプリケーション」→「Adobe Photoshop CC 2021」フォルダ内にPhotoshopが格納されています 01 。アイコンをダブルクリックして起動させます。

01 MacでのPhotoshopの起動

POINT アプリケーションのアイコンをFinderからDockにドラッグし、Dockに追加することで次回以降アクセスしやすくなります。

**さまざまなツール**

各種お絵かきソフトと似たようなツールからPhotoshop特有のツールまで、ツールバーには合計70ものツール(2024年4月執筆時点)が格納されています 01 。大きく分けると、選択範囲を作るツール、レイヤーに描画するツール、画像の修正・補正をするツール、シェイプやテキストを追加するツール、カンバスに関するツール、その他となります。ここでは、よく使われるおもなツールを紹介していきます。

Photoshopでは「今から行いたい操作」に応じて自分でツールを切り替える必要があります。例えばフリーハンドでお絵かきをしたいならブラシツールや鉛筆ツール、文字を挿入したいなら横書き文字ツールなどです。

WORD レイヤー 「レイヤー(layer)」は日本語で「層」という意味で、Photoshopでは透明なフィルムのようなものと考えるとよい。写真レイヤーにテキストレイヤーを重ねたり、また別の画像のレイヤーなどを重ねることで、写真の加工や合成を行う。レイヤー構造になっているため、写真やテキストなどをそれぞれ個別に編集することができる。

26 Lesson1-04 新規ファイルを作成する

**RGBで作ってCMYKに変換**

先述の通り、カラーモードをはじめに設定しておくことは制作の基本となりますが、Photoshopでは基本的にすべてRGBで作成し、最後(印刷時)にCMYKへ変換するという手順を踏みます。なぜなら、Photoshopの写真加工機能の多くはRGBモードでしか使えないためです。

**カラーモードの設定方法**

メニュー→"ファイル"→"新規..."で立ち上げた新規ドキュメントウィンドウ○では、右側中段の[カラーモード]の項目で設定します。印刷のプリセットであっても、デフォルトではRGBになっているのがわかります。

新規でなく、すでにRGBで作ったデータをCMYKに変換するもっとも手軽な方法は、データを開いている状態でメニュー→"イメージ"→"モード"→"CMYKカラー" 02 を選択します。 03 のようなアラートが表示されますので、[結合]をクリックします。続いて、プロファイルに関する確認が表示される場合がありますが、ここでは[OK]をクリックしています。レイヤーがすべて結合されてしまうため、あらかじめデータを複製して、結合前の状態を残しておきましょう。

02 手軽なカラーモードの変更

03 レイヤー結合(左)プロファイル変換(右)の確認画面

このカラーモードの変換では変換前後を見比べたり、詳細な設定ができません。そのため次に紹介するメニュー→"編集"→"プロファイル変換..." 04 で行う方が好ましいです。

memo Photoshop以外のソフトでも、「デジタルでも使うし印刷もする」という作品を作る場合は、同じようにRGBで作りはじめ、印刷時にCMYKへ変換という手順を踏みます。カラーモードを変換したら別ファイルで保存し、元のファイル(RGB)は残しておくとよいでしょう。

27ページ、Lesson1-04参照。

memo RGBからCMYKに変換すると色が多少くすんでしまうのは避けられません。特に蛍光色のようなまぶしい色味は顕著にくすんでしまいます。

Lesson 1 Photoshopの基本操作

33

## ③ 図版

Photoshopのパネル類や作例画像などの図版を掲載しています。

## ④ 側注

POINT 重要部分を詳しく掘り下げています(一部、解説文の黄色マーカーに対応)。

memo 実制作で知っておくと役立つ内容を補足的に載せています。

WORD 用語説明。解説文の色つき文字と対応しています。

## ⑤ サンプルの収録フォルダ

学習用のダウンロードデータの中で、その記事で使われている素材画像やサンプルファイルなどが収録されているフォルダ名を示しています。

## ● メニューの表記

画面上部に表示されるPhotoshopのメニューを、本書では「メニュー」、ないし「メニューバー」と表記しています。右図のようなメニュー内の項目を指す場合は、「メニュー→“Photoshop 2024”→“設定...”→“一般...”」といった表記をしています。

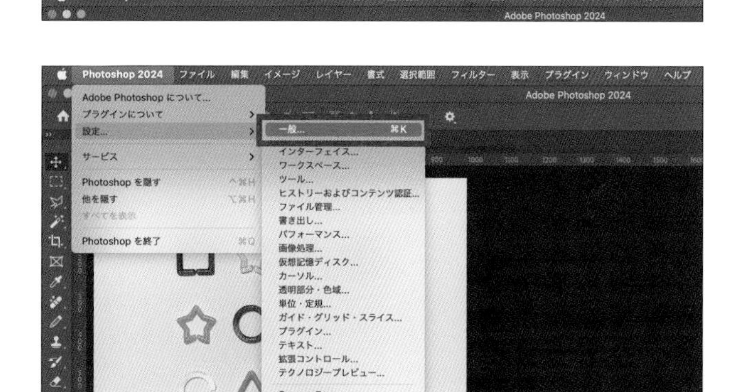


## ● MacとWindowsの違い

本書の内容はMacとWindowsの両OSに対応していますが、紙面の解説や画面はMacを基本にしています。MacとWindowsで操作キーが異なる場合は、Windowsの操作キーをoption［Alt］のように、［　］で囲んで表記しています。また、Macのcommandキーは「⌘」で表記しています。

（ショートカットキーについては、315ページの「ショートカットキー一覧」も合わせてご確認ください。）

**ショートカットキーの表記例**

● ⌘[Ctrl]キー

➡ **Mac** ：⌘(command)キー

➡ **Win** ：Ctrlキー

● ⌘[Ctrl]＋S

➡ **Mac** ：⌘＋Sキーを同時に押す

➡ **Win** ：Ctrl＋Sキーを同時に押す

● option［Alt］キー

➡ **Mac** ：optionキー

➡ **Win** ：Altキー

● option［Alt］＋クリック

➡ **Mac** ：optionキーを押しながらクリック

➡ **Win** ：Altキーを押しながらクリック

## サンプルのダウンロードデータについて

本書の解説で使用しているサンプルデータは、下記のURLからダウンロードしていただけます。

**https://books.mdn.co.jp/down/3223303025/**

数字

【注意事項】

- 弊社Webサイトからダウンロードできるサンプルデータは、本書の解説内容をご理解いただくために、ご自身で試される場合にのみ使用できる参照用データです。その他の用途での使用や配布などは一切できませんので、あらかじめご了承ください。
- 弊社Webサイトからダウンロードできるサンプルデータの著作権は、それぞれの制作者に帰属します。
- 弊社Webサイトからダウンロードできるサンプルデータを実行した結果については、著者および株式会社エムディエヌコーポレーションは一切の責任を負いかねます。お客様の責任においてご利用ください。

Lesson 1

# Photoshopの基本操作

Photoshopを使うと、写真から不要なものをとり除いたり、画像の色を変えたり、さまざまなことが可能になります。まずは、作業画面（ワークスペース）の見方やツールの名前を知ることからはじめてみましょう。

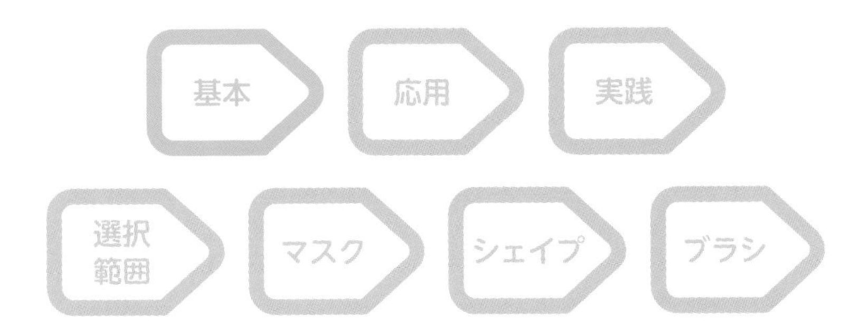

# Photoshopで どんなことができるの？

Photoshopを使ってみたいと思った方の目的は、写真を加工したい、イラストを描きたい、グラフィックを作りたいなどさまざまでしょう。ここでは、Photoshopでどんなことができるのか、Photoshopが得意としていることは何かについて学びます。

## Photoshopとは

「**Photoshop（フォトショップ）**」は、Adobe（アドビ）社のグラフィックソフトのひとつです。1990年に開発され、30年以上ものあいだ進化を続けてきました。プロのクリエイターが使う難しいソフト、という印象があるかもしれませんが、趣味で撮った写真を補正したり、SNSで使う画像を作ったりと手軽な使い方もできます。2016年には「Adobe Sensei（アドビ・センセイ）」と呼ばれるAI（人工知能）が搭載され、より直感的な作業が可能になってきました。

たくさんの機能が詰まったソフトですので、そのすべてを覚えるのはとても大変ですが、**自分のやりたいことや使う目的に合わせて、よく使う機能から覚えていけば難しくありません**。プロのデザイナーでも、Photoshopの機能を100%すべて使いこなしている人はほんのわずかです。

## Photoshopでできること

**Photoshopは、画像の編集や補正を得意とします**。自分で撮った写真をさらにきれいに仕上げることはもちろん、商品写真の色を変えて簡単にカラーバリエーションを増やしたりすることができます 01 02 03。撮影することができないような難しい写真も、合成によって実現させることができます 04。

01 消したい対象を、周辺の色情報に基づいて塗りつぶす

02 室内で撮った暗い写真を美しく見せる(Lesson2-05参照)

03 色を変えることで、商品写真を簡単に量産できる

04 複数の写真と文字を合成し、撮影では難しい画像を作る

## 写真加工だけじゃない

このほか、多彩な「**ブラシ**」や「**テクスチャ**」05 を使ったイラスト制作 06 もできます。ブラシやテクスチャはどんどん追加していくことができるので、慣れてきたらカスタマイズを楽しんでもいいかもしれません。なお、イラストや印刷物に関しては、同じAdobe社のソフト「**Illustrator（イラストレーター）**」のほうが得意な場合もあります。

**memo**
本書では扱いませんが、Photoshopでは平面のオブジェクトを3D化したり、簡単な動画も制作したりできます。つまり3Dソフトや動画制作ソフトを使わなくても、簡単なものであればPhotoshopの機能でできてしまいます。ただし、3Dや動画の制作はPCへの負担が大きいので、ハイスペックなパソコンで行うのが好ましいでしょう。

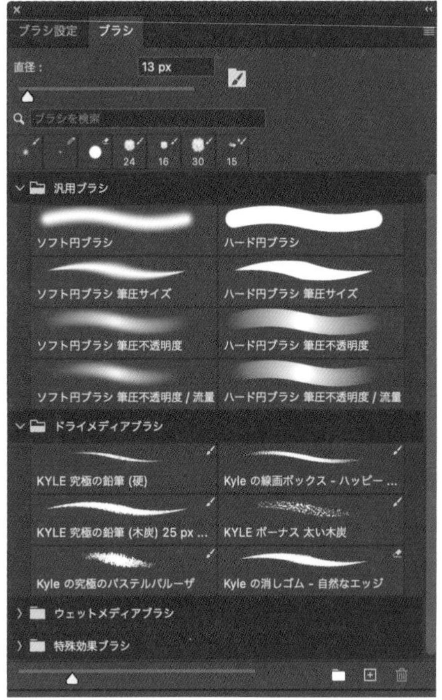

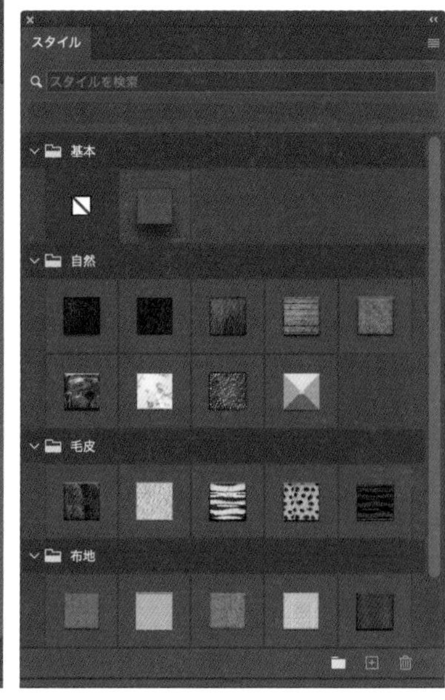


05 さまざまなブラシやテクスチャが用意されている（上はその一部）

©MAKOTO

06 **Photoshopで描いたイラスト**
ブラシをカスタマイズして、絵の線や塗りにさまざまなタッチをつけています

Column

## ラスターデータとベクターデータ

デザイナーやイラストレーターといった職業では、同じAdobe社の「Illustrator」と併用する人が多いです。PhotoshopとIllustratorの大きな違いは、扱うデータがおもに「ラスターデータ」か「ベクターデータ」かという点です 01 。

ラスターデータとは、小さな点（ピクセル）の集まりでできた画像データです。みなさんが目にするデジタル写真は基本的にすべてラスターデータに分類されます。拡大するとギザギザが見えるものです。色情報をもった小さなピクセルでできているので、ピクセル単位での修正が可能です。複雑な画像やイラストには向いているといえるでしょう。

一方ベクターデータとは、ピクセルではなく「パス」または「ベジェ曲線」と呼ばれる線で作られており、拡大・縮小するたびに線の太さや形状を計算し直すため、拡大して表示させても画質があれることはありません。そのため、名刺サイズで作ったイラストをポスターサイズまで拡大することも可能です。ただし、計算でできているため複雑なイラストになればなるほどデータは重くなります。

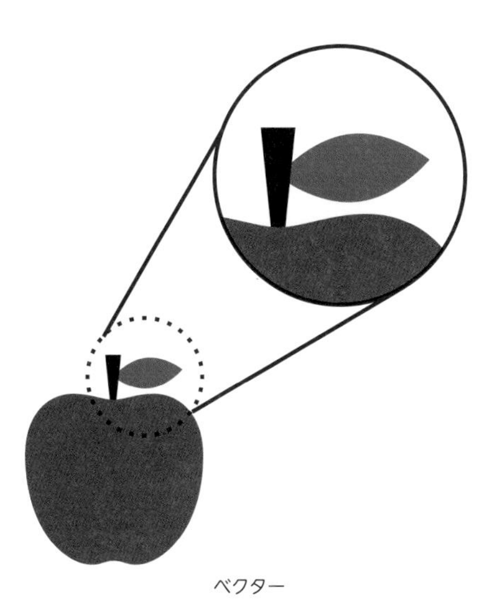
ベクター

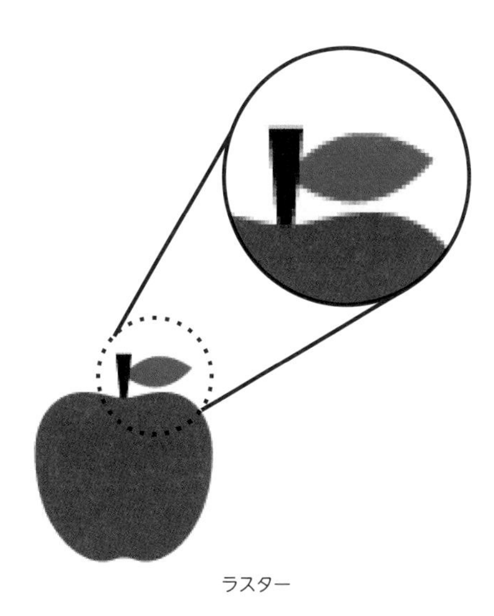
ラスター

**01 ラスターとベクターの違い**

# ワークスペースの見方とよく使うパネル

THEME テーマ

Photoshopは非常にたくさんの機能をもっており、その機能はメニューやパネルに格納されています。画面構成をおおまかにでも把握しておくことで、作業をスムーズに行うことができます。

## ワークスペースの見方

Photoshopの作業画面のことを「**ワークスペース**」といいます。まずは、ワークスペースの見方について知りましょう 01 。

01 Photoshopのワークスペース

### ① メニューバー

新規作成、保存、設定などの操作や、画像に効果をつけたり、ワークスペースを編集したりする機能が格納されています。

### ② ツールバー

描画や画像を操作するツール（道具）を選びます。ブラシツールや塗りつぶしツール、文字ツールなどと聞くとイメージしやすい方も多いかもしれません。

### ③ オプションバー

②で選んだツールに対しての設定を行います。例えばブラシツールでは、ブラシの大きさや形、色などを設定できます。オプションバーは選んだツールによって内容が変わります。

### ④ ドキュメントウィンドウ

実際に扱う画像データが表示されるエリアです。このウィンドウの中に写真や図形、テキストなどを配置したり、イラストを描画したりしていきます。上部にタブがついており、複数のデータを開くとタブが並ぶようになっています。

### ⑤ カンバス

ドキュメントウィンドウのうち、画像の編集が可能なエリアを「カンバス」といいます。絵を描くカンバス（キャンバス）と同じような、作業台になる部分。印刷したり書き出したりできるのはカンバスの領域内のみです。カンバスからはみ出た画像は表示されません。新規ファイルのカンバスの設定についてはLesson1-04（→27ページ）参照。

### ⑥ パネル／パネルドック

レイヤーやチャンネルを操作したり、画像に効果を加えたりするパネルが並びます。パネルのタブ部分をクリック＆ドラッグすることで、パネルの並びを変えられるほか、ドックから切り離すこともできます。一度切り離したドックは、元の位置へドラッグすることで再びドックに入れることができます。

Photoshopに慣れてきたら、自分のよく使うパネルを使いやすい位置にカスタマイズするとよいでしょう。

### ⑦ ステータスバー

左側に表示されているパーセンテージは、開いている画像データの表示倍率です。数値を入力してズームイン／ズームアウトすることもできますが、ステータスバーでズーム操作を行うことはほぼありません。

### ⑧ コンテキストタスクバー

2023年5月にリリースされた機能です。画像を配置・選択したり、文字を打ったりするとその付近に現れるバーです。操作内容によってバーの内容も変わり、ユーザーが次に行う可能性の高い項目が表示さ

> **memo**
> メニュー→"ウィンドウ"→"オプション"または"ツール"にて、オプションバーやツールバーの表示／非表示を切り替えることができます。

> **memo**
> 表示倍率を変えるショートカットキーを覚えておくと便利です。
> ・100%表示
> ⌘[Ctrl]＋1（イチ）
> ・ドキュメントウィンドウいっぱいに表示
> ⌘[Ctrl]＋0（ゼロ）

れます。バーは左端を掴んで移動することができます。

また、ドキュメントウィンドウ上に現れるため、作業の邪魔になる場合は移動した上で[・・・]アイコンから位置を固定したり、メニュー→"ウィンドウ"→"コンテキストタスクバー"のチェックを外して非表示にすることもできます。

310ページ、**Lesson10-02**参照。

## ワークスペースは自分好みにアレンジできる

Photoshopには、目的に応じて**32**ものパネルが存在します。よく使うパネルだけ表示させて、ふだん使わないパネルは非表示にしておきます。メニュー→"ウィンドウ"の中にある"3D" ～ "文字スタイル"は、それぞれパネルの表示／非表示を示しています。閉じてしまったパネルは、ここでチェックを入れることで再び表示することができます。

パネルは、タブをドラッグしてドックから離すこともできます 02。また、使いたいパネルがたくさんあるときは、パネルドックがワークスペースを占領してしまわないよう、アイコン化してたたむこともできます 03。

02 **パネルは移動や格納が自由**
タブをドラッグしてドックから切り離すことができる。
タブをドッグにドラッグすれば、再び格納できる

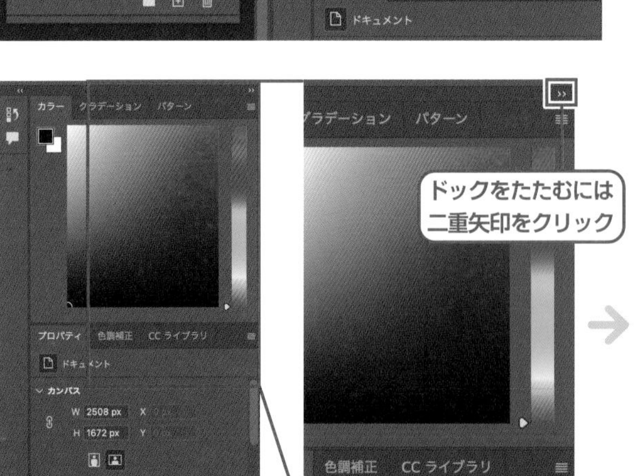

03 **ドックのアイコン化と展開**

## パネルの見方

各パネルには、選択しているレイヤーの状態を確認したり変更を加えるような機能が備わっています。パネルによって表示は変わります。また、選択しているレイヤーによって内容が変わるパネルもあります 04。

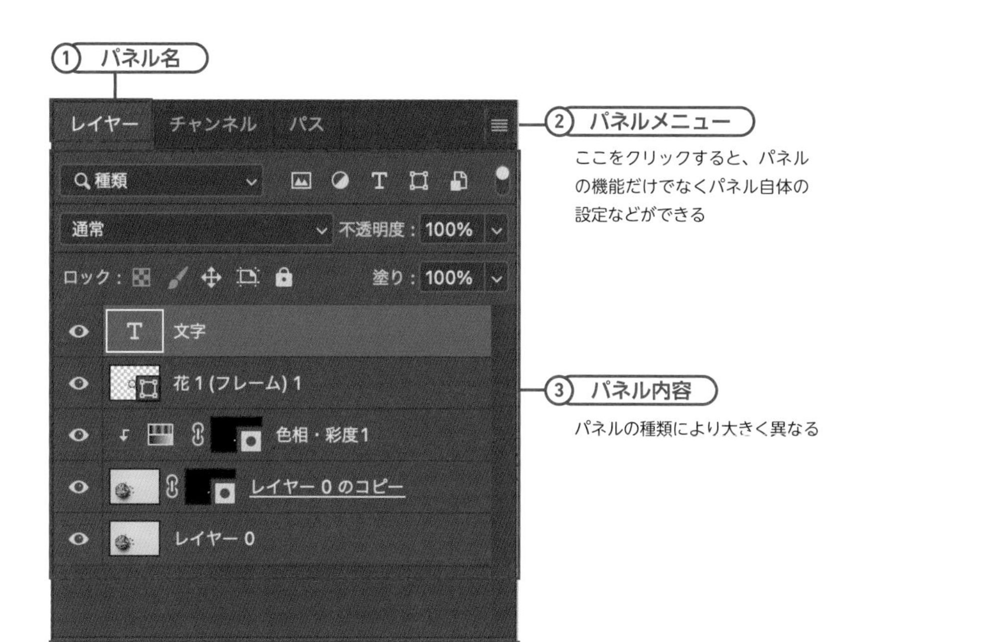


04 パネルの見方

## よく使うパネル

使うパネルは用途によって大きく変わってきますが、その中でもデザインをする上でよく使われるパネルを紹介します。

### ○ レイヤーパネル

ドキュメントウィンドウに置かれている写真のレイヤーや、色みなどを補正する調整レイヤー などが表示され、レイヤーの追加や操作などを行います 05。常に表示させておきましょう。

43〜44ページ、Lesson2-01参照。

### ○ 文字パネル、段落パネルのセット

テキストを使った制作に使います 06。フォントの設定、文字間、行間など、文字入力に関する一通りの設定が行えます。

### ○ プロパティパネル

選択しているレイヤーの状態を確認したり、変形や整列を行います 07 。変形や整列は移動ツールのオプションバーでも行えます。調整レイヤーを選択しているときは、プロパティパネルを使って色調補正の数値などを変更します。

### ○ ヒストリーパネル

ファイルを開いてから行った編集の履歴が記録され、履歴をクリックするとその時点へ戻ることができます 08 。

記録するヒストリーの数はメニュー→“Photoshop”→“設定...”→“パフォーマンス...”（Windowsの場合は“編集”→“環境設定”→“パフォーマンス”）を選んで開いたダイアログの「ヒストリー数」で設定できます。一度ファイルを閉じると履歴はリセットされます。

05 レイヤーパネル

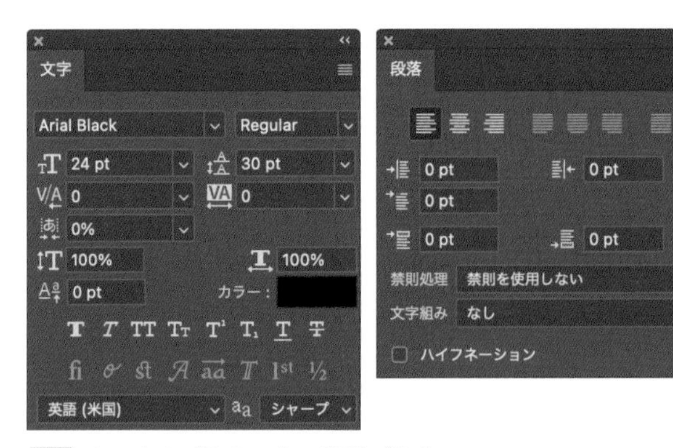


06 左：文字パネル　右：段落パネル

07 プロパティパネル

08 ヒストリーパネル

# よく使うツールの名称と用途

**ワークスペースの左側には、たくさんのツールが並んでいます。この章では、よく使われるツールの用途を紹介します。実際の使い方については各参照ページでチェックしましょう。**

## さまざまなツール

各種お絵かきソフトと似たようなツールからPhotoshop特有のツールまで、ツールバーには合計**70**ものツール（2024年4月執筆時点）が格納されています 01 。大きく分けると、選択範囲を作るツール、レイヤーに描画するツール、画像の修正・補正をするツール、シェイプやテキストを追加するツール、カンバスに関するツール、その他となります。ここでは、よく使われるおもなツールを紹介していきます。

Photoshopでは「今から行いたい操作」に応じて自分でツールを切り替える必要があります。例えばフリーハンドでお絵かきをしたいならブラシツールや鉛筆ツール、文字を挿入したいらな横書き文字ツールなどです。

**WORD レイヤー**

「レイヤー（layer）」は日本語で「層」という意味で、Photoshopでは透明なフィルムのようなものと考えるとよい。写真レイヤーにテキストレイヤーを重ねたり、また別の画像のレイヤーなどを重ねることで、写真の加工や合成を行う。レイヤー構造になっているため、写真やテキストなどをそれぞれ個別に編集することができる。

## 選択範囲を作るツール

Photoshopで写真の一部に変更を加える場合は、「**選択範囲**」と呼ばれる、点線で囲まれたエリアを作る必要があります。**選択範囲を作るツールだけでも10種類**あり、作りたい形によってさまざまな方法を使い分けます。

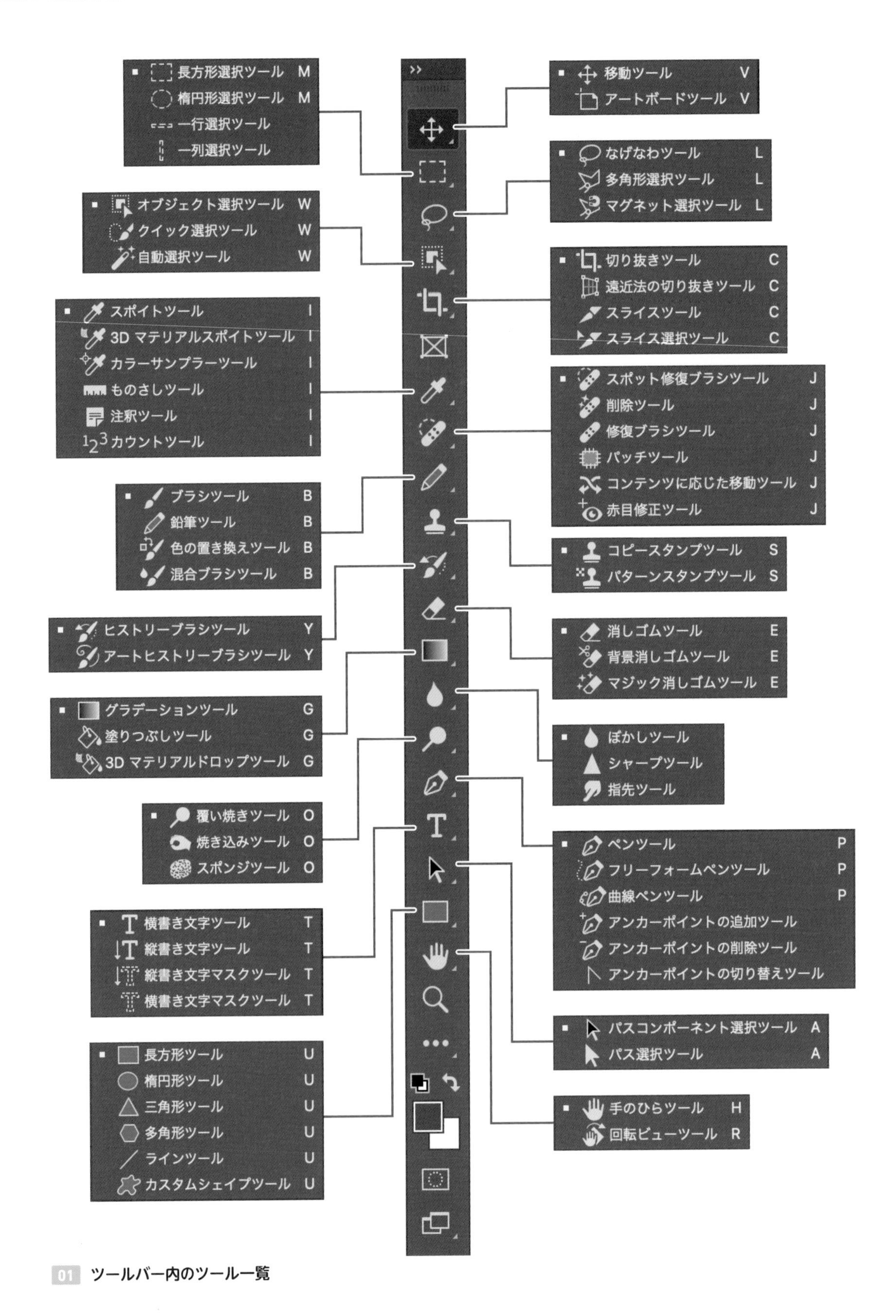


01 ツールバー内のツール一覧

例えば、フリーハンドで選択範囲を作る**なげなわツール**、四角や丸の形に選択範囲を作る**長方形選択ツール**や**楕円形選択ツール**などがあります。また、写真に写ったものを切り抜きたいときには、**クイック選択ツール**や**自動選択ツール**がよく使われます。**オブジェクト選択ツール**は、切り抜きたい対象物にカーソルを乗せクリックするだけで、AIが対象物を認識して自動的に選択範囲を作ることができます 02 。

90ページ、Lesson3-02参照。

91ページ、Lesson3-02参照。

|  |   |  |  |  |
|---|---|---|---|---|
| なげなわツール | 長方形選択ツール<br>楕円形選択ツール | クイック選択ツール | 自動選択ツール | オブジェクト選択ツール |
| フリーハンドで選択範囲を作る | 四角や丸の選択範囲を作る | 対象物のエッジを認識して選択範囲を作る | クリックした点と近い色を選択範囲にする | 対象物にマウスカーソルを乗せクリックすると、自動的に選択範囲を作る |

02 選択範囲を作るツール

## レイヤーに描画するツール

いわゆるお絵かきツールです 03 。オプションバー 04 でブラシの大きさや形を設定し、ツールバーの下方で「**描画色**」と「**背景色**」を設定して使います 05 。また、描画する際は必ず、**レイヤーパネルから描画する対象のレイヤーを選択**しておきます。

16ページ、Lesson1-02参照。

|   | |  |  |
|---|---|---|---|
| ブラシツール<br>鉛筆ツール | 消しゴムツール | グラデーションツール<br>塗りつぶしツール | スポイトツール |
| フリーハンドで描画する。鉛筆ツールはハードな仕上がりになる | ピクセルの情報を消し、透明にする。背景レイヤーで使うと、透明ではなく背景色になる | グラデーションや単色で塗りつぶす | 画像の中から色を吸い、描画色に設定する |

03 レイヤーに描画するツール

モード： 通常 不透明度： 100% 流量： 100% 滑らかさ： 10% 0°

04 ブラシツールのオプションバー

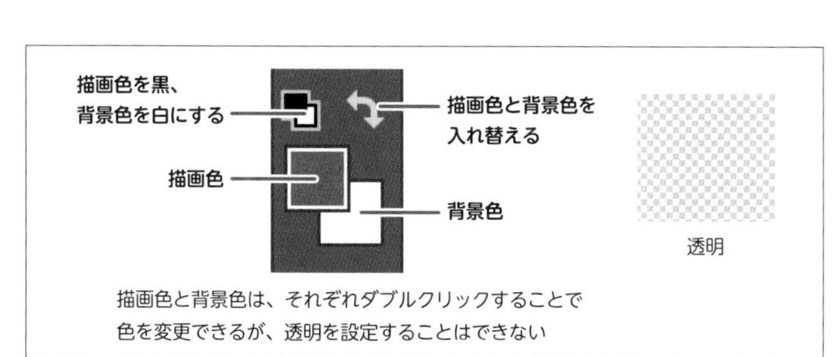


05 描画色と背景色

memo
ドキュメントの透明部分は、白とグレーの格子柄で示されます。

描画色と背景色が 05 のように設定されている場合、**ブラシツール**や**塗りつぶしツール**を使うと赤（描画色）で描画されます。**消しゴムツール**を使うとその部分は透明になりますが、背景レイヤーに消しゴムツールを使った場合だけ、背景色（ 05 では白）で塗られます。また、こういったレイヤーに直接描画するツールは、通常レイヤーと背景レイヤーに描画するツールであり、スマートオブジェクトには使用できません。

79ページ、**Lesson2-08**参照。

85ページ、**Lesson3-01**参照。

## 画像の修正・補正をするツール

**スポット修復ブラシツール**や**コピースタンプツール**を使うと、写真に写り込んだ不要なものを簡単にとり除くことができます 06 。

53ページ、**Lesson2-02**参照。

57ページ、**Lesson2-03**参照。

また、Photoshopではさまざまなフィルター機能を使って、写真全体をぼかすなどの加工ができますが、ツールバー内のツールを使うと、ブラシツールのような使い勝手で手軽に効果を加えることができます。これらのツールも、レイヤーを直接編集するツールなので、通常レイヤーと背景レイヤーに描画することはできますが、スマートオブジェクトには使用できません。

|  |  |   |  |
|---|---|---|---|
| スポット修復ブラシツール | コピースタンプツール | 覆い焼きツール 焼き込みツール | ぼかしツール |
| 画像の中のゴミや不要なものを除去する | 画像の一部をコピーし、別の場所に複製する | 覆い焼きは写真の一部を明るくし、焼き込みは暗くする | 画像にぼかしを加える |

06 **画像の修正・補正をするツール**

**memo**

覆い焼きツール、焼き込みツールの「覆い焼き」「焼き込み」という名前は、フィルム写真の焼き付け（アナログプリント）をする際に、写真の一部を明るくまたは暗く調節する作業に由来します。印刷する紙の一部を覆って焼き込みを浅くすることで明るくなる「覆い焼き」、また一部を強く焼くことで暗くなる「焼き込み」。由来と一緒に覚えると混乱しにくくなります。

## シェイプやテキストを追加するツール

丸や四角などの図形（**シェイプ**）を作ったり、テキストを追加したりすることができます 07 。シェイプ系のツールで描いたものは**シェイプレイヤー**、文字ツールで打ち込んだ文字は**テキストレイヤー**として追加されます。シェイプの色や、テキストの色・フォントなどは、オプションバーで設定します。

174ページ、**Lesson5-03**参照。

73ページ、**Lesson2-07**参照。

ペンツールでシェイプを描く場合は、オプションバーで［シェイプ］を選択しておきます。シェイプやテキストは、作成したあとも大きさや色、文字の編集が可能です。

| 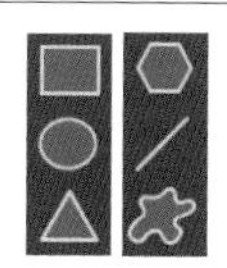 |  |  |  |
|---|---|---|---|
| シェイプ系のツール | 横書き文字ツール | ペンツール | パス選択ツール |
| 図形を描く | 通称テキストツール。テキストを書く | ベジェ曲線を使って曲線や直線のシェイプやパスを描く | パスやシェイプの一部を選択し、図形の編集をする |

07 シェイプやテキストを追加するツール

> memo
> ベジェ曲線については15ページ、**Column** 参照。

## カンバスやその他操作に関するツール

操作に関するツール 08 は、何かを描画するツールではありませんが、操作をサポートする基本のツールですので、使えるようになっていきましょう。

|  |  |  |  |
|---|---|---|---|
| 移動ツール | 切り抜きツール | 手のひらツール | ズームツール |
| レイヤーを選択、移動、変形する | カンバスの大きさを変更する（トリミング） | カンバスをつかんでウィンドウ内を移動する | ドキュメントを拡大・縮小表示する |

08 カンバスやその他操作に関するツール

### ○ 移動ツール

移動ツールは、Photoshopの作業でもっとも使用頻度の高い基本的なツールで、レイヤーを移動させるツールです。移動させたいレイヤーをレイヤーパネルで選択し、ドキュメントウィンドウ内をドラッグするかキーボードの矢印キーで移動させます。また、移動だけでなく、メニュー→"編集"→"自由変形"を使って、レイヤーの拡大・縮小や回転もできます。

初期設定では、ドキュメントウィンドウ上にある写真や図形を直接クリックしても、移動ツールで移動させることはできません。オプションバーの［自動選択］にチェックを入れておくと、直接つかんで移動させることができます 09 。

09 移動ツールのオプションバー

> memo
> 背景レイヤーは動かしたり拡大縮小などの変形ができません。したい場合は、「背景」レイヤーを通常レイヤー（標準レイヤー）に変換する必要があります。変換方法については45ページ、**Lesson2-01** 参照。

> memo
> 基本的に自動選択のチェックは入れておいたほうが便利です。ただし、動かしたいレイヤーの上に動かしたくないレイヤーが重なっていたり、動かしたいレイヤーが小さすぎてつかめない時は、［自動選択］のチェックを外し、レイヤーパネルから対象のレイヤーを選択すると使いやすいでしょう。選択ツールの状態で⌘［Ctrl］キーを押すと、押している間だけ一時的にチェックが外れます。

### ○ 手のひらツール

手のひらツールはカンバス上を移動するツールです。カンバスがドキュメントウィンドウより大きくなった場合に使います。

16ページ、**Lesson1-02**参照。

# 新規ファイルを作成する

Photoshopを起動してファイルを新しく作成する際の手順と、既存のファイルを開く方法について学びます。

## Photoshopを起動する

### ○ Macの場合

Macでは Finderを開き、「アプリケーション」→「Adobe Photoshop 2024」フォルダ内にPhotoshopが格納されています 01 。アイコンをダブルクリックして起動させます。

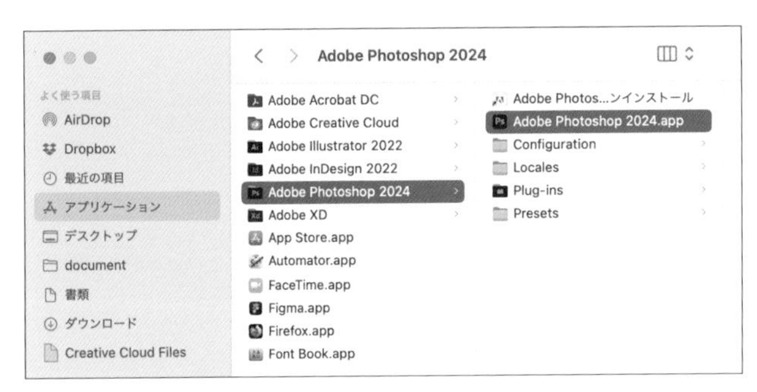


01 MacでのPhotoshopの起動

**POINT**

アプリケーションのアイコンをFinderからDockにドラッグし、Dockに追加することで次回以降アクセスしやすくなります。

### ○ Windowsの場合

インストールしたばかりのPhotoshopは、Windowsではスタートメニューの中にあります 02 (バージョンにより異なる場合があります)。アイコンをダブルクリックして起動させます。

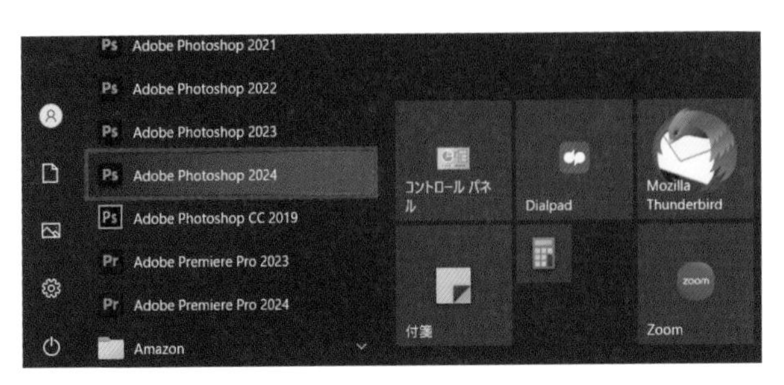


02 WindowsでのPhotoshopの起動

**POINT**

Photoshopを起動している状態でタスクバーを右クリックし、ピン留めしておくと次回以降アクセスしやすくなります。

## 新規でファイルを作成する

Photoshopを起動すると、03 のようなスタート画面が表示されます。新しいファイルを作る場合は［新規作成］を、すでにあるファイルを開く場合は［開く］をクリックします。

03 スタート画面

すると 04 のような「新規ドキュメント」ウィンドウが立ち上がるので、どんなファイルを作るかの設定をしていきます。

04 新規ドキュメントウィンドウ

**memo**

カンバスは1つのファイルに1つまでですが、［プリセット詳細］で［アートボード］にチェックを入れておくと、「アートボード」とよばれるカンバスのような役割のエリアを複数配置できます。1つのファイルの中でサイズ違いのバナーをデザインしたいときなど、複数のものを一度に作りたいときなどにアートボードを使用します。また、通常カンバスの外にオブジェクトを配置すると表示されなくなりますが、アートボードにチェックを入れておくと、アートボードの外にもオブジェクトを置いておくことができます。ただしアートボード外のオブジェクトは印刷されません。

カンバスサイズや解像度があらかじめ設定されたプリセットが用意されているので、用途に合わせてカテゴリとプリセットを選びましょう。カテゴリは大きく3つに分けることができ、[写真] から [アートとイラスト] までは解像度が**印刷用の300ppi**、[Web] [モバイル] は**デジタル用の72ppi**、[フィルムとビデオ] は**動画を作るためのプリセット**となっています。

218ページ、**Column**参照。

memo

ドキュメントプリセットの下にはプリセットに合ったテンプレートも表示されており、手軽におしゃれな作品を作ることができます。

プリセットを選んだら、必要に応じて画面右側の [**プリセットの詳細**] でカンバスサイズや縦横の向きを自由に調整します。

最後に [作成] ボタンをクリックし、ワークスペースを開きます。[作成] ボタンを押す前に、調整した内容をオリジナルのプリセットとして保存することも可能です。

POINT

ワークスペースを開くとスタート画面は消えてしまいますが、同様の操作は、メニュー→"ファイル"→"新規..."または"開く..."から行えます。

## 既存のファイルを開く

Photoshopでは、一般的な画像形式(JPEG、PNG、GIFなど)のファイルと、Photoshop特有である**PSD形式**のファイルを開くことができます。スタート画面の[開く]ボタンやメニュー→"ファイル"→"開く..."からファイルを選んで開くことができるほか、フォルダからドラッグ&ドロップでファイルを開くこともできます 05 。

40ページ、**Lesson1-08**参照。

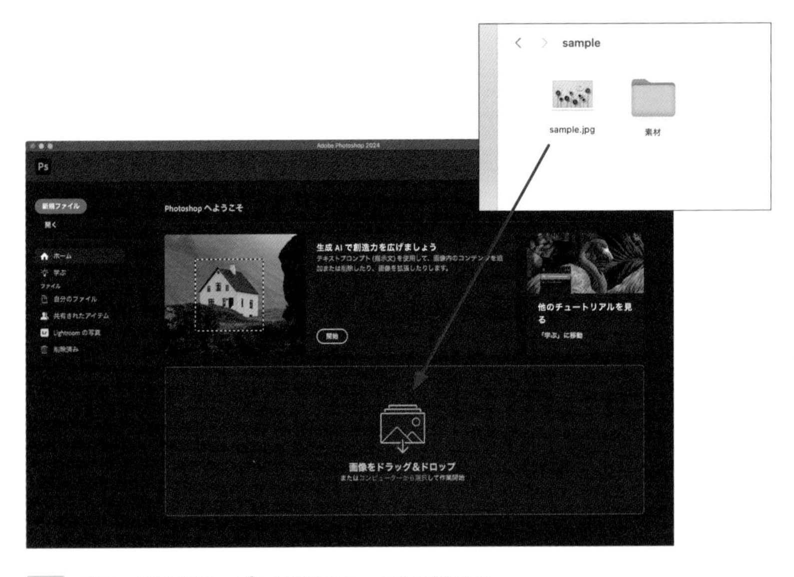


05 ドラッグ&ドロップで簡単にファイルを開ける

# ガイド、ガイドレイアウトの作成

Photoshopには「ガイド」と呼ばれる機能があります。ガイドとは、カンバスやアートボード内に設定できる線を指し、画像や文字などの要素を揃えたり、レイアウトしたりする際の文字通りガイド(案内)となる機能です。

## Photoshop上での作業に便利なガイド

Photoshopで作品を制作する際、要素を揃えたり余白を作成したりする上で設定しておくと便利な機能がガイドです。ここで引くガイド線は制作中の便宜上表示されるもので、画像として書き出す際は表示されません。

ガイドは2つの方法で引くことができます。1つ目は、Photoshopメニューから引く方法。2つ目は、定規からドラッグアンドドロップする方法です。また、カンバスに引くのかアートボードに引くのかで、少しガイドの見え方が変わります。

## カンバスガイドを引いてみよう

カンバスに対してガイドを引きます。新規ファイルを作成しましょう 01 。プリセットはどれでもかまいませんが、このとき、[アートボード] にチェックは入れないでください。[アートボード] を使った場合のガイドの引き方については後述します。

27ページ、**Lesson1-04**参照。

**01 新規ファイルを作成**

ここでは試しに[アートとイラスト]→[1000ピクセルグリッド]を選択した

メニューから引く場合は、Photoshopメニューの“表示”→“ガイド”→“新規ガイド”をクリックし、「新規ガイド」ダイアログが開いたら、引きたいガイドの位置を入力し[OK]を押します 02 。色を選ぶこともできるので、見やすい色に設定するとよいでしょう。

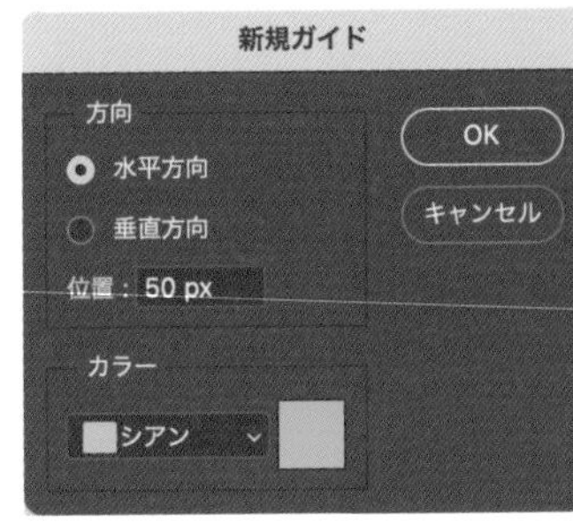

02 「新規ガイド」ダイアログ
上から50pxの位置にガイドを引きたい場合は、水平方向に50pxと設定する

定規からドラッグアンドドロップする場合は、まず定規が表示されているか確認しましょう。表示されていなければメニューの“表示”→“定規”にチェックを入れます 03 。定規が表示されたら目盛り部分からカンバス上へドラッグアンドドロップすることでガイドが引けます 04 。

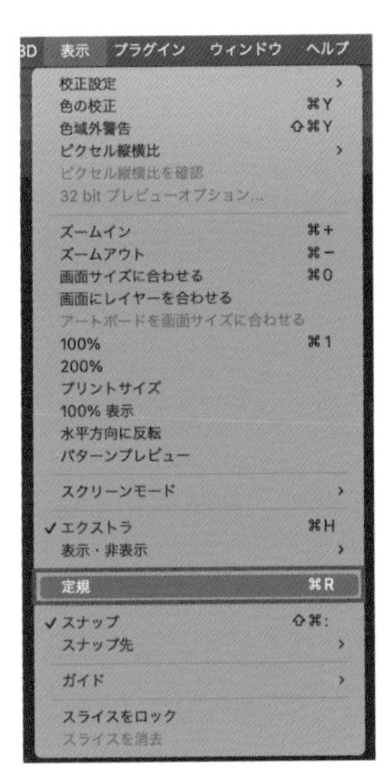


03 定規を表示する

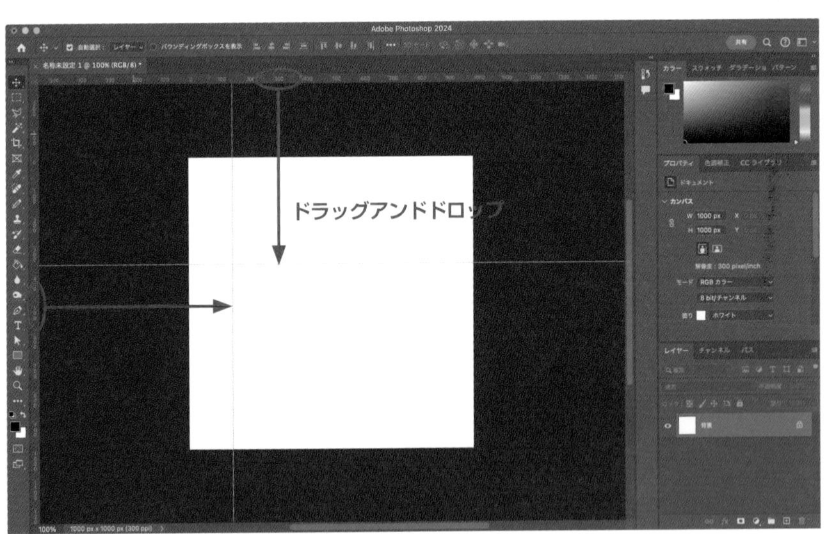


04 ドラッグアンドドロップでガイドを引く

カンバス上にあらかじめ長方形などを描画し、それに沿ってガイドを引きたいときにドラッグアンドドロップでガイドを引きます 05 。このときレイヤーパネルで長方形を選択しておくと、ガイドが長方形にぴたっとくっつきます。

memo
長方形などのオブジェクトにガイドがぴたっとくっつかない場合は、メニュー→“表示”→“スナップ先”→“レイヤー”にチェックを入れましょう。

05 長方形に沿ってガイドを引く

## アートボードガイドを引いてみよう

アートボード機能とは、1つのpsdファイルの中に複数の作品を作るための機能です。1つのアートボードに対してガイドを引くと、他のアートボードを編集している間、そのガイドは非表示となります。

ガイドの引き方はカンバスガイドと同じですが、アートボードガイドを引く際は、必ずそのアートボードを選択した状態で引きます 06。

**memo**

アートボードの選択の仕方は、レイヤーパネル上でクリックするか、アートボードの左上に表示されるアートボード名をクリックすることで選択できます。

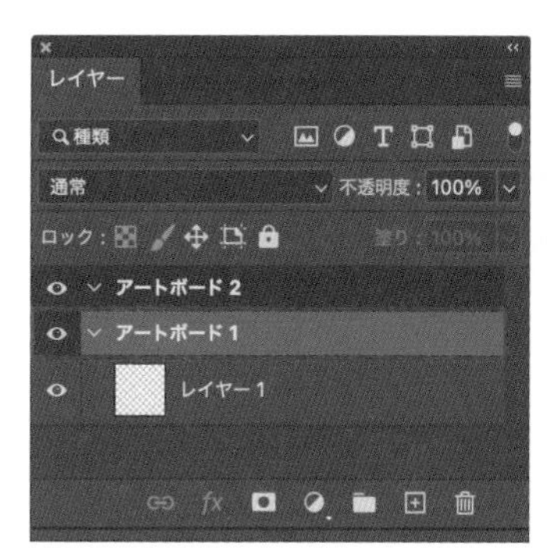


ガイドを引きたいアートボードを選択

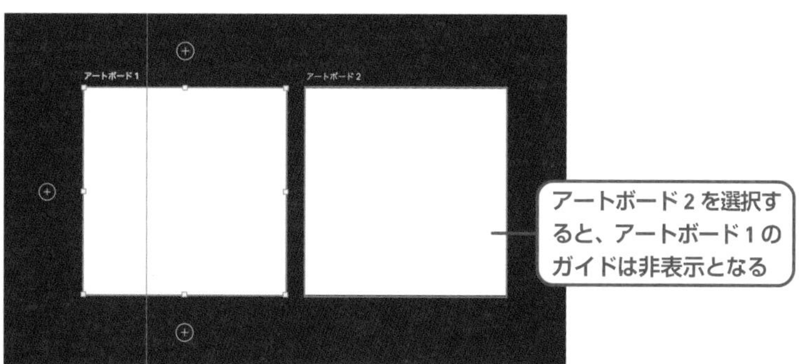


デフォルトではカンバスガイドの色はシアン、アートボードガイドの色はブルーになっている

06 アートボードを選択してガイドを引く

# カラーモードの設定

Lesson1 > 1-06

**印刷用はCMYK、デジタル用はRGBというカラーモードで制作するのが基本ですが、Photoshopではほとんどの場合でRGBで作りはじめます。色やカラーモードのしくみについて学びましょう。**

## 色が出力されるしくみ

PCやスマートフォン、TVなど、モニターに出力されている画像の色は光で作られています。**Red**、**Green**、**Blue**のいわゆる「**光の三原色**」でさまざまな色を生み出し、モニターに出力しています。一方、印刷された画像は、光ではなく**C（シアン）**、**M（マゼンタ）**、**Y（イエロー）**、**K（ブラック）**のインクをかけ合わせて色を作り、出力しています 01 。

このように、色の出力の仕方がデジタルと印刷物では異なるため、**デジタル画像はRGB**、**印刷物はCMYK**といったカラーモードに設定しておくことが作品制作の「基本」です。

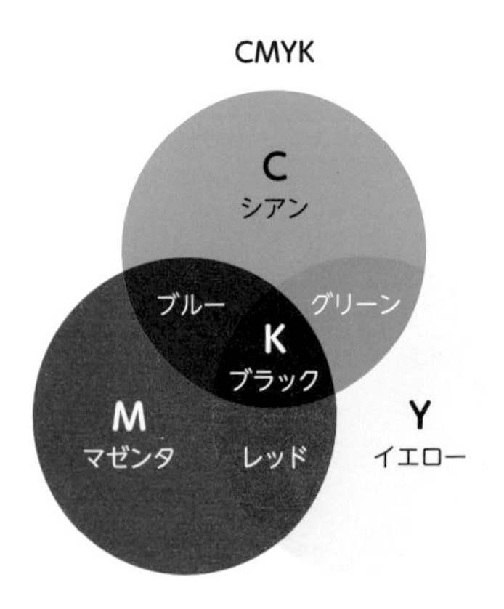


CMYの三原色＋K（黒）で色を作る。すべてかけ合わせると黒く濁っていく（減法混色）。インクの量を減らすと色は薄くなっていく

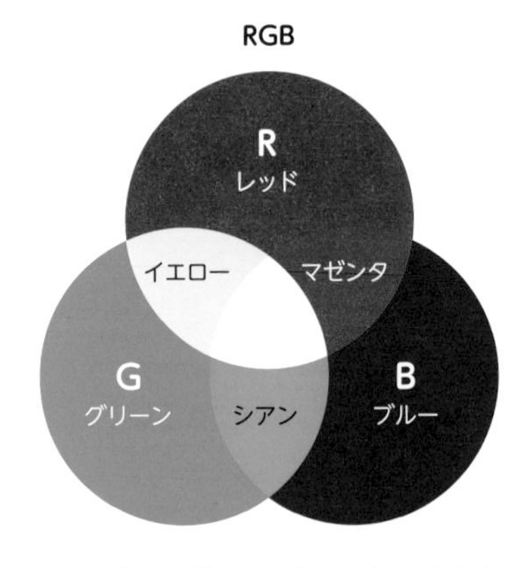


RGBの光の三原色で色を作る。すべてかけ合わせると白くなっていく（加法混色）。光の量を減らすと黒になっていく

01 CMYKとRGBのしくみの違い

## RGBで作ってCMYKに変換

先述の通り、カラーモードをはじめに設定しておくことは制作の基本となりますが、Photoshopでは基本的にすべてRGBで作成し、最後（印刷時）にCMYKへ変換するという手順を踏みます。なぜなら、Photoshopの写真加工機能の多くはRGBモードでしか使えないためです。

**memo**
Photoshop以外のソフトでも、「デジタルでも使うし印刷もする」という作品を作る場合は、同じようにRGBで作りはじめ、印刷時にCMYKへ変換という手順を踏みます。カラーモードを変換したら別ファイルで保存し、元のファイル（RGB）は残しておくとよいでしょう。

## カラーモードの設定方法

メニュー→“ファイル”→“新規...”で立ち上げた新規ドキュメントウィンドウでは、右側中段の［カラーモード］の項目で設定します。印刷のプリセットであっても、デフォルトではRGBになっているのがわかります。

27ページ、**Lesson1-04**参照。

新規でなく、すでにRGBで作ったデータをCMYKに変換するもっとも手軽な方法は、データを開いている状態でメニュー→“イメージ”→“モード”→“CMYKカラー” 02 を選択します。03 のようなアラートが表示されますので、［結合］をクリックします。続いて、プロファイルに関する確認が表示される場合がありますが、ここでは［OK］をクリックしています。レイヤーがすべて結合されてしまうため、あらかじめデータを複製して、結合前の状態を残しておきましょう。

**memo**
RGBからCMYKに変換すると色が多少くすんでしまうのは避けられません。特に蛍光色のようなまぶしい色味は顕著にくすんでしまいます。

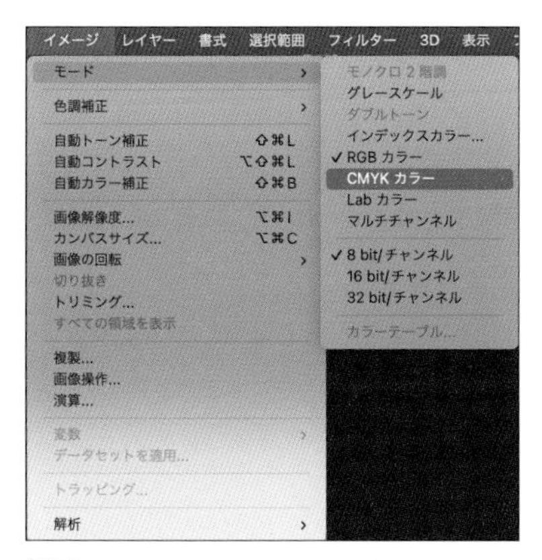


02 手軽なカラーモードの変更

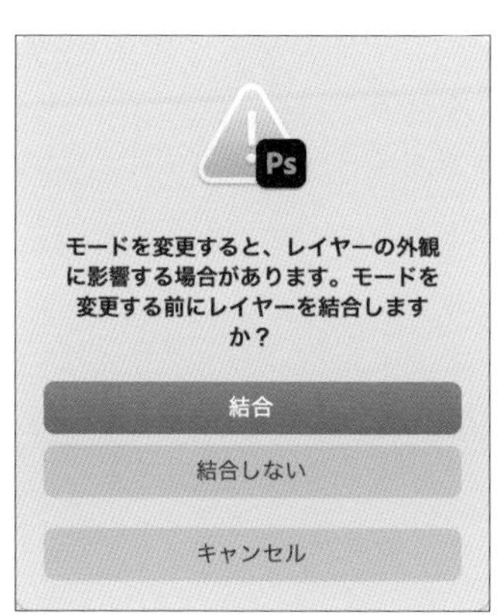

03 レイヤー結合（左）プロファイル変換（右）の確認画面

このカラーモードの変換では変換前後を見比べたり、詳細な設定ができません。そのため次に紹介するメニュー→“編集”→“プロファイル変換...” 04 で行う方が好ましいです。

「プロファイル変換」04 を使うと、プレビューのチェックをつけたりはずしたりすることで、オリジナルとの差を比較しながら変換できます。[表示オプション] で [マッチング方法] を変えることで、結果の色味に違いが出てきます。見比べながら一番くすまないものを選びましょう。

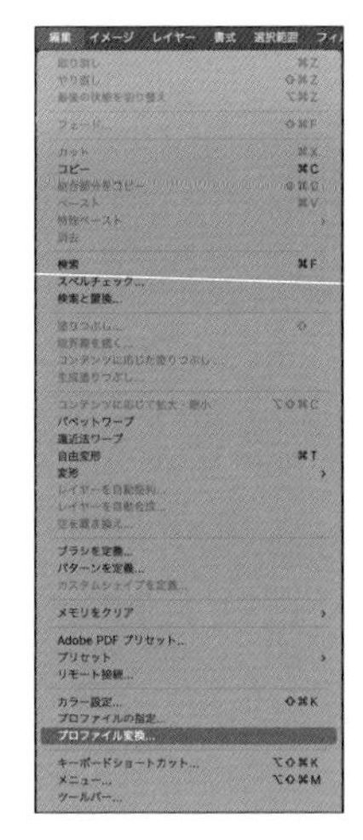

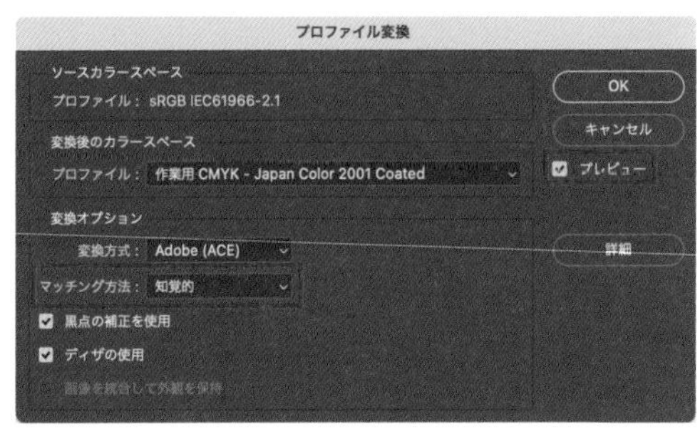


**04 プロファイル変換**

メニュー→“編集”→“プロファイル変換...”を選ぶと、「プロファイル変換」ダイアログが開く。[マッチング方法] を変えると色の変換具合が変わる。プレビューのオン／オフをしながらいちばん変色しないマッチング方法にしましょう。特に問題なければデフォルトのままでもOK

**memo**

[マッチング方法] の設定では、「知覚的」または「相対的な色域を保持」の2つがよく使われます。

## RGBのまま印刷すると

RGBで作ったものをCMYKに変換せず印刷すると、全体的／部分的に想定していないほどくすんだ色になることがあります。これは、**RGBとCMYKで出力の仕方が異なるためだけでなく、光とインクでは作れる色の範囲（色域）が大きく異なる**ためです。そういった違いから生じる色の差をなるべく少なくするために、プロファイル変換などを行う必要があるのです。RGBのほうがはるかに多くの色を生み出せるので、RGBのままむりやり印刷するとCMYKインクで作れないビビッドな色などは想定していないほどくすんでしまうことがあります 05 。

**memo**

近年は、RGBのまま印刷できる印刷所が増えてきています。家庭用プリンターでも、6色インクなど、インクの色数を増やしてRGBのまま印刷できるものがあります。

**memo**

本書の画像もCMYKモードで印刷されているため、05 の画像がRGBでどう見えるかはダウンロードデータで見比べてみましょう。

**05 RGBとCMYKで色の差が出やすい画像の例**

# PSD形式で保存する／Photoshopを終了する

THEME テーマ

Photoshopが扱えるデータや保存の方法など、実際にデータを作る前に知っておきたい操作方法を学びます。作成したデータは、Adobeアカウントのクラウドにも保存することができます。



## ファイルを保存する

作ったデータは、メニュー→"ファイル"→"別名で保存..."で保存します。[新規作成]から作ったデータの場合、もしくはレイヤーが複数存在する場合は、「**PSD形式（Photoshop形式）**」で保存されます。PSD形式は、レイヤー構造を保ったまま保存できる、Photoshop用のフォーマットです。

保存の方法には、**"別名で保存..."**のほか、**"保存"**という項目もありますが、こちらは上書き保存です。既存の画像データを開いてレイヤーを増やさず作業した場合、このメニュー→"ファイル"→"保存"を使うとオリジナルの画像データに上書き保存されてしまいますので、必ず"別名で保存..."を選びましょう。

memo

保存先やファイル名を指定するウィンドウでは、保存する形式も選択できます。PSD形式以外にも、JPEGやPNG、GIFなどといった画像形式での保存が可能です。ただしその場合、レイヤー構造は失われてしまうので、まずはPSD形式で保存し、改めて別の画像形式で書き出し（→40ページ、**Lesson1-08**参照）するといいでしょう。

## 保存時に表示されるダイアログ

ファイルを保存しようとすると、01のようなダイアログが表示されます。Photoshop CC 2020からはアカウントがもつクラウドストレージに保存することもできるようになりました。同じアカウントで別のPCやiPad版のPhotoshopを使っている場合、クラウドストレージに保存をすると、同じアカウントのすべてのデバイスでデータを開くことができます。クラウドでなくコンピューターに保存したい場合は01の画面の左下にある[コンピューター]をクリックします。

また、初回は互換性についてのダイアログ02が出ます。古いバージョンのPhotoshopでもデータを開けるようにするか、という意味ですので、[互換性を優先]と[再表示しない]にチェックを入れて[OK]しましょう。

memo

Adobe Creative Cloudを契約すると1アカウントに100GBのクラウドストレージが付与されています（フォトプランは20GB〜）。ストレージの管理は、Adobe IDにログインして行います。

・Adobe ID
https://assets.adobe.com/

memo

毎回クラウドに保存したくない場合は、メニュー→ “Photoshop 2024” → “設定” → “ファイル管理” (Windowsの場合は “編集” → “環境設定” → “ファイル管理…”) から、「初期設定のファイルの場所」を［コンピューター上］にしておけば、このダイアログは出てこなくなります。

**01 クラウド上かコンピューター内に保存**

コンピューター内に保存する場合は、［コンピューター］をクリック

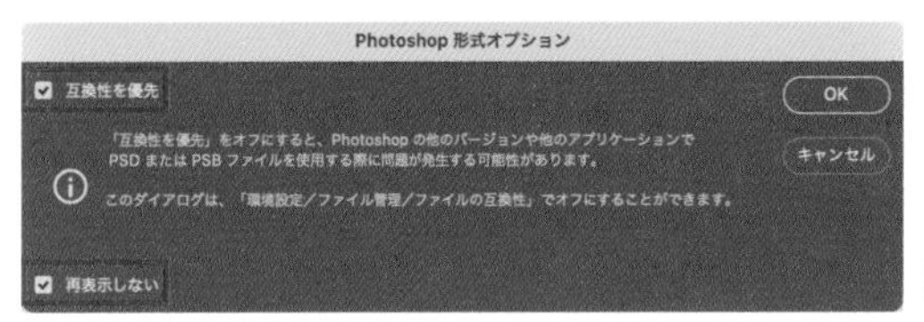


**02 ［互換性を優先］［再表示しない］にチェック**

## Photoshopを終了する

### ○ Macの場合

メニュー→ “Photoshop 2024” → “Photoshopを終了” をクリックします。

### ○ Windowsの場合

メニュー→“ファイル”→“終了”をクリックします。

ファイルが保存されていない場合、保存を促すダイアログが表示されますので、保存してから終了します。保存したかどうかは、ドキュメントタブの最後に「＊（アスタリスク）」がついているかどうかで判断できます 03 。

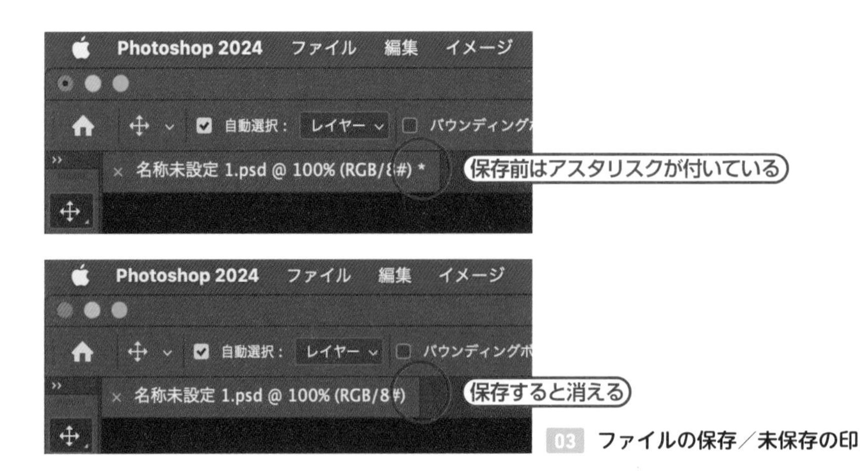


**03 ファイルの保存／未保存の印**

# さまざまな形式の画像を書き出す

Lesson1 > 1-08



THEME テーマ　Photoshopで作ったデータを、その性質に合わせた画像ファイルとして書き出してみましょう。

## 画像の書き出し

PSD形式で保存するとレイヤー構造が保持されたままPhotoshop用のドキュメントとして保存されますが、PSD形式のままではSNSに投稿したりパソコンの壁紙として使ったりすることができません。そのため、目的に応じて「**書き出し**」を行います。書き出しの方法はいくつかあります。ここではJPEG形式への書き出しを例として、4パターンの書き出しを行います。

memo
厳密には、PSD形式のファイルは画像データではありません。あくまで「フォトショップドキュメント」ですので、画像として使いたい場合はJPEGやPNGなどの画像形式に書き出す必要があります。

## 別名で保存

メニュー→“ファイル”→“別名で保存...”で行う、いちばん簡単な方法です 01 。保存先を決めたら、[フォーマット] を [Photoshop] から [JPEG] に変更して保存します。「JPEGオプション」ダイアログが開きますので 02 、画質を設定し、[OK] をクリックします。画質は12が最高ですが、データ容量も大きくなるため、WebやSNSで使うような画像（モニターで見る画像）であれば、10で十分きれいな仕上がりになります。

memo
「別名で保存」でJPEG形式を選べるのは、レイヤーが背景レイヤー1枚のみの場合に限られます。レイヤーが複数存在する場合はこの方法は使えません。

Photoshop
ビッグドキュメント形式
BMP
Photoshop EPS
GIF
IFF 形式
✓ JPEG
JPEG 2000
JPEG ステレオ
PCX
Photoshop PDF
Pixar
PNG

01 別名で保存

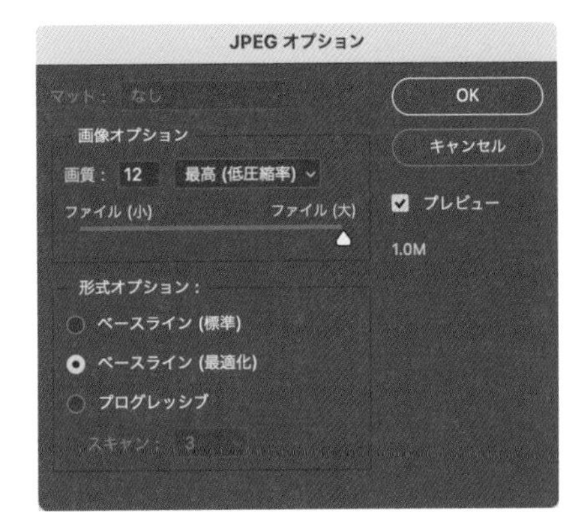


02 JPEGオプション

memo

「JPEGオプション」ダイアログ下段の［形式オプション］を変えても見た目に変化はありませんが、［ベースライン（最適化）］にすると画像のもつ色情報が最適化され、データが少し軽くなります。また、［ベースライン（標準）］で書き出した画像は、ブラウザなどで読み込んだ場合に上から順番に読み込まれ、［プログレッシブ］で書き出した画像は全体がぼやけた状態からだんだんはっきり表示されるようになります。スキャン数は、ぼやけた画像からはっきり表示されるまでのステップ数です。

## Web用に保存（従来）

CC 2014まで主流だった、Webで使う画像などを書き出す方法です。メニュー→“ファイル”→“書き出し”→“Web用に保存（従来）...”で行います 03 。「別名で保存」より細かな設定ができ、また元画像と書き出す画像の画質を見比べながら画質を調整することができます。ダイアログの右上（ここでは［JPEG］となっている部分）で書き出す形式を設定し、それから画質などの調整をします。違いがわからなければ初期設定のままでもOKです。保存ボタンの位置が右下でないので注意しましょう。

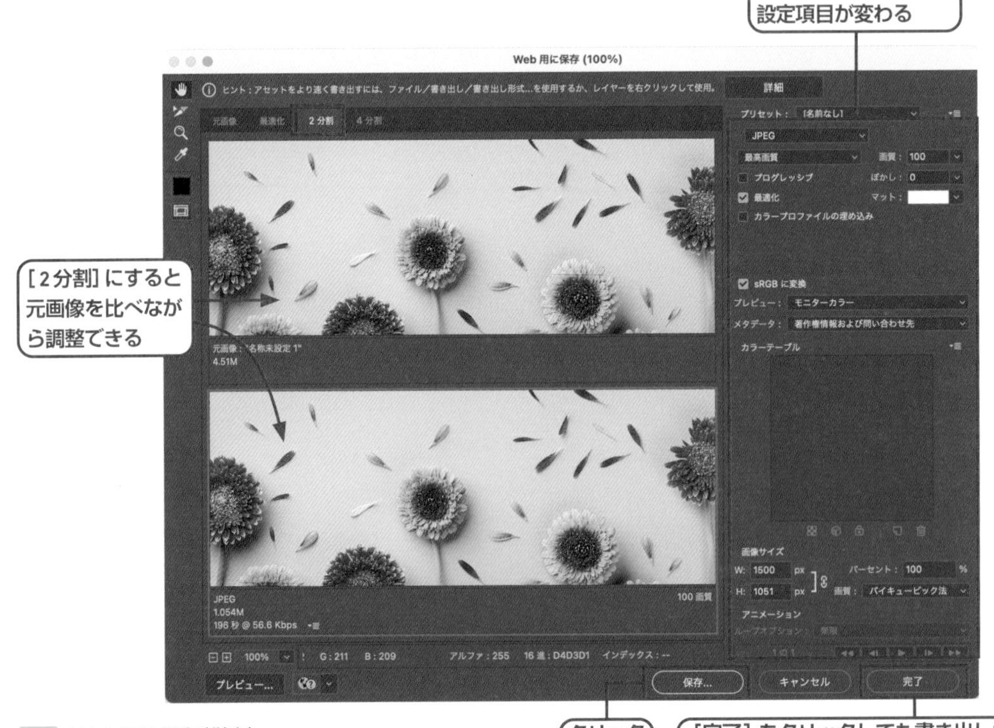


03 Web用に保存（従来）

## 書き出し形式

2024年現在、主流の書き出し方法です。メニュー→“ファイル”→“書き出し”→“書き出し形式...”で行います 04 。「Web用に保存（従来）」と違うのは、画像形式に「**SVG**」という選択肢がある点と、サイズ違いの画像を一度に書き出しできる点です。また、複数のアートボードを使用している場合は、すべてのアートボードを一度に書き出すこともできます。Web用のSVGという形式で書き出す場合は、この「書き出し形式」を使用する必要があります。

POINT

複数のバナーを1つのPSDデータで作成したり、サイズ違いで書き出しをしたい場合は「書き出し形式」がおすすめです。

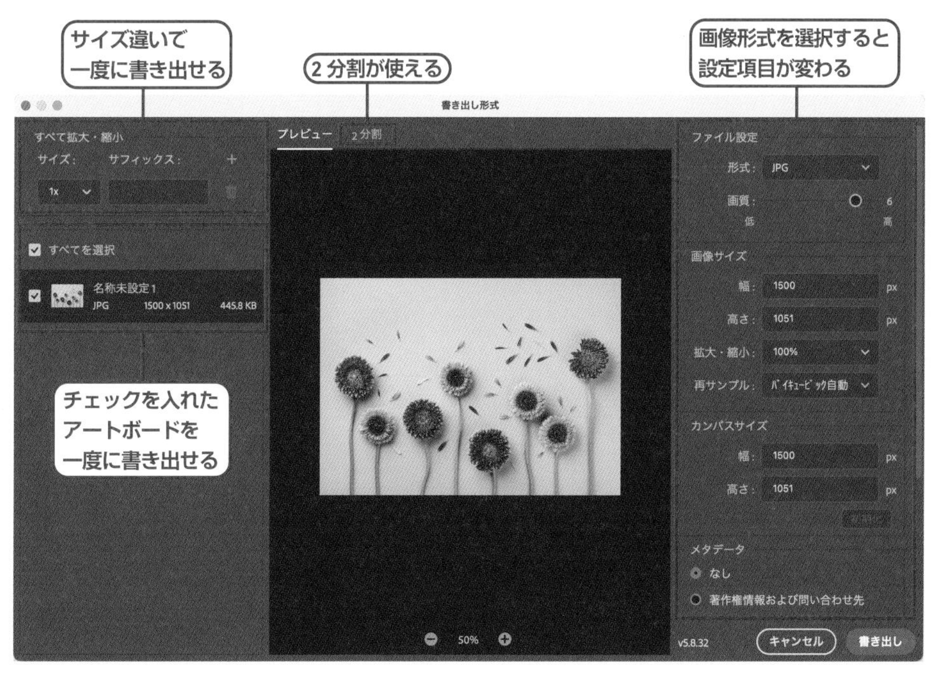


04 書き出し形式

## 画像アセット

レイヤーやグループごとに書き出したい場合、一番便利な方法です。この方法はレイヤーやグループの管理がわかるようになってから試してみましょう。

レイヤーパネルを見ます。書き出したいレイヤー、グループ、アートボードなどの名前を予め「(書き出したい名前) .jpg」と拡張子付きで書き換えておきます。メニュー→“ファイル”→“生成”→“画像アセット”にチェックを入れます。設定はこれだけです。あとはファイルを保存するたびにpsdファイルと同じ場所にアセットフォルダが生成され、その中に書き出されます。1つのファイルの中で書き出したいものがたくさんある場合や、何度も修正して書き出したい場合などに便利です。

## いろいろな画像形式

書き出す画像は、その性質と用途に最適な形式を選びます 05 。**写真であればJPEG、透明部分のある画像だったり、シンプルな図形を含む画像はPNG、色数の少ない画像やごく短い動画であればGIF、Webで使うアイコンやロゴであればSVG**、といった具合に使い分けます。

透明部分のある画像をJPEGで書き出すと透明部分は背景色で塗りつぶされた状態で書き出されたり、GIFで書き出すと透明と不透明の境界線がガタガタになります。そう聞くと、すべてPNGで書き出せばいいような気もしますが、写真をPNGで書き出すと、同じ画質で書き出したJPEGより数倍重いデータになってしまいます。

memo

透明部分に強いPNGでも、「PNG-8」という形式の場合はGIF同様ガタガタになります。「Web用に保存（従来）」で書き出す場合は「PNG-24」を選びましょう。

元画像（PSDファイル）

| 名前 | 拡張子 | 特徴 | 書き出すと… |
|---|---|---|---|
| JPEG<br>ジェイペグ | .jpg<br>.jpeg | ・写真に向いている<br>・シンプルな図形にはノイズが入りやすい<br>・透明部分は保持できない | ノイズが入る<br>背景色で塗りつぶされている |
| PNG<br>ピング | .png | ・シンプルな図形に向いている<br>・写真も扱えるが、JPEGより重い<br>・透明部分を保持できる | ノイズは入らない<br>境界はなめらか |
| GIF<br>ジフ | .gif | ・シンプルな図形に向いている<br>・写真には不向き<br>・透明部分を保持できるが、その境界線はなめらかでない | 境界がギザギザ |
| SVG<br>エスブイジー | .svg | ・Web用の特別な形式<br>・大きさや、塗りと線の色などをCSS（※注）で指定できる<br>・シンプルな図形に向いている<br>・いくら引き伸ばしても図形であれば荒れない | 座標と計算式で画像を出力しており、写真には通常使わない形式 |

※注　CSS：Webサイトを構成するための言語の1つ

05 おもな画像形式

Lesson 2

# 基本の使い方

Photoshopでは、写真やテキストをレイヤー（層）として積み重ね、個別に編集することができます。本章では、写真の補正を仕組みから理解したり、テキストやブラシなどの基本的な使い方を学びます。

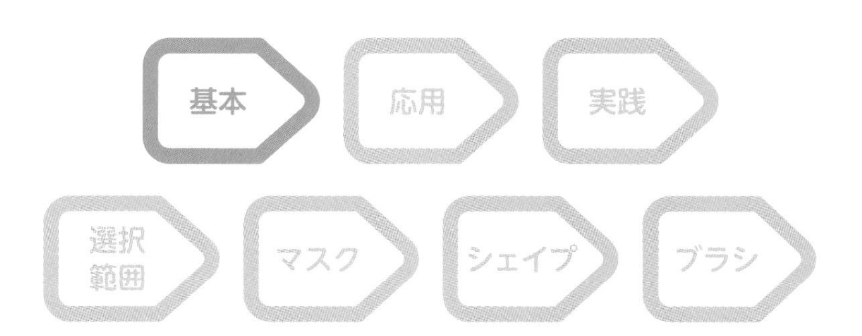

# Photoshopのレイヤーのしくみ

Lesson2 > 2-01

**写真補正に入る前に、Photoshopの「レイヤー」について解説します。Photoshopを使う上では、この「レイヤー」のしくみを理解することがとても大切になりますので、しっかりと学んでいきましょう。**

## 「レイヤー」とはどんなもの？

Photoshopには「**レイヤー**」という機能があります。レイヤーの機能は1枚の透明なフィルムをイメージすると理解しやすいでしょう 01。

レイヤーには画像レイヤー、テキストレイヤーなど、いくつかの種類があり、透明なフィルムの上に画像、テキスト(文字)、シェイプ(図形) など、さまざまなものが描画されていきます。レイヤーは、背景、画像、テキストといった要素をそれぞれ分けて設置することが大切です。**何枚ものレイヤーを積み重ねて1つのファイルを構成していきます**。

では、Photoshopでは、なぜこのように1枚ずつ分けたレイヤー構造にするのでしょうか。

例えば、プリントした写真上に直接文字やイラストを描いたとしましょう。この場合、あとから文字やイラストを修正することが難しくなります。では、写真の上に透明なフィルムをおき、その上に描

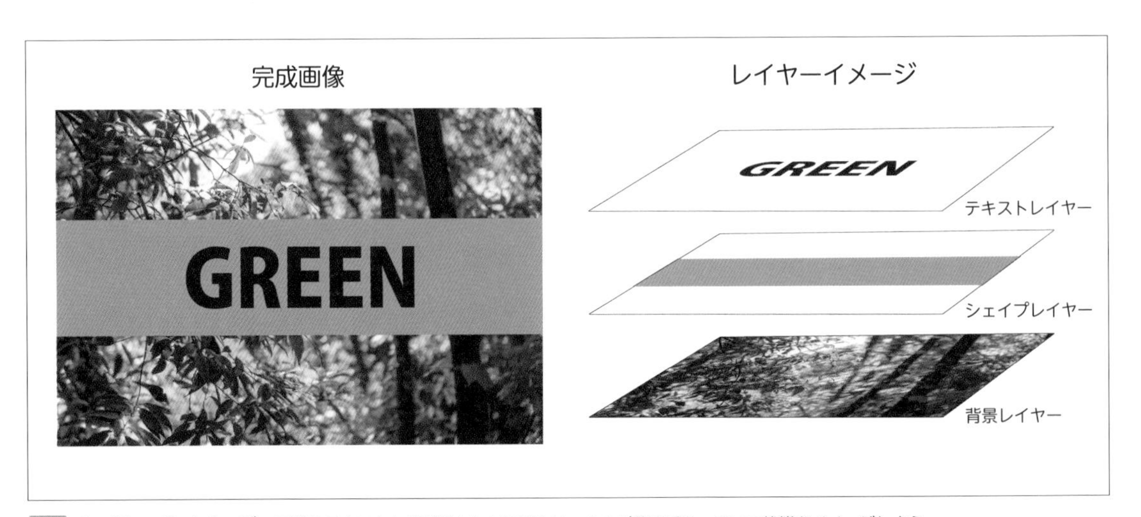


01 **レイヤーのイメージ** 画像やテキストなどが描かれた透明なフィルムが積み重なっている状態をイメージしよう

いたらどうでしょうか？　描き直したいときには、透明なフィルムをはずし、新しい透明なフィルムをのせれば簡単に修正できますよね。Photoshopの場合も同様で、レイヤーを分けておくことで、レイヤー単位で修正ややり直しが容易に行えます。

このようにレイヤーの役割や構造を理解しておくと、あとから修正や復元などをしやすいファイルを作ることができます。

## レイヤーパネルの構成

レイヤーの新規作成や管理は、レイヤーパネルで行うことができます。レイヤーパネルは初期設定でPhotoshopの画面の右下に表示されます 02 03。

memo
レイヤーパネルが表示されていない場合は、メニュー→“ウィンドウ”→“レイヤー”を選ぶと、表示・非表示を切り替えることができます。

02 Photoshop画面

03 レイヤーパネル

memo
03 では「ベタ塗り1」レイヤーのサムネールに■マーク（レイヤーマスクバッジ）が表示されていますが、Photoshopの設定によっては表示されないこともあります。なお、レイヤーパネル右上のメニューボタンから“パネルオプション...”を選び、表示されるダイアログで「レイヤーマスクバッジを表示」の項目でマークの表示／非表示を切り替えられます。本書では **Lesson3** 以降は非表示にして進めます。82ページ、**Column** も参照。

### ① フィルターの種類

種類別に細かく絞り込むことができます。レイヤーの数が多くなった場合、目的のレイヤーだけ抽出したいときに利用します。

### ② レイヤーの描画モード

描画モードを変更する際に利用します。またレイヤーの不透明度を［0%］～［100%］のあいだで調整できます。

描画モードの詳細は152～160ページ、**Lesson4-05～07**参照。

### ③ グループ

複数のレイヤーをグループにまとめて、整理することができます。任意のレイヤーを選択してグループ化するほか、ショートカットボタンの［新規グループを作成］より空のグループ作成後にレイヤーをドラッグ&ドロップすることで、まとめることも可能です。

### ④ テキストレイヤー

ツールバーの文字ツールでテキストを追加するとテキストレイヤーが作成されます。テキストレイヤーには［T］のアイコンが表示されます。

73ページ、**Lesson2-07**参照。

### ⑤ レイヤー効果（レイヤースタイル）

レイヤー効果を適用すると表示されます。効果の横にある目のアイコンで一括の表示・非表示ができます。また、レイヤースタイル名の目のアイコンをクリックすると個別に表示・非表示の操作ができます。

198ページ、**Lesson6-03**参照。

### ⑥ 背景レイヤー

背景レイヤーは最下部に設置され透明部分をもつことができない特殊なレイヤーです。また、描画モードや不透明度、移動なども制限されます。なお、背景レイヤーをダブルクリックし任意のレイヤー名にするか、右のロックアイコンをクリックすると簡単に通常レイヤーへ変換することが可能です。

### ⑦ ショートカットボタン

レイヤーメニューで使用頻度が高い項目が、レイヤーパネルの下部にショートカットボタンとして並んでいます 04 。

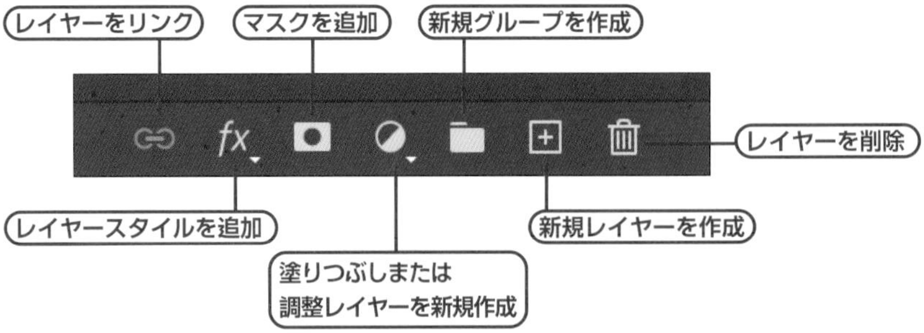

04 ショートカットボタン（レイヤーパネルの下部）

## レイヤーの種類

レイヤーには次のようにさまざまな種類があります。このほかにもありますが、ここでは、代表的な6種類のレイヤーを解説します。

- 背景レイヤー
- 通常レイヤー
- テキストレイヤー
- シェイプレイヤー
- スマートオブジェクトレイヤー
- 調整レイヤー

### ○ 背景レイヤー

背景レイヤーは、レイヤーパネルのいちばん下に位置する、常にロックされたレイヤーです 05 。画像ファイルなどをPhotoshopで開くと、初期状態では背景レイヤーとして表示されます。また背景レイヤーは、レイヤーパネル内での位置や［不透明度］、［描画モード］などを変更できないという特徴があります。

05 背景レイヤー

### ○ 通常レイヤー

Photoshopのメニュー名などに「通常レイヤー」という項目はありませんが、本書では便宜的に通常レイヤーとよびます。ショートカットボタンの［新規レイヤーを作成］で作成できます。また、新規ドキュメントの作成時にできる背景レイヤーを通常レイヤーに変えることもでき、通常レイヤーにすると［描画モード］などを変換できる状態になります 06 。この通常レイヤーが、42ページで述べた透明なフィルムです。ブラシで絵を描いたり、画像ファイルを設置したりする場合は通常レイヤーで行います。

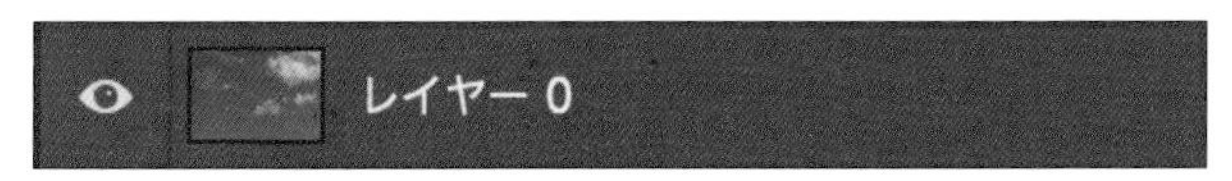


06 通常レイヤー

### ○ テキストレイヤー

横書き／縦書き文字ツールでテキストを入力すると、テキストレイヤーになります 07 。レイヤーのサムネール部分が［T］になります。

07 テキストレイヤー

> **POINT**
>
> 背景レイヤーは、レイヤーパネル上でダブルクリックするか、メニュー→“レイヤー”→“新規”→“背景からレイヤーへ...”を選ぶと、通常レイヤーに変更できます。逆に通常レイヤーを背景レイヤーに変えるには、メニュー→“レイヤー”→“新規”→“レイヤーから背景へ”を選択します。

### ○ シェイプレイヤー

長方形ツールなどの描画ツールやペンツールなどでシェイプを描画するとシェイプレイヤーが作成されます 08 。レイヤーサムネールの右下に「シェイプのアイコン」が表示されます。

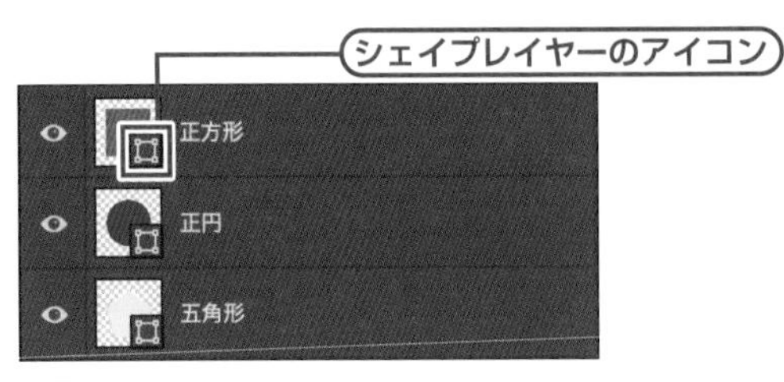


08 シェイプレイヤー

### ○ スマートオブジェクトレイヤー

元画像のデータを損なわずに、Photoshop上で拡大・縮小を行うことができるレイヤーです 09 。通常レイヤーをスマートオブジェクトレイヤーに変更するには、メニュー→“レイヤー”→“スマートオブジェクト”→“スマートオブジェクトに変換”を選びます。

85ページ、Lesson3-01参照。

09 スマートオブジェクトレイヤー

### ○ 調整レイヤー

調整レイヤーは画像データの上に重ねて色調などを自由に編集したり、破棄したりできます。元の画像データを直接触らずに編集するので、いつでも復元が可能です 10 。調整レイヤーには「明るさ・コントラスト」「レベル補正」「色調補正」など、調整する内容に応じて十数種類の中から選びます。また、調整レイヤーにはあらかじめレイヤーマスクがついています。

100ページ、Lesson3-04参照。

10 調整レイヤー

## レイヤーのロック

レイヤーパネルで、レイヤー名の右に錠前のアイコンが表示されていると、そのレイヤーはロックされており、編集ができない状態になっています 11 。錠前のアイコンをクリックするとロックが解除されます。再びロックするには、対象のレイヤーを選択した上でレイヤーパネル上部にある錠前アイコンをクリックします 12 。

11 レイヤーロックされた状態

12 「すべてをロック」のボタン

## 新規レイヤーの作成方法

新規レイヤーを作成する方法でいちばん簡単なのは、レイヤーパネルにある「新規レイヤーを作成する」ボタンをクリックする方法です。また、レイヤーパネルの右上にあるメニューボタン[≡]をクリックし、表示されるメニューで“新規レイヤー...”を選ぶ方法でも作成できます 13 。

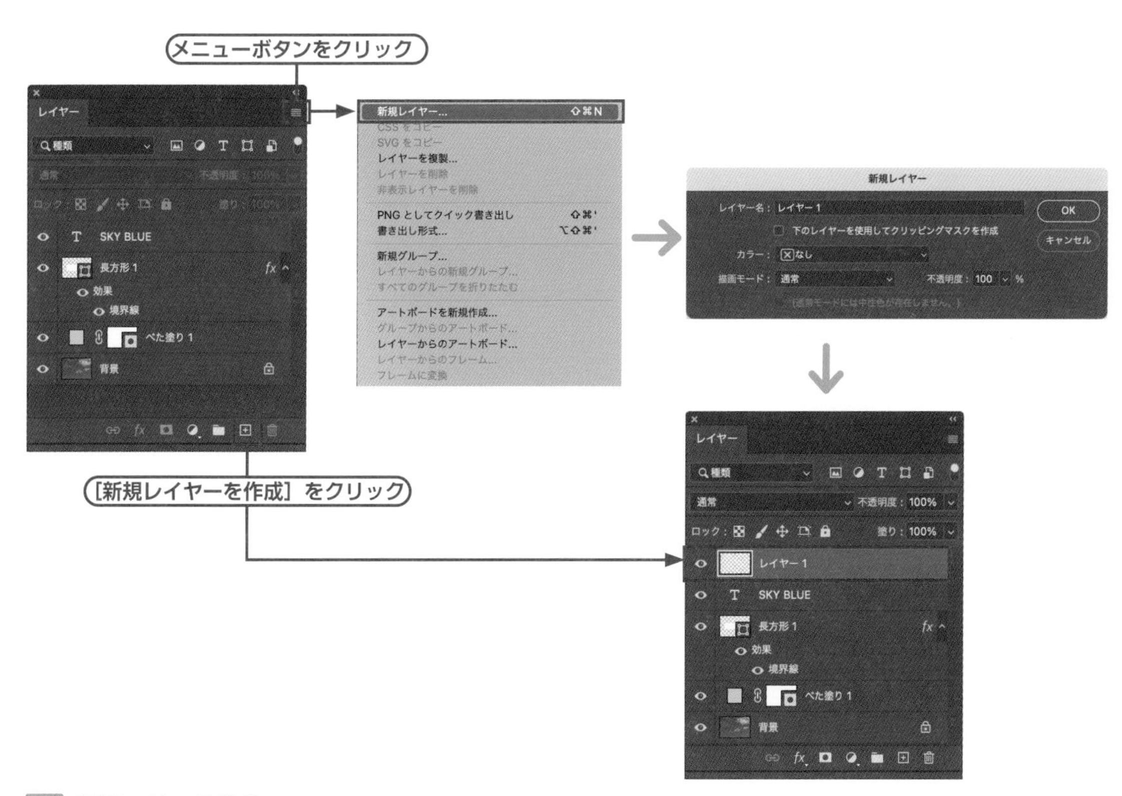


13 新規レイヤーの作成

いずれの方法でも、レイヤーパネル上で任意のレイヤーを選択中の状態で新規レイヤーを作成すると、選択していたレイヤーのすぐ上に作成されます 14 。どのレイヤーも選んでいない状態で作成すると、最上位にレイヤーが作成されます 15 。

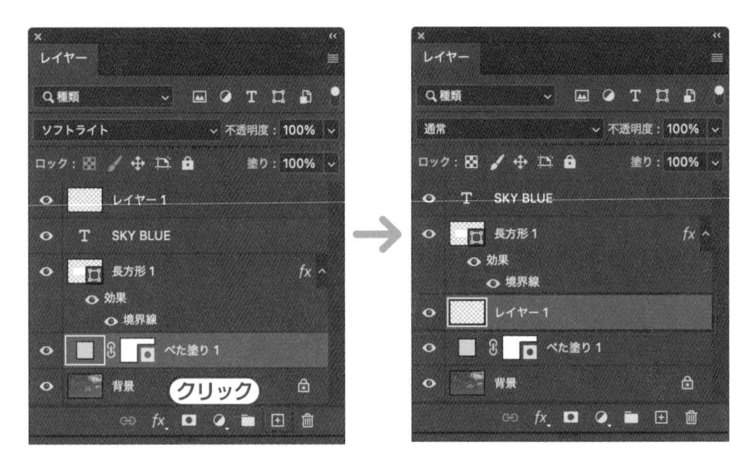


14 レイヤーを選択した状態で作成した場合

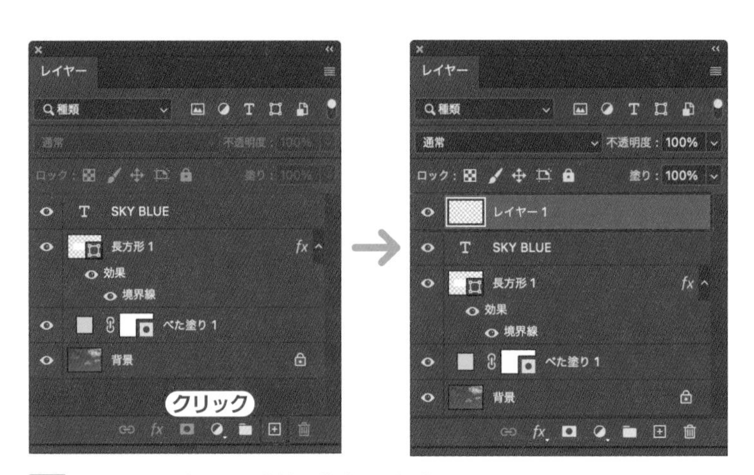


15 レイヤーを未選択の状態で作成した場合

## レイヤーパネルでのレイヤーの操作



### ○ レイヤーの複製

レイヤーは同じものを複製（コピー）することができます。一番簡単な方法は複製したいレイヤーを、option［Alt］キーを押しながら上か下にドラッグする方法です。または、レイヤーパネルで複製したいレイヤーを選び、右上のメニューボタンから“レイヤーを複製...”を選択すると、レイヤーが複製されます 16。

このとき「レイヤーを複製」ダイアログの「新規名称：」の部分で、複製するレイヤーに任意の名称をつけることもできます 17。

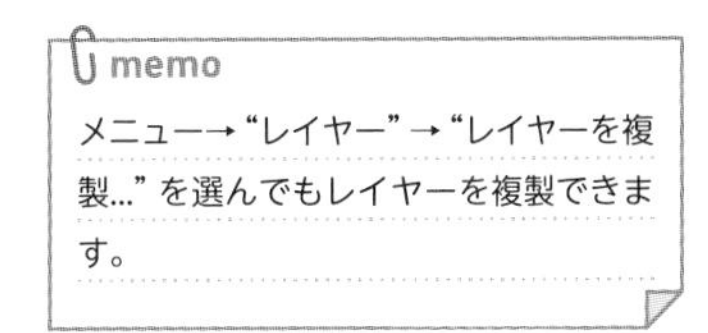

memo
メニュー→“レイヤー”→“レイヤーを複製...”を選んでもレイヤーを複製できます。

memo
レイヤー名をあとから変更したいときは、レイヤーパネルでレイヤー名の部分をダブルクリックします。

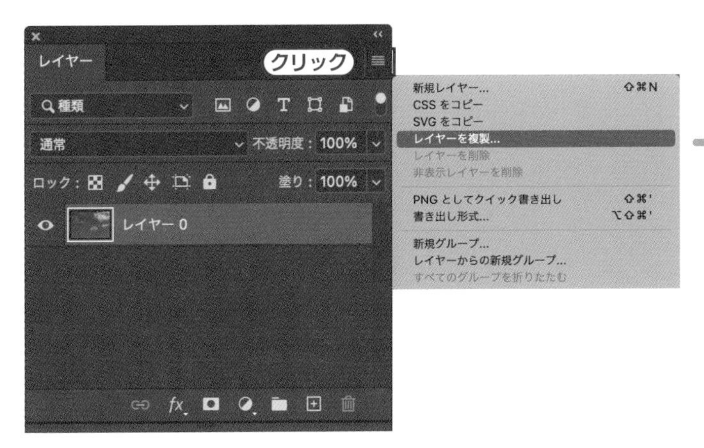


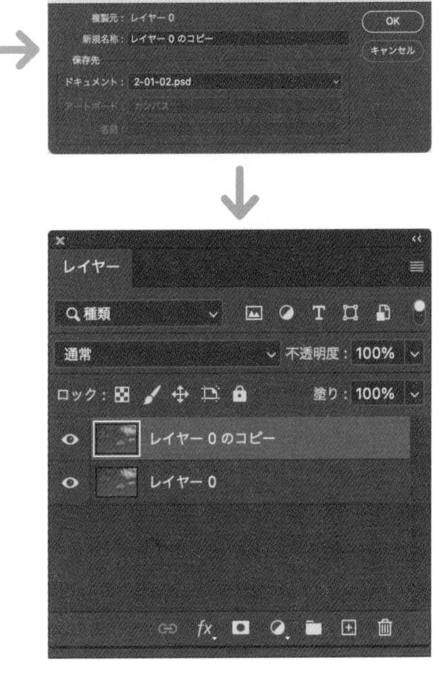


16 レイヤーの複製

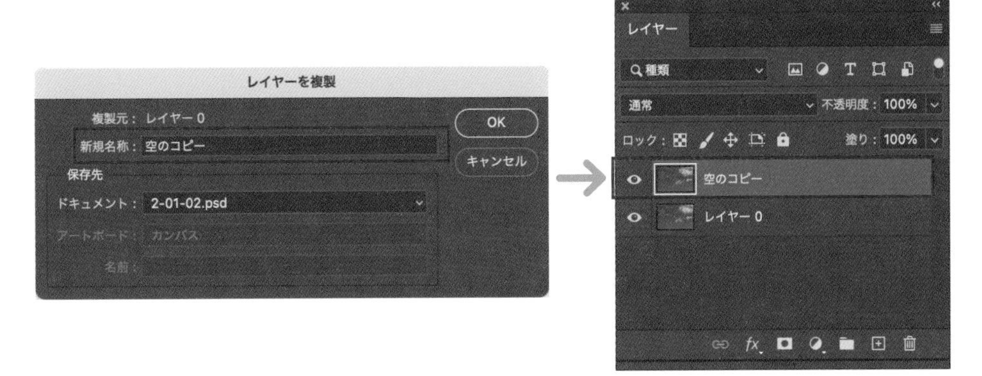


17 「レイヤーの複製」ダイアログでレイヤー名を設定

## ○ レイヤーの順を変える

Photoshopのカンバス上では、レイヤーパネルのレイヤー順に沿って画像が表示されます。レイヤーの重なり順を変更するには、レイヤーパネルで順番を変えたいレイヤーを選択し、ドラッグ&ドロップで任意の場所に移動します 18 。

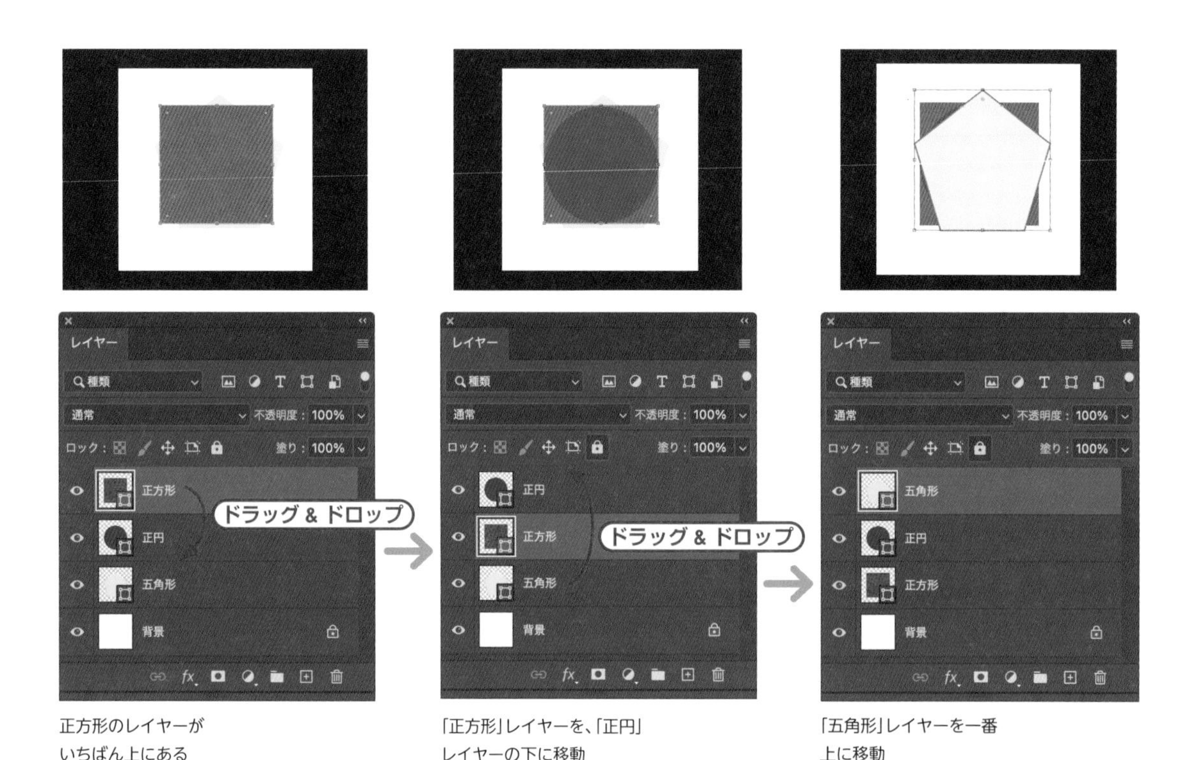


18 レイヤーの移動とカンバス上の表示の変化

## ○ レイヤーの削除

レイヤーを削除するには、レイヤーパネルで目的のレイヤーを選択し、パネル下部のショートカットボタンで「レイヤーを削除」(ゴミ箱のアイコン)をクリックします 19 。

パネル右上のメニューボタンから“レイヤーを削除”を、あるいはメニュー→“レイヤー”→“削除”→“レイヤー”を選んでも削除できます。

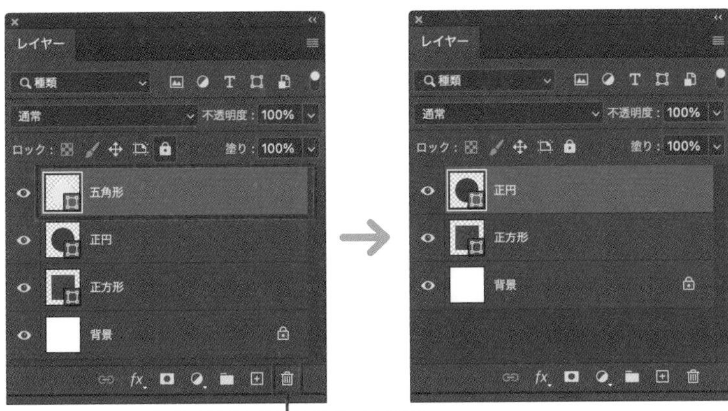


19 レイヤーの削除

### ○ レイヤーをグループ化する

レイヤーの数が多くなったら、「グループ化」してレイヤーをまとめると作業がしやすくなります。レイヤーパネルでshift［Shift］キーを押しながら、まとめたいレイヤーをすべて選択したら、パネル下部のショートカットボタン「新規グループを作成」をクリックします。レイヤーパネルにフォルダアイコンのレイヤーが新たに作成され、選択したレイヤーがグループ化されます 20。

パネル右上のメニューボタンで、“レイヤーからの新規グループ...”を、あるいはメニュー→“レイヤー”→“レイヤーをグループ化”を選んでもグループ化できます。

memo
パネル右上のメニューボタンで“新規グループ...”を選択すると、中身が空のグループだけが作成されます。

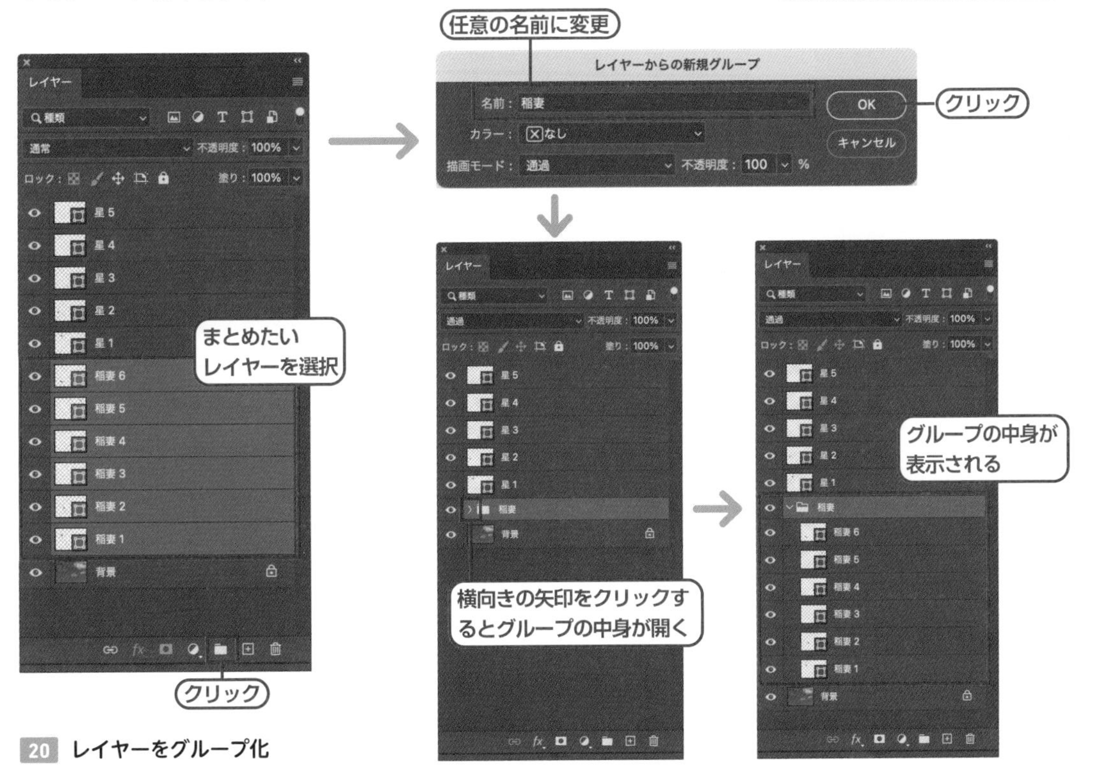


20 レイヤーをグループ化

レイヤーグループを削除したいときは、レイヤーパネルで消したいグループを選択し、パネル右上のメニューボタンで“グループを削除”を選びます 21 。表示されるダイアログで「グループと内容」をクリックすると、中身のレイヤーごとグループが削除されます。ダイアログで「グループのみ」をクリックすると、中身のレイヤーは残したまま、グループ(フォルダアイコンのレイヤー)だけが削除されます 22 。

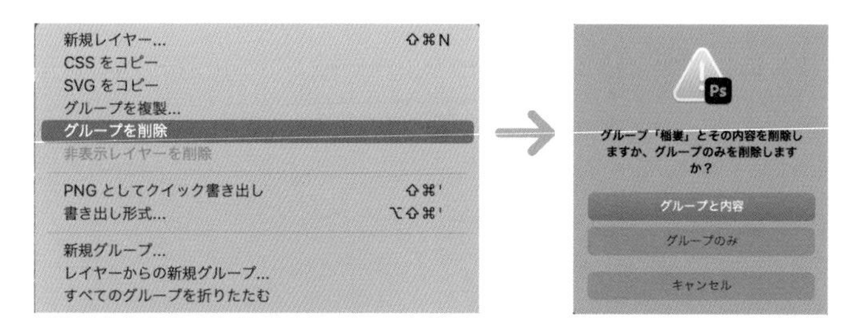


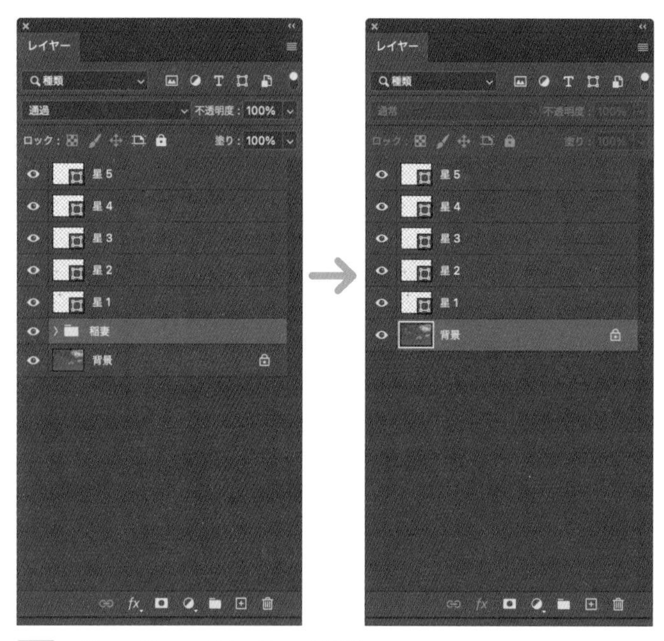


21 グループと中身のレイヤーを削除

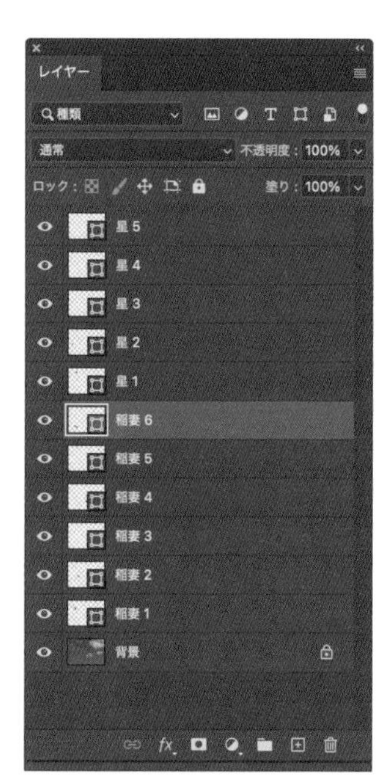


22 グループのみを削除

# 写真から不要物をとり除く

Lesson2 > 2-02

Photoshopには、画面に写り込んでしまった不要物を自然にとり除くことができる便利なツールがあります。とり除くといっても実際は画像から削除しているわけではなく、周囲を塗りつぶしたレイヤーを上からかぶせるイメージです。

## スポット修復ブラシツール

**「スポット修復ブラシツール」**は、修復したい箇所をなぞるだけの直感的な操作で、画像の不要物を除去できます。とり除きたい対象と周囲の画像との境界をなじませるしくみですので、単調な背景にある小さな不要物をすばやくとり除くのに適しています。それでは、画像内に写り込んだ「鳥」を消していきましょう 01 。

01 スポット修復ブラシツール

### ① 新規レイヤーを追加する

Photoshopで素材画像「2-02-1.jpg」を開きましょう。「背景」レイヤー（開いた画像）の上に新規レイヤー（通常レイヤー）を追加します。新規レイヤーは、レイヤーパネル下の［新規レイヤーを作成（＋）］ボタンをクリックすると作成できます 02 。

**memo**

通常レイヤーを追加せずに、背景レイヤーに直接書き込むこともできますが、元の画像を直接修正すると画像データを上書きしてしまい、元の状態に戻すことができなくります。画像データを保持するために、新規レイヤー上で修復していくとよいでしょう。

02 新規レイヤー（レイヤー1）を追加

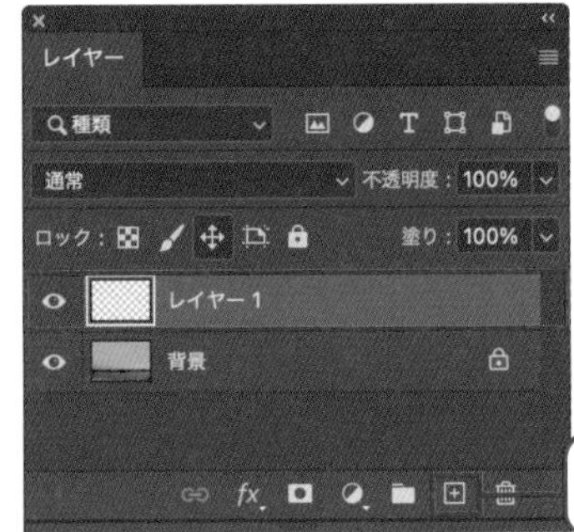


## ② スポット修復ブラシツールを選択する

ツールバーからスポット修復ブラシツールを選択します 03 。このとき、オプションバーで[種類:コンテンツに応じる]が選択され、[全レイヤーを対象] にチェックが入っていることを確認してください 04 。

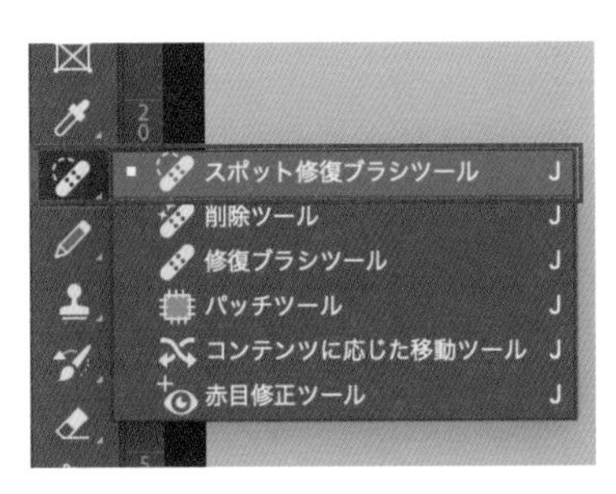


03 スポット修復ブラシツール

04 オプションバーを確認

**memo**

[コンテンツに応じる]を選択すると、とり除く対象と周辺のコンテンツを比較し自動で調整するため修復には適しています。なお、[テクスチャを作成] は選択範囲内のピクセルを利用してテクスチャを作成し、[近似色に合わせる] は選択範囲の境界線のピクセルを利用して調整します。使い比べてみましょう。

**POINT**

[全レイヤーを対象] にチェックを入れないと、レイヤーパネルで選択しているレイヤーだけが対象となります。この場合は、元画像である「背景」レイヤーが対象外となり、修復結果が意図しない状態となるため、忘れずにチェックを入れましょう。

## ③ 不要物をとり除く

「レイヤー1」が選択されていることを確認してください。このレイヤーに修復結果が描画されます。確認したら、鳥の上でクリック＆ドラッグします 05 。ブラシサイズが小さいときはオプションバーで調整します。

**POINT**

修復結果に違和感が出る場合は、できるだけとり除きたい部分のみを選択すると周囲になじみやすくなります。

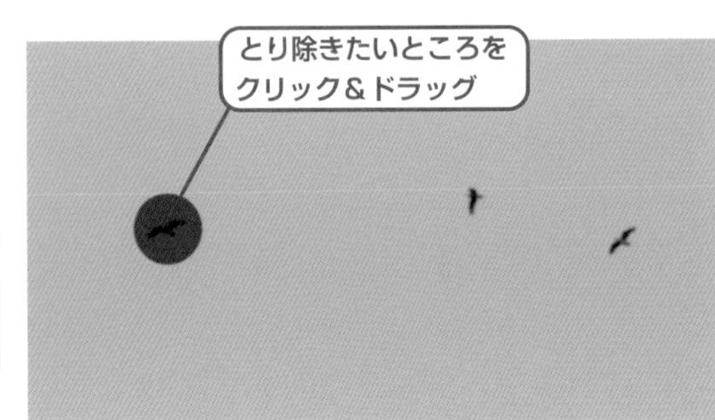


05 「レイヤー1」上で作業

## パッチツール

「**パッチツール**」は、**とり除きたい範囲を任意の部分に置き換えて不要物を消し、境界線をなじませてくれるツール**です。それでは、風景画像から「バッグ」をとり除いてみましょう 06 。

06 パッチツール

### ① 新規レイヤーを追加する

Photoshopで素材画像「2-02-2.jpg」を開きましょう。スポット修復ブラシツールのときと同様に、「背景」レイヤーの上に新規レイヤーを追加 します 07 。

53ページ、**memo**参照。

07 新規レイヤーを追加

### ② パッチツールを選択する

ツールバーからパッチツールを選択し 08 、オプションバーで［パッチ：コンテンツに応じる］が選択され、［全レイヤーを対象］にチェック が入っていることを確認します 09 。

54ページ、**POINT**参照。

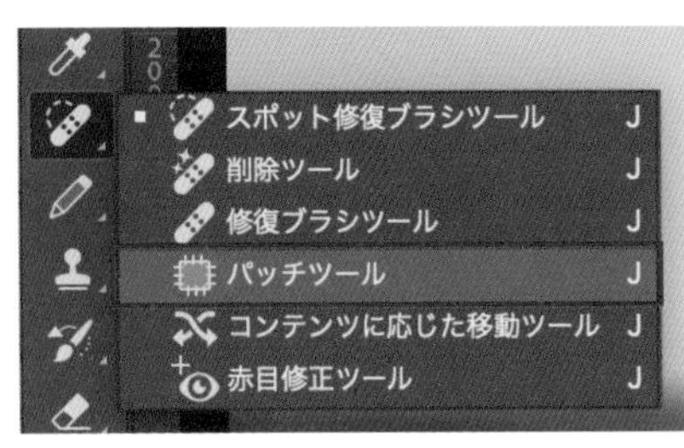


**08 パッチツール**

スポット修復ブラシツールを長押し(右クリック)すると現れるメニューの上から4番目にあります

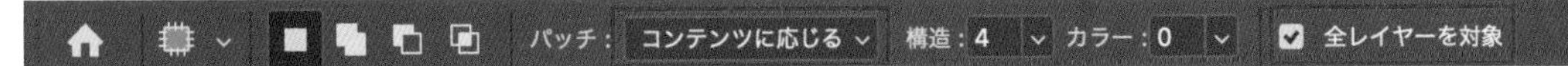


**09 オプションバーを確認**

## ③ とり除きたい範囲を指定する

左側のバッグを囲むようにクリック&ドラッグします。クリックを放すと範囲が確定されます 10 。

**10 消したいものをパッチツールで囲む**

## ④ 不要物をとり除く

選択範囲の内側をクリックし、画像内の置き換えたい位置までドラッグします。クリックを放すと、境界線がなじみ、自然な草むらで描画されます 11 12 。そのまま選択範囲の外側をクリックして、選択範囲を解除します。うまくできたら、もう1つのバッグも同様にパッチツールでとり除いてみましょう。

**POINT**

修復結果に違和感が出る場合は、置き換える位置を変えてみましょう。

**11 画像がなじむ位置へドラッグ**

**12 なじむ位置までドラッグした状態**

# 画像に足りない部分を描く

Lesson2 > 2-03

THEME テーマ

デザイン制作の際、背景画像の幅がもう少しほしかったり、対象物を増やしたかったりするときがあります。Photoshopにはこうした不足分を補って描画できる便利な方法がいくつかあります。ここでは2つ紹介しますので、試してみましょう。

## コピースタンプツールで不足分を描く

「**コピースタンプツール**」はその名前の通り、**対象物をコピーして描画することで不足分を補えるツール**です。また、Lesson2-02のような不要物をとり除く場合でも利用することができます。実際に対象物をコピーして不足を補ってみましょう。

### ① 新規レイヤーを追加する

Photoshopで素材画像「2-03-1.jpg」を開きます。「背景」レイヤーの上に新規レイヤーを追加しします 01 。

53ページ、Lesson2-02 memo参照。

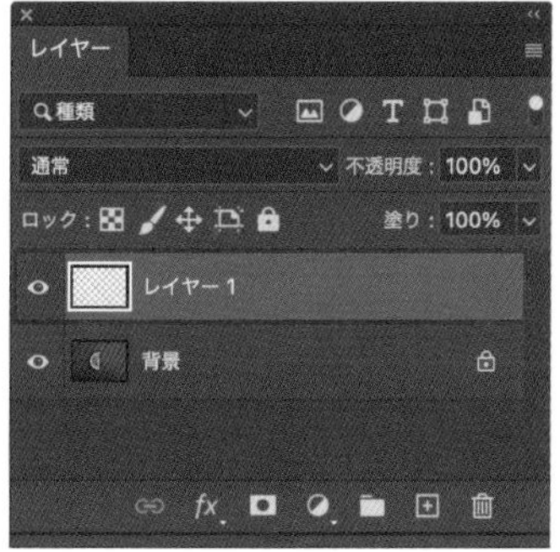


01 新規レイヤーを追加

### ② コピースタンプツールを選択する

ツールバーよりコピースタンプツールを選択します 02 。選択後、オプションバーで［サンプル：すべてのレイヤー］が選択されていることを確認してください 03 。なお、今回は「レイヤー1」の上にはレイヤーがありませんので、［サンプル：現在のレイヤー以下］でも問題ありません。

memo

［サンプル：すべてのレイヤー］は、レイヤーパネル内にあるレイヤーすべてが対象となります。［サンプル：現在のレイヤー以下］は、選択中のレイヤーとその下にあるレイヤーが対象となります。

02 **コピースタンプツール**
ツールバーの上から10番目にある

03 **オプションバーを確認**

## ③ ブラシを設定する

コピースタンプツールを選択した状態で、オプションバーの「**ブラシプリセットピッカー**」を開きます。ここでは、汎用ブラシ内の［**ソフト円ブラシ**］を選択し、［直径：150px］［硬さ：0%］に設定してreturn（Enter）キーで確定します 04 。

ブラシの「直径」は、コピー時の範囲を表す値です。この値を大きくすると、一度に広い範囲でコピーできます。「硬さ」は、コピー時の境界の不透明度を調整する値です。

**memo**

04 のようにオプションバーの［クリックでブラシプリセットピッカーを開く］をクリックして、ブラシプリセットピッカーを表示したら、右上にある歯車アイコンをクリックすると、ブラシサンプルの表示方法を変えることが可能です。ブラシサンプルは「ブラシ名」「ブラシストローク」「ブラシ先端」を組み合わせて表示できます。

**POINT**

「直径」と「硬さ」は、使用する画像によって値を調整します。いろいろ試しながら感覚をつかみましょう。

クリック

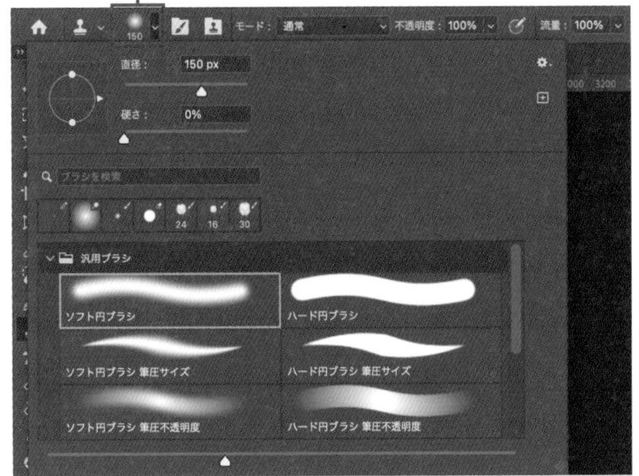


04 **ブラシプリセットピッカー**

## ④ コピー元の基準を設定する

グレープフルーツの上にマウスを移動し、opition［Alt］キーを押し続けてください。カーソルがターゲットアイコンに変わりますので 05 、この状態でクリックし、opition［Alt］キーを離します。このクリックした箇所がコピー元の中心となります。

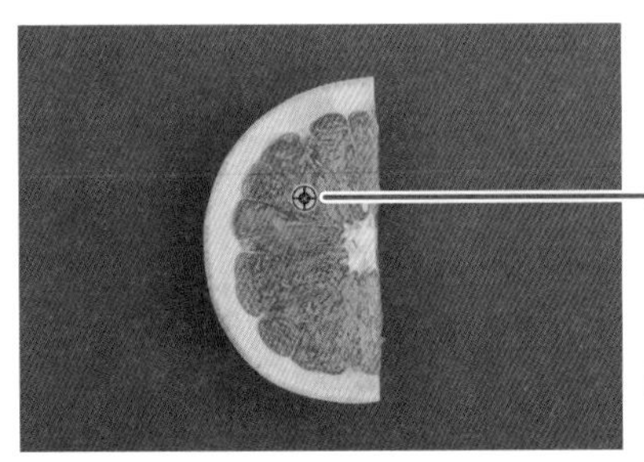

ターゲットアイコン

05 **option［Alt］＋クリックで コピー元を設定**

### ⑤ コピーする

レイヤーパネルで、「レイヤー1」が選択されていることを確認しましょう。グレープフルーツの右側の余白にカーソルを移動してください。カーソルにはコピー元の画像（ここではグレープフルーツ）が表示されます。この状態でクリック＆ドラッグをして、グレープフルーツをコピーしてみましょう 06 。

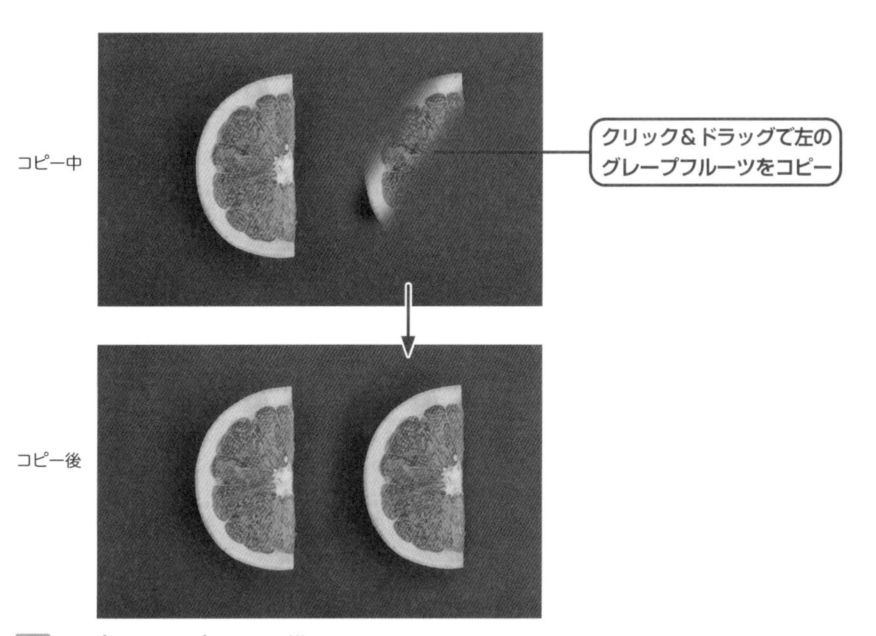


06 コピースタンプツールで描く

コピーできたら、レイヤー1を回転させます。メニュー→“編集”→“自由変形” をクリックし、コピーしたグレープフルーツの外側をクリック＆ドラッグして回転させます。不要な部分があれば、ツールバーから**消しゴムツール**を選んで不要部分を消します。これでグレープフルーツの完成です 07 。

memo
自由変形のショートカットキーは⌘[Ctrl]＋Tキーです。

07 グレープフルーツが円形になった

## 切り抜きツールで風景を継ぎ足す

切り抜きツールを「コンテンツに応じる」という設定で使用すると、画像を自然に継ぎ足して引き伸ばすことができます。試してみましょう。

### ①「背景」レイヤーをコピーする

Photosohpで素材画像「2-03-2.jpg」を開きます。元画像は念のためとっておきたいので、「背景」レイヤーをコピーしておきます 08 。レイヤーをコピーするには、対象レイヤーを選択し、レイヤーパネル右上のメニューから“レイヤーを複製...”を選びます。

memo
レイヤーのコピーは、対象のレイヤーをクリック&ドラッグし、レイヤーパネル下部の［+］アイコンにドロップするやり方でも可能です。

08 「背景」レイヤーをコピー

### ② 切り抜きツールを選択する

ツールバーから切り抜きツールを選択します 09 。このとき、オプションバーで［塗り］のところを［コンテンツに応じた塗りつぶし］に変更しましょう 10 。

memo
オプションバーの左端「比率」となっている部分はそのままにします。［元の縦横比］や［16:9］といった選択肢を選ぶと、その縦横比を保ったまま拡大縮小されます。この場合は横にだけ伸ばしたいので、［比率］のままにします。他の選択肢を選んでしまった場合は、一度［元の縦横比］を選んで比率の［消去］ボタンを押しましょう。

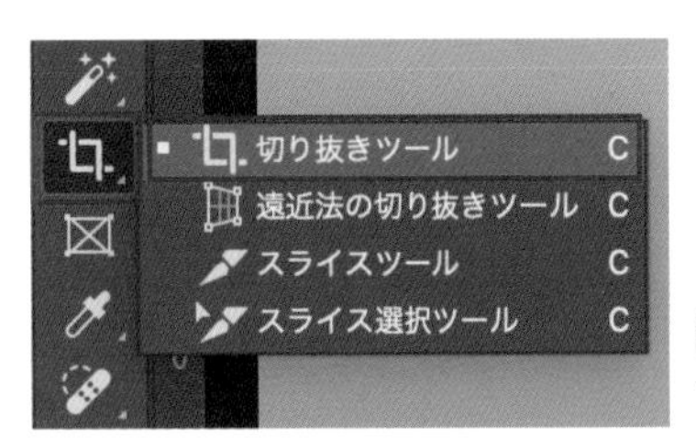


09 切り抜きツール
ツールバーの上から4番目にある

10 オプションバーを確認

### ③ 横幅を広げる

画像の右端にカーソルを移動すると、両矢印アイコンに変化します。この状態で、右方向にクリック&ドラッグします。すると、ドラッグした分だけ余白が表示されます 11 。

memo

余白は、オプションバーの［切り抜いたピクセルを削除］にチェックが入っていないときは、透明色（格子柄）で表示されます。チェックが入っていると、ツールバー下部の［背景色］で塗られます。

11 画像の右側を広げる

### ④ 余白の部分を描画する

return（Enter）キーを押すか、オプションバーの［○］をクリックすると、余白の部分が描画されます 12 。通常の切り抜きでは足りない部分は余白のままですが、［コンテンツに応じた塗りつぶし］の設定にしておくと、このように画像が補完されます。

POINT

実行後、元画像との境界線に違和感がある場合は、コピースタンプツールなどで調整するとよいでしょう。

12 周囲となじむ画像で塗りつぶされる

# ヒストグラムを知ろう

**画像の明るさを調整する際によく使うヒストグラムの見方を覚えると、明るさ・暗さの調整が行いやすくなります。**

## ヒストグラムとは

棒グラフのような図のことを**ヒストグラム**と呼びます。撮影や画像編集においては、画像の明るさを知るための図のことをいいます。

Photoshopで編集できるラスター画像は小さなピクセルの集合体でできており、そのピクセルには真っ黒から真っ白まで256段階の「明るさ」の情報があります。そのピクセルの数を明るさ順にグラフ化したものがヒストグラム 01 です。

15ページ、**Column**参照。

ヒストグラム
チャンネル：RGB
ピクセルの数
暗い（黒）
明るい（白）
ソース：画像全体
平均：144.86
標準偏差：78.31
中間値：154
全ピクセル：4193376
レベル：
ピクセル：
比率：
ｷｬｯｼｭﾚﾍﾞﾙ：1

明るさは256段階ある

01 **とても細かい棒グラフが256本並んでいる**

01 では、メニュー→“ウィンドウ”→“ヒストグラム”にチェックを入れヒストグラムパネルを表示させています。またパネル右上の設定アイコンから「拡張表示」にチェックを入れ、チャンネルをRGBに設定しています。明るさ別に、ピクセル数を表した256本のグラフが並んでいます。

これを見ると、この写真は暗い色から明るい色まで、まんべんなくピクセルが使われていることがわかります。同時に一番右端のグラフ（白）が飛び抜けて多いことから、写真の中に真っ白なピクセルが多く含まれていることがわかります。

**memo**
色味が飛んでしまい真っ白になったピクセルのことを「白飛び」、逆に真っ黒に潰れてしまったピクセルのことを「黒潰れ」と呼びます。

## いろいろな写真のヒストグラムを見比べてみよう

ヒストグラムを見れば、その写真の明るさやコントラストが把握できます 02 ～ 05 。

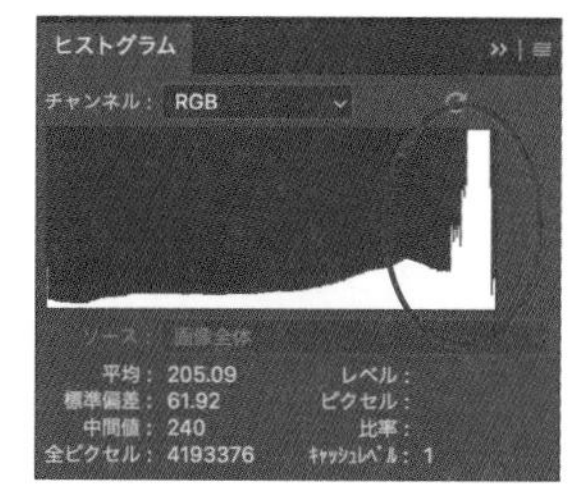


明るいピクセルが多い

02 明るいピクセルが多い写真は右側のグラフが大きい

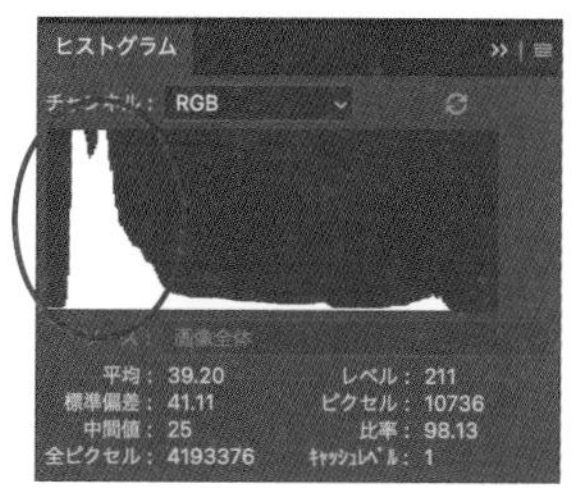


暗いピクセルが多い

03 暗いピクセルが多い写真は左側のグラフが大きい

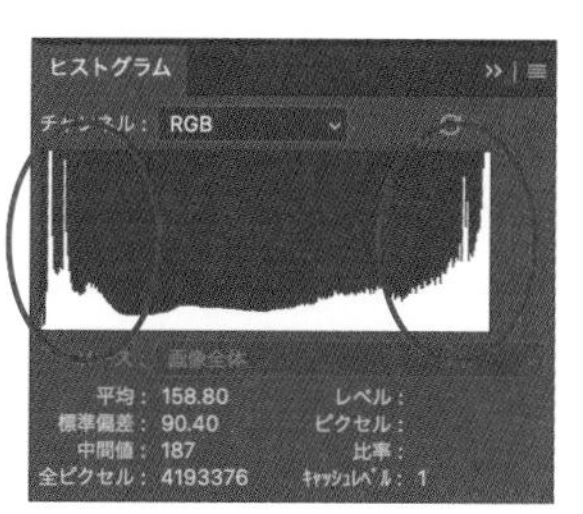


両端のピクセルが多い

04 コントラストの強い写真は左端・右端のグラフが大きい

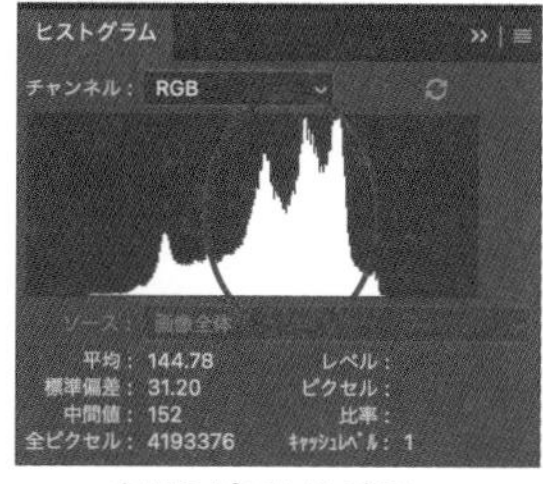


中間のピクセルが多い

05 コントラストの弱い写真は中央のグラフが大きい

ヒストグラムは、ヒストグラムパネル以外にも「レベル補正」や「トーンカーブ」といった調整レイヤーでも見ることができます。写真補正の際はヒストグラムパネルを開いて見るよりも、こういった調整レイヤーで確認しながら明るさの調整をすることが多いです。

# 写真の色調を補正する①

Lesson2 > 2-05

色み（色調）は写真の印象を左右する要素。暗い写真を明るくするだけで、雰囲気がガラリと変わります。Photoshopには色調を簡単に補正できる方法があり、利用する場面は多いのでしっかり身につけましょう。

## 明るさや色調で印象が変わる

撮影した写真や素材となる画像を見て、もう少し「明るくしたい」「ふわっとしたやわらかい雰囲気にしたい」などと、思ったことがある方は多いでしょう。Photoshopでは、明るさや色調を変えるほかにも、部屋の照明など光源の影響で色かぶりした写真をクリアーにすることなども可能です。

**WORD 補正**

写真の明るさや色調を変えたり、色のバランスを整えたりすること。全体の色みを変えることだけではなく、不要物をとり除くなど、部分的に変えることも補正と呼ぶ場合がある。暗い写真を明るくするだけで、雰囲気がガラリと変わる。

## 明るさ・コントラストの補正

撮影した写真や画像が暗い場合、「明るさ・コントラスト」の調整レイヤーを使って補正ができます 01。実際にやってみましょう。

01 「明るさ・コントラスト」を調整した画像

## ①「明るさ・コントラスト」調整レイヤーを作成

レイヤーパネルの下部にある調整レイヤーのショートカットボタンから、“明るさ・コントラスト...”を選択します 02。

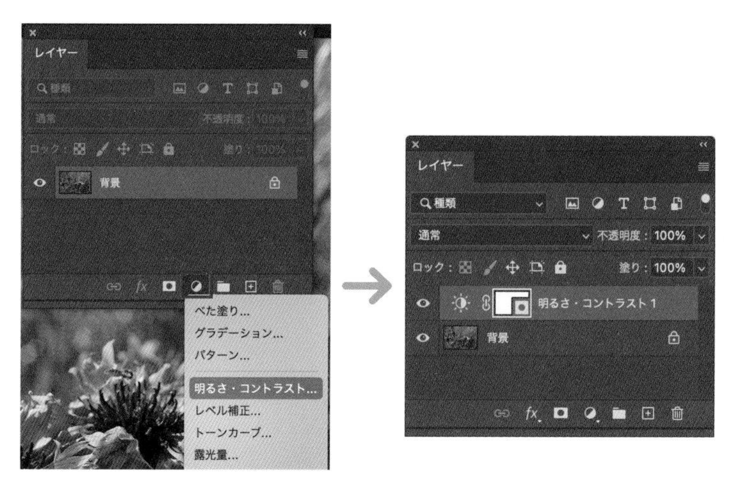


02 「明るさ・コントラスト」調整レイヤーを作成

> **memo**
> レイヤーパネルで対象のレイヤーを選択した状態で、メニュー→“レイヤー”→“新規調整レイヤー”→“明るさ・コントラスト...”を選んでも調整レイヤーを作成できます。

## ② [明るさ] と [コントラスト] を調整

調整レイヤーが作成され選択された状態になると、プロパティパネルの表示が切り替わり、明るさとコントラストの調整ができるようになります。それぞれスライダーを左右に操作して調整します 03。直接数値を入力しても調整は可能です。

右上にある [自動] ボタンをクリックしても自動的に調整は可能ですが、ここでは [明るさ：50] [コントラスト：−10] と手動で設定してみました 04。

> **POINT**
> レイヤーパネルで調整レイヤーの左にある目のアイコンをクリックして、「レイヤーの表示／非表示」を切り替えると、調整する前とあとの状態を確認できます。

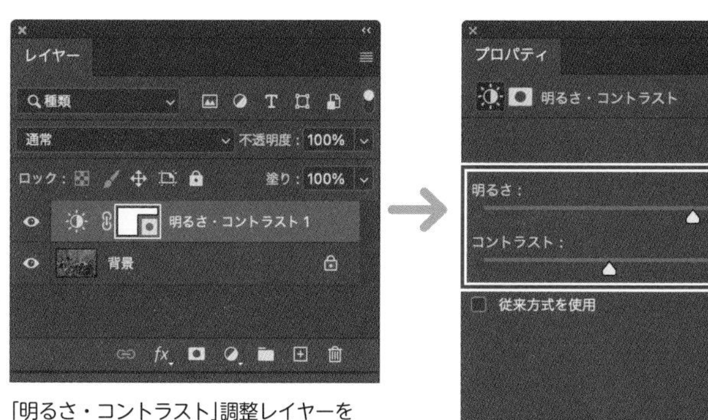


「明るさ・コントラスト」調整レイヤーを選択

プロパティパネルで数値を調整

03 [明るさ] [コントラスト]の調整

なお、明るさはスライダーを左に移動させると暗く（シャドウの範囲が強く）なり、右に移動すると明るく（ハイライトの範囲が強く）なります。コントラストは、左に移動させると明るい部分と暗い部分の差が小さくなり、やわらかい印象となります。逆に右へ移動させると、明暗の差が大きくなりくっきりとした印象となります。

04 調整前（左）と調整後（右）

## 写真の「色かぶり」とは

「色かぶり」という言葉を耳にしたことがない方もいらっしゃるかもしれません。撮影時の光源の影響で、写真全体の色調が特定の色に偏った状態のことです。写真全体が赤っぽい状態を「赤かぶり」、青っぽい状態を「青かぶり」と呼びます。

05 の写真は、電球色の照明下で撮った写真です。少しオレンジのフィルターがかかったように見えますね。2種類の方法でこれを補正してクリアーな写真にしてみましょう。

05 オレンジがかった画像を補正する

## 自動カラー補正

「**自動カラー補正**」は、1クリックで自動的に補正してくれる方法です。

まず、レイヤーパネルで対象のレイヤーを選択します。メニュー→“イメージ”→“自動カラー補正”を選ぶと 06 、これだけで最適なカラーに補正されます。

「自動カラー補正」を使った方法だと、元画像のデータを上書きすることになります。また、カラーの補正は自動で行われるため、細かい調整はできません。便利な機能ですが、調整が効かないデメリットがあることをおぼえておきましょう。

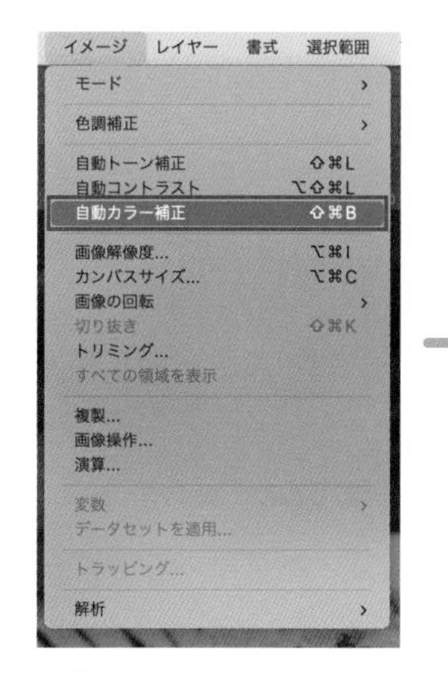

06 最適なカラーに補正された

## 調整レイヤーによる補正

調整レイヤーによる色かぶり補正は、自動カラー補正より手順は少し多くなりますが、あとから微調整も可能ですので、おすすめの方法です。ここでは、「トーンカーブ」調整レイヤーの機能で色かぶりを補正してみましょう。

memo

調整レイヤーを使って補正をすれば、もとの画像データを残したまま補正ができます。

### ①「トーンカーブ」調整レイヤーを作成

レイヤーパネル下部の調整レイヤーのショートカットボタンから“トーンカーブ...”を選択して、「トーンカーブ」調整レイヤーを作成します 07 。

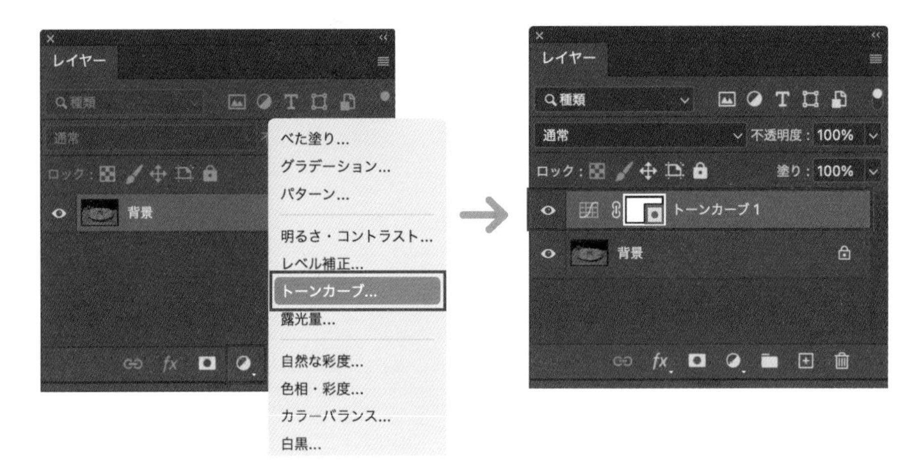


**07** 「トーンカーブ」調整レイヤーを作成

## ② 色かぶり補正をする

「トーンカーブ」調整レイヤーを作成すると、プロパティパネルの内容が切り替わり、ヒストグラム◯と斜めの実線が重なった「トーンカーブ」が表示されます **08**。トーンカーブによる色かぶりの補正は、手動の調整も可能ですが、ここでは自動調整機能を利用してみましょう。

まず、option［Alt］キーを押しながら、プロパティパネル右上の自動補正をクリックします。すると **09** のような「自動カラー補正オプション」が開きますので、次のように設定をしましょう。

62ページ、**Lesson2-04**参照。

- ［アルゴリズム］で「カラーの明るさと暗さの平均値による調整」を選択
- 「中間色をスナップ」にチェックを入れる
- ［シャドウ］［ハイライト］についてはデフォルトのままにする

**memo**
今回選んだアルゴリズムは、色かぶりの補正で使われるアルゴリズムです。少しコントラストが強調された結果になります。

**08** 「トーンカーブ」

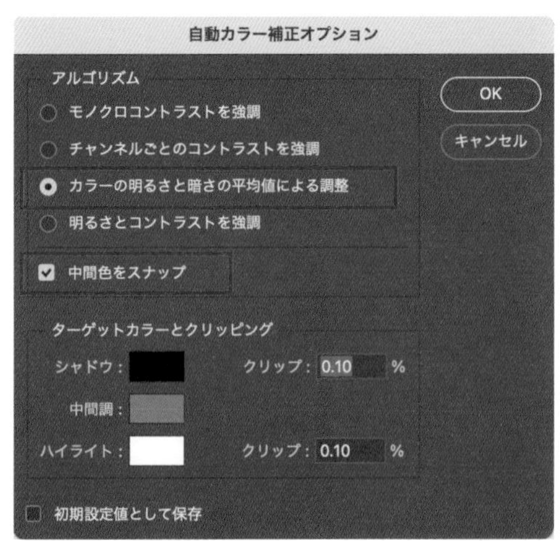


**09** 自動カラー補正オプション

設定ができたら、[OK] をクリックすると色かぶり補正の完了です 10 。

10

なお、自動補正だけでは、赤みは取れても少し暗いということがあります。少し明るく微調整するには、プロパティパネルの白い対角線の真ん中あたりをクリックして、少しだけ真上にドラッグしてみましょう 11 。全体がバランスよく明るくなります 12 。難しい場合は「明るさ・コントラスト...」調整レイヤーを追加してもいいでしょう。

11 白い対角線の真ん中あたりをクリックしてドラッグ

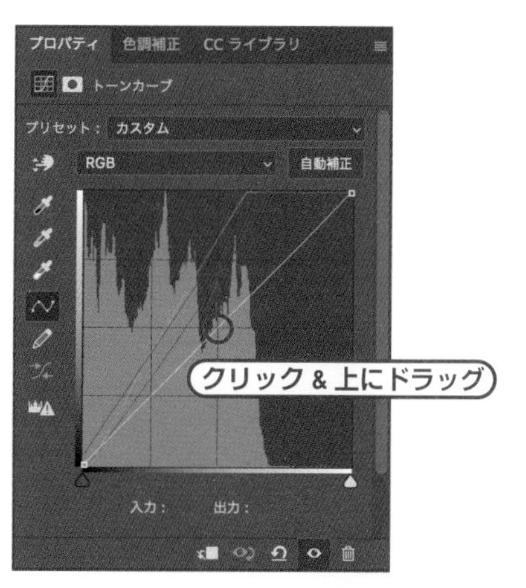

12 全体が明るくなった

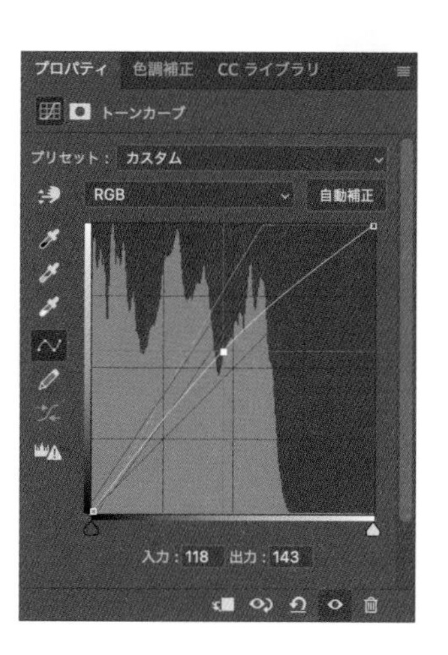

# 写真の色調を補正する②

Lesson2 > 2-06

**THEME テーマ**
Photoshopにはたくさんの調整レイヤーが用意されています。ここではもっともよく使われる2つの調整レイヤーの使い方について解説していきます。この2つが使えるようになると、写真の色味や明るさを自由に調整できます。

## トーンカーブ

写真補正では一番使われる調整レイヤーです。前ページでは自動補正機能を使いましたが、ここでは基本的な使い方を見ていきましょう。

### 中間色を明るく・暗く

まずは基本的な明るさの操作です。レイヤーパネル下部のショートカットボタンから「トーンカーブ」調整レイヤーを追加すると、プロパティパネルにトーンカーブが表示されます。

**memo**
色や明るさの段階を数値で表したものを「階調」といいます。RGBのカラーモードでは、真っ黒から真っ白までの明るさが0～255の256段階（階調）に分けられています。この階調の数を減らす（＝使える色数を減らす）ことで、コントラストを強めることができます。このように階調の数を減らすことを「ポスタリゼーション（階調変更）」といい、Photoshopでは「ポスタリゼーション」調整レイヤーを使うと簡単に色と明るさの階調を減らすことができます。

↓

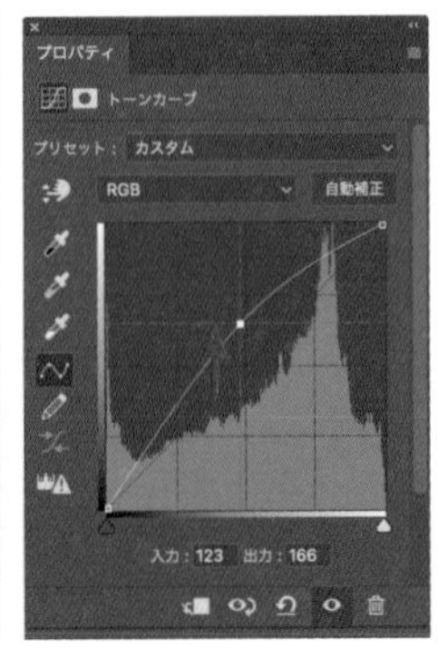


中央を少し持ち上げると明るくなる

**01** 直線の真ん中をドラッグすると中間色を調整できる

ヒストグラムの上に斜めの直線が表示されており、この斜めの線（カーブ）の形を変えることで明るさを調整します。例えばカーブの中央を少し上にドラッグすると、中間の明るさのピクセルを明るくすることができます 01 。同様に少し下にドラッグすると中間色が暗くなります。

## コントラストを強める

今度はカーブの真ん中を1回クリックしてみましょう。そして、カーブのやや右上（ハイライト）をほんの少し上に持ち上げます。そうすると自動的に左下がより下に動き、ゆるやかなS字ができます 02 。すると写真はコントラストが強くなります。このカーブの状態は、中間色を固定したままハイライトをより明るく、シャドウをより暗く調整した形です。

中間色を固定したままハイライトをより明るく、シャドウをより暗く

02 ゆるやかなS字でコントラストを強める

## コントラストを弱める

コントラスト弱めの柔らかい写真に仕上げたい場合は、カーブの両端を上下に寄せます。右上の点は下に下げ、左下の点は上に上げることで、全体的に明るさの起伏がなくなっていきます 03 。

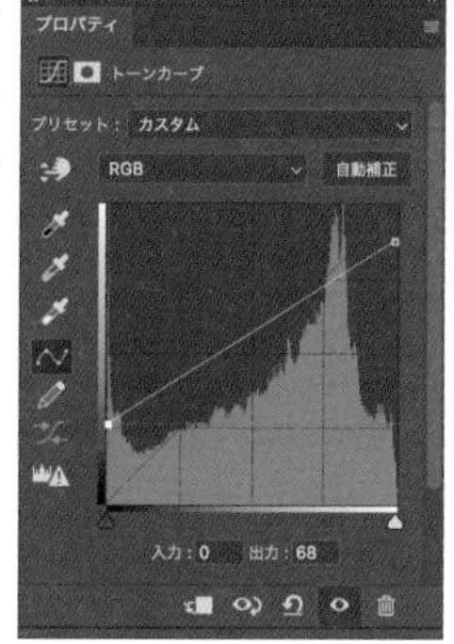


03 コントラストを下げ、柔らかい雰囲気に

> **memo**
> 02 のS字でコントラストが強まったので、逆S字にするとコントラストが弱まるかと思いきや、思った色味になりません。カーブの両端（黒と白）の位置が動いていないためです。両端を上下に寄せ、カーブが横線に近くなるほどグレーっぽくなっていきます。

## 色相・彩度

明るさではなく、色味や鮮やかさを変える調整レイヤーです。レイヤーパネルから色相・彩度調整レイヤーを追加すると、プロパティパネルの内容が切り替わります 04 。

- 色相：ツマミを動かすと、画像の色味が変わっていきます。
- 彩度：画像の鮮やかさを調整します。
- 明度：右に動かすと白が足されていき、左に動かすと黒が足されていきます。

04 色相彩度の調整

### 画像の一部の色だけを変えるには？

RGBとなっているところを「レッド」や「イエロー」などに切り替えてから調整を行うと、レッド系やイエロー系の色素だけが反応します 05 。

また、色相・彩度調整レイヤーはレイヤーマスクなどといっしょに使うことで画像の一部だけ色を変えることができます。商品のカラーバリエーションなどが作れます。

93ページ、Lesson3-02参照。

05 マスター→レッド系に切り替えて調整

# 写真に文字を入れる

Lesson2 > 2-07

テキスト入力の基本的な方法を学びましょう。文字ツールやテキストレイヤーを使いこなすことで、バナーやポストカードなどの効果的なデザインができます。

## 文字ツールとテキストレイヤー

画像上にテキスト(文字)を入力するには、「**横書き文字ツール**」や「**縦書き文字ツール**」を使います 01 。文字ツールでカンバス上をクリックすると、自動的にテキストレイヤーが作成されます。テキストレイヤーでは、テキストを入力した後も文字を入力し直したり、フォント(文字の形)を変えたりすることが可能です。

44ページ、**Lesson2-01**参照。

**01 文字ツール**
ツールバーの下から5番目にあります。横書き文字ツールまたは縦書き文字ツールを選んで使用する

**POINT**

文字の方向(横書き/縦書き)は、オプションバーの[テキストの方向の切替え]であとから変更することも可能です。

テキストを入力する際、文字ツールで画面をクリックして入力開始する「**ポイントテキスト**」 02 と、ドラッグしてテキストボックスを作ってから入力する「**段落テキスト**」 03 の2種類が使えます。ポイントテキストは任意で改行を行うテキストで、主に短い文章などで利用します。段落テキストは任意のサイズのテキストボックス内で自動で折り返されるため、長い文章などで利用すると便利です。

**memo**

テキストレイヤーを作成したあとも、メニュー→"書式"→"段落テキストに切り替え"または"ポイントテキストに切り替え"から、それぞれに切り替えることができます。

初心者から
ちゃんとしたプロになる
Photoshop基礎入門

**02 ポイントテキスト**
文字ツールで画面の任意の箇所をクリックし、キーボードで文字を入力する

『初心者からちゃんとしたプロになるPhotoshop基礎入門』は、Photoshopを使って写真画像を自分好みに加工したり編集したりする「楽しさ」を伝える本です。

**03 段落テキスト**
文字ツールでクリック＆ドラッグして任意の範囲を指定し、テキストを入力する

## 文字ツールのオプションバー

Photoshopでは、テキストを入力する前にオプションバー 04 でテキストの設定を行います。入力後に設定を変更したい場合は文字パネル 05 や段落パネル 06 を使います。文字ツールのオプションバーで設定できるおもな項目は下記の通りです。

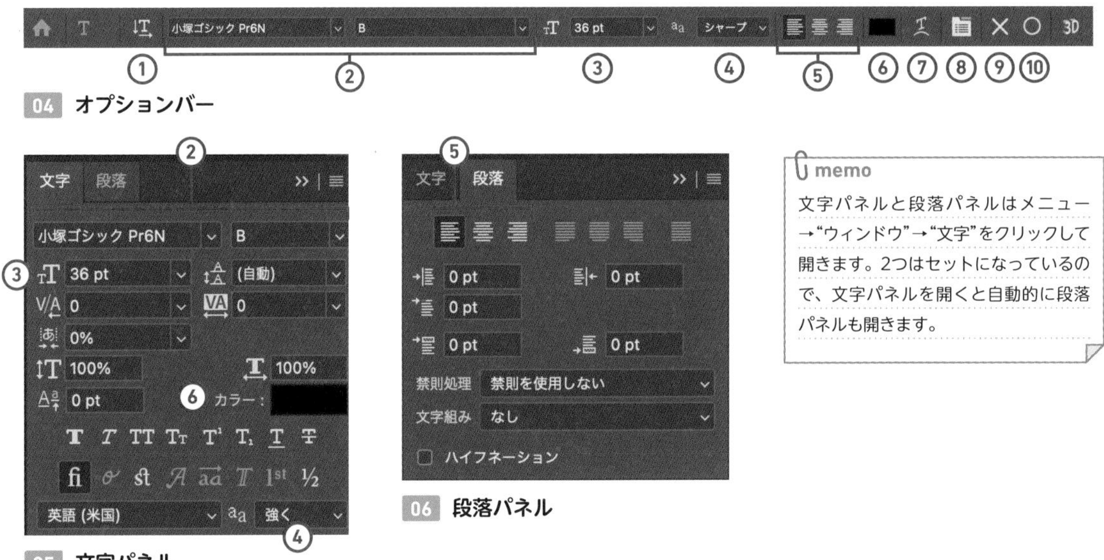


**04 オプションバー**

**05 文字パネル**

**06 段落パネル**

memo
文字パネルと段落パネルはメニュー→“ウィンドウ”→“文字”をクリックして開きます。2つはセットになっているので、文字パネルを開くと自動的に段落パネルも開きます。

### ① テキスト方向の切り替え

テキストの入力中に横書き／縦書きを切り替えることができます。

### ② フォントとフォントスタイル

プルダウンメニューからフォントとフォントスタイル（異なる太さやイタリック体）をそれぞれ選択できます。

### ③ フォントサイズ

フォントのサイズを変更できます。単位はptやpxなど、設定から変更できます。

memo
フォントサイズの単位は印刷物ではpt（ポイント）、デジタル作品ではpx（ピクセル）がおすすめ。メニュー→“Photoshop 2024”→“設定”→“単位・定規”にある「文字」の項目で単位を変更できます。
※Windowsの場合は、メニュー→“編集”→“環境設定”→“単位・定規...”

### ④ アンチエイリアスの種類

アンチエイリアスを、[なし] [シャープ] [鮮明] [強く] [滑らかに] などから選択できます。[なし] などは文字がギザギザになり、[シャープ] や [鮮明] あたりにしておくと、きれいなテキストになります。

### ⑤ 文字揃え

[左揃え]、[中央揃え]、[右揃え] から選択できます。

### ⑥ カラー

フォントカラーを変更できます。

### ⑦ ワープテキストの作成

文字列を円弧、旗、波形などに変形して、ワープテキストを作成できます。ただしテキストの形が歪んでしまうため、あまりおすすめではありません。

### ⑧ 文字パネルと段落パネルの切り替え

文字パネルと段落パネルの表示・非表示を切り替えます。あまり使いません。

### ⑨ 変更をキャンセル

テキストの入力や変更内容をキャンセルします。

### ⑩ 変更を確定

テキストの入力や変更を確定します。⌘ [Ctrl] ＋return [Enter] でも確定できます。

**WORD アンチエイリアス**

コンピューターで図や文字を表示する際に、「ジャギー」と呼ばれる線のギザギザを軽減して、滑らかに描画する処理のこと。

**memo**

文字パネルではフォントを設定できるほか、フォントサイズ(文字の大きさ)や行送り (1行の縦幅) を数値で設定できます。このほか、文字間のカーニング (特定の文字同士の間隔) やトラッキング (文字列全体での文字の間隔)、ベースラインシフト (文字の下端の位置を上下に調整すること)の設定が可能です。

**memo**

段落パネルでは、段落内のテキストの配置を [左揃え] [中央揃え] [右揃え] から選べるほか、インデント (文字の開始位置や終了位置を調整する) や段落の前後の空き間隔を設定できます。

## 写真に文字を入れる

実際に、写真に文字を入れてみましょう。

### ① 画像を開く

Photoshopで素材画像「2-07-1.jpg」を開きます 07 。

07 背景となる画像

### ② フォント、フォントスタイル、サイズを設定する

ツールバーから横書き文字ツールを選択し、オプションバー（または文字パネル）でフォントを［Arial］、フォントスタイルを［Regular］、フォントサイズを［500px］に設定します 08 。

08 オプションバー

> **POINT**
> フォントサイズはオプションバーや文字パネルの［フォントサイズを設定］で数値を入力して設定できます。

### ③ フォントの色を設定する

オプションバー（または文字パネル）のカラーのサムネールをクリックすると、「カラーピッカー（テキストカラー）」ダイアログが表示されます。ここでは［ffffff］と入力し、文字色を白に設定します 09 。

09 フォントの色を白（［#ffffff］）に設定

> **POINT**
> ここで入力している「ffffff」という値は、16進数のカラーコードで「白」にあたるものです。16進数のカラーコードは「#」に続く6桁の数字とアルファベットで指定した色を、RGBに置き換えるしくみです。カラーコードがわからなくても、ダイアログ左側のグラデーションのエリアをクリックするか、RGBやCMYKに数値を入力すれば、色を設定できます。

> **memo**
> 文字色は「カラーピッカー（テキストカラー）」ダイアログで数値入力したり、カラーピッカー（グラデーションのエリア）をクリックしたりして選ぶほか、色を変えたい文字を選択した状態でカラーパネルやスウォッチパネルからも設定できます。

### ④ 文字揃え、アンチエイリアスを設定する

オプションバー（または段落パネル）で、［中央揃え］をクリックします。続いてオプションバー（または文字パネル）で、アンチエイリアスの種類を［シャープ］に設定します 10 。

10 文字揃えを［中央揃え］、アンチエイリアスを［シャープ］に設定

### ⑤ タイトル文字を入力する

タイトルのような短いテキストは、ポイントテキストを使います。画像内の任意の箇所(ここでは左上)で1度クリックします。するとカーソル(|)が点滅表示され、レイヤーパネルに自動的にテキストレイヤーが追加されます。テキスト「Sunny Day」を入力しましょう 11。入力を確定するには、⌘[Ctrl]+return[Enter]キーかオプションバーの[○]を押します。

> **memo**
> 新しいテキストレイヤーの作成時、初期設定では自動的にサンプルテキストである「Lorem Ipsum」と入力されます。メニューの"Photoshop 2024"→"設定"→"テキスト…"から表示されるダイアログで「新しいテキストレイヤーにサンプルテキストを表示する」のチェックを外すとサンプルテキストを消すことが可能です。

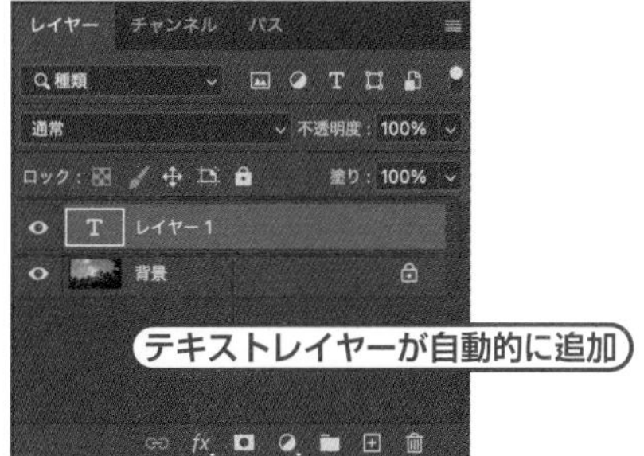

全体図

**11 ポイントテキスト**

### ⑥ 本文用のフォントサイズに変更する

次に、タイトル下に本文を追加してみましょう。レイヤーパネルで空白のエリアをクリックし、すべてのレイヤーの選択を解除しておきます。長めの文は、段落テキストを使います。フォントはタイトルと同じ「Arial Regular」を使用しますが、サイズは「72px」に変更します。また、文字揃えを[左揃え]にします 12。ここまでの流れは、ポイントテキストと同じですね。異なるのは、次のステップです。

> **memo**
> 必ず、先に書いた「Sunny Day」テキストレイヤーの選択を解除してから、本文用の設定を行いましょう。選択を解除していないと、「Sunny Day」のほうにフォントサイズなどが反映されてしまいます。
> レイヤーの選択解除は、レイヤーパネル内の余白部分をクリックするか、一度移動ツールに持ち替えて、カンバスの外側をクリックします。

72 px　シャープ

**12 フォントサイズ、文字揃えを変更**

### ⑦ 本文を入力する

素材データにあるテキストをコピーしておきます。段落テキストにするには、まず、横書き文字ツールでクリック&ドラッグして任意のテキストボックスを作ります。ボックスが設定できたら、テキストを入力してください 13 。入力を確定するには、⌘[Ctrl]＋return[Enter]キーかオプションバーの [○] を押します。ポイントテキストでは自動では改行されませんでしたが、段落テキストでは指定した範囲内で自動的に行送りされます。

全体図

13 **段落テキスト**

## テキストレイヤーを編集する

テキストレイヤーを編集したい場合は、ツールバーから移動ツールを選択し、変更したい文字をダブルクリックするか、レイヤーパネルで該当するテキストレイヤーのサムネール（T）をダブルクリックしてください。文字が選択状態になり、文字内容やフォントの種類、サイズなどを編集できるようになります 14 。簡易な設定変更はオプションバーを利用すると便利です。

**memo**

テキストの位置を変更したい場合は、レイヤーパネルで該当するテキストレイヤーを選択した状態で、移動ツールを使って移動させます。

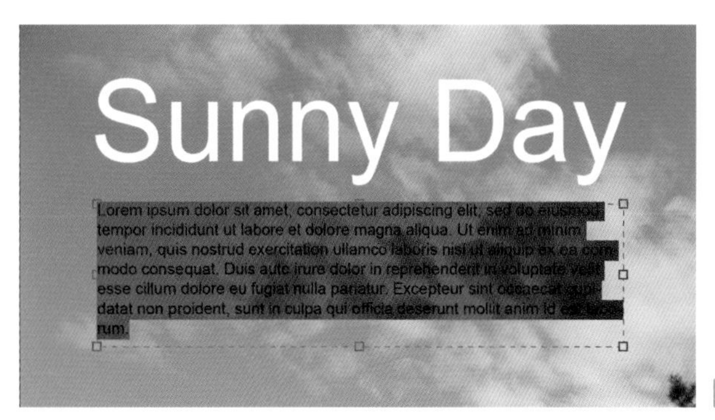


14 **文字の選択状態**

# ブラシツールの基本

**どんなお絵かきソフトにも入っている、フリーハンドで描画するためのツール、「ブラシ」。Photoshopでのブラシはたくさんの設定項目があり、とても幅広い表現が可能です。まずは基本を見てみましょう。**

## ブラシツールとは

**ブラシツール**は、**レイヤーに直接描画するツールです**。ただし、スマートオブジェクトやテキスト、シェイプなどのレイヤーには書き込むことができませんので、レイヤーパネルで新規レイヤーを追加して描画しましょう。

ツールバーで アイコンを選びます。ブラシの描画色は、ツールバーの最下部で設定します。ブラシツールを選択すると、オプションバーの内容がブラシ用に変わるため、ここでブラシの色以外の設定をしていきます。ブラシで描画する際、オプションバーで設定するのはおもに 01 の②⑤⑦です。

01 ブラシツール選択時のオプションバー

### ① ブラシプリセットの登録と呼び出し

ブラシの直径、硬さ、形状など、よく使う設定（プリセット）を登録することができます。

### ② ブラシの直径、硬さ、角度、形状

クリックすると「**ブラシプリセットピッカー**」 02 が開き、ブラシの直径、硬さ、角度、形状を設定することができます。直径と硬さは、スライダーまたは数値で設定できます。

02 のAの部分では、ブラシの角度と真円率の設定をします。丸いポインターをドラッグしてブラシを楕円にしたり、三角のポインターをドラッグして角度を変更したりできます。角度を数値で設定したい場合は 01 の⑪で設定します。

> **memo**
> ブラシ形状が表示されない場合は、右上の歯車アイコン→“デフォルトブラシを追加”をクリックします。また、ネットで配布されているブラシも多数あります。

また、Photoshopにはあらかじめ大量のブラシが備わっているので、ここから使いたい形を選択します。

### ③ ブラシ設定パネル

ブラシ設定パネルを使った高度な設定についてはLesson6-01（192ページ）を参照してください。

### ④ 描画モード

レイヤーパネルに備わっている描画モードと同じように、ブラシの一筆一筆に描画モードを与えることができます（描画モードについては152〜160ページ、Lesson4-05〜07参照）。

### ⑤ 不透明度の調整

ブラシの不透明度を調整します。一筆で書いているあいだは、線が重なっても濃くなりません。

### ⑥ 不透明度に筆圧を使用

オンにすると、ペンタブレットや液晶タブレットで描画する場合に、筆圧を感知して不透明度に反映します。マウスで描画する際はオフにしましょう。

### ⑦ 流量

不透明度に似ていますが、こちらはインクの量の調整です。不透明度との違いは、一筆で書いていても線が重なった部分は濃くなる点です。不透明度の設定よりアナログに近い感覚です 03。

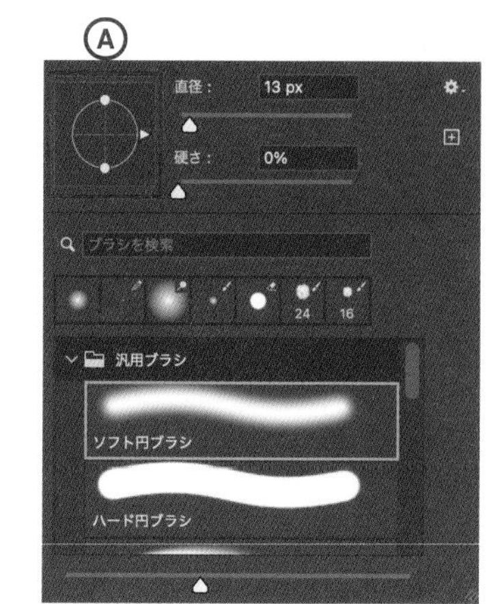


02 ブラシプリセットピッカー

不透明度を下げた場合

不透明度：50%
流量：100%
間隔：1%

流量を下げた場合

不透明度：100%
流量：1%
間隔：1%

※ブラシサイズや硬さは同じ

03 不透明度と流量の違い

memo
同じ数値の流量であっても、ブラシの間隔（→192ページ、Lesson6-01）を変えると濃さが変わります。

### ⑧ エアブラシスタイル

オンにすると、クリックしたまま筆先を動かさずにいるあいだ、その部分が濃くなります。スプレーで描画しているような感覚です。流量を下げているときのみ効果を発揮します。

### ⑨ 滑らかさ

フリーハンドでの描画はどうしても手ぶれが起きてぎこちない線になりがちです。[滑らかさ] の数値を調整することで、手ぶれを補正し

memo
滑らかさの設定は、ブラシ設定パネルで[滑らかさ]にチェックが入っているときのみ有効です。

ながらなめらかな線を描くことができます。ただし数値を高くすると、描画の筆跡がワンテンポ遅れて生成されます。

### ⑩ スムージングオプション

［滑らかさ］に1%以上の数値が設定されている場合にのみ、詳細の設定ができます。たいていの場合はデフォルトの設定のままでよいでしょう。

### ⑪ ブラシの角度

②で設定できる角度と同じです 04。こちらでは数値で設定ができます。

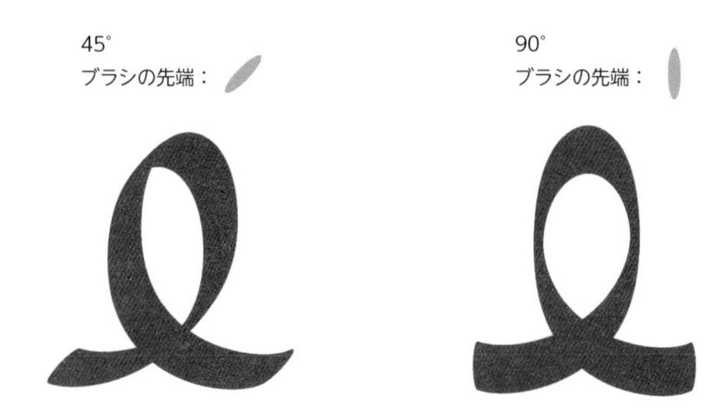


04 楕円形のブラシに角度を設定

### ⑫ ブラシサイズに筆圧を使用

オンにすると、ペンタブレットや液晶タブレットで描画する場合に、筆圧を感知してブラシサイズに反映します。マウスで描画する際はオフにしましょう。

### ⑬ 対称オプション

シンメトリーなイラストを描きたいときに使います。例えば“垂直”を選ぶと、カンバス上に垂直の基準線が出現します。基準線の位置を決めて画面右上の［○］ボタンかreturn［Enter］キーで確定し、線の片側に描画すると、反対側に対称的な線が描かれます 05。

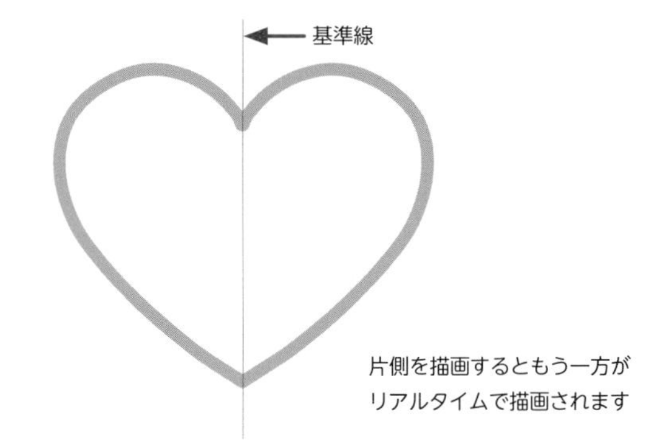


05 対称オプションを使ったハートの描画

# レイヤーパネルの設定

よく使うレイヤーパネルを、使いやすく設定してみましょう。レイヤーパネルの右上にある▤(メニューボタン)から"パネルオプション…"を選び、「レイヤーパネルオプション」を開きます。

**01** メニューボタンから"パネルオプション…"を選ぶ

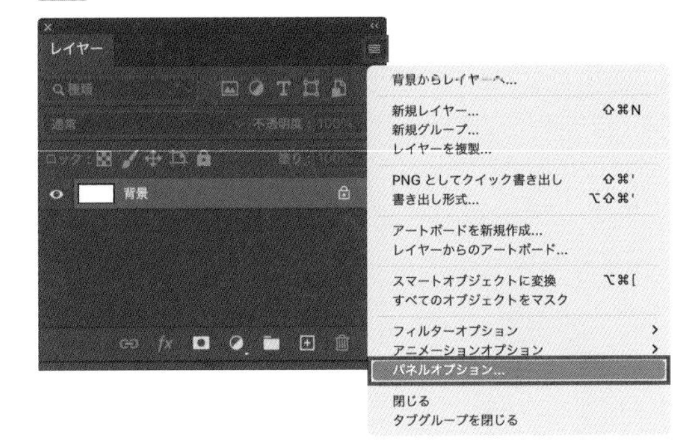


**02** レイヤーパネルの表示に関する設定ができる

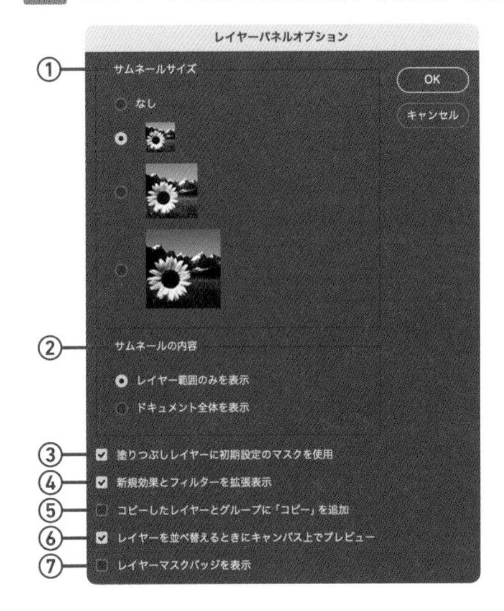


**① サムネールサイズ**

レイヤーパネルに並ぶサムネールの大きさを変更できます。

**② サムネールの内容**

サムネールに表示させる範囲を、レイヤーのみにするかドキュメント全体を含めるか選べます。本書では基本的に「レイヤー範囲のみを表示」に設定しています。

**③ 塗りつぶしレイヤーに初期設定のマスクを使用**

チェックを入れると、塗りつぶしレイヤーを追加する際にレイヤーマスクがセットになります。

**④ 新規効果とフィルターを拡張表示**

レイヤースタイルやフィルターを使った場合に、レイヤーパネル上にもレイヤースタイルやフィルターを閉じずに表示します。

**⑤ コピーしたレイヤーとグループに「コピー」を追加**

複製したレイヤーやグループ名が「〇〇レイヤー のコピー」となります。チェックを外しておきましょう。

**⑥ レイヤーを並べ替えるときにキャンバス上でプレビュー**

レイヤーパネル上でレイヤーをドラッグして並べ替える際、マウスを放す前にカンバス上で並べ替えのプレビューが行われます。

**⑦ レイヤーマスクバッジを表示**

レイヤーマスクにアイコンが付きます。レイヤーマスクが見づらくなるため、本書ではLesson3以降チェックを外しています。

Lesson 3

# マスクを使った編集

Lesson2で学んだことを生かしながら、もう少し難易度の高い写真補正にチャレンジしてみます。オリジナルの写真を直接触ることなく補正や加工をしていくことを「非破壊編集」と呼びます。

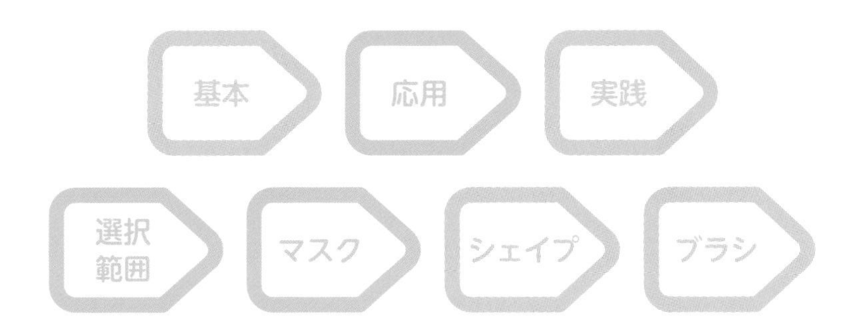

# 「非破壊編集」と スマートオブジェクト

THEME テーマ

**Photoshopによる画像編集では、元の画像データを保持することが基本となります。ここでは、その基本的な3つの方法「調整レイヤー」「スマートオブジェクト」「非破壊的レタッチ」をご紹介します。**

## 「非破壊」編集とは

Photoshopでは、写真の補正や色変え、高度な合成などを行うことができます。その際、**画像データを直接触らずに、レイヤーなどを重ねて編集していくことを「非破壊編集」**と呼びます。非破壊編集を行うと、元のデータがそのまま残っているので、簡単に元通りに復元することができます。非破壊編集の方法はいくつかありますが、

ここでは、基本的な方法を3つ紹介します。

memo

非破壊編集には、ほかにレイヤーマスクやベクトルマスクを使った切り抜きなどがあります(93ページ、**Lesson3-02**、104ページ、**Lesson3-05** 参照)。

## 調整レイヤー

Lesson2で紹介した**「調整レイヤー」**は、元の画像データを損なうことなく、色調変更などの画像編集ができるレイヤーです。画像データを上書きしないため、元のデータをいつでも復元することができます。調整レイヤーには、「色相・彩度」や、「明るさ・コントラスト」「レベル補正」「トーンカーブ」など全部で**16種類**があります。

例えば青い花の色を別の色に変えたい場合、元画像レイヤーの上に「色相・彩度」調整レイヤーを作成して編集することで、花を別の色(ここではピンク)に変更できます 01 。また、作成した調整レイヤーを非表示にすることで、元の青色に戻せます。表示・非表示を切り替えるだけで、青色からピンク色、ピンク色から青色へと自由に変更することができます。

調整レイヤーは、レイヤーパネル下部のショートカットボタンから作成することができます 02 。

POINT

調整レイヤーは、その下にあるすべてのレイヤーに適用されます。直下のレイヤーだけに適用したい場合はクリッピングマスクを設定します(95ページ、**Lesson3-02** 参照)。

memo

調整レイヤーは、メニュー→"レイヤー"→"新規調整レイヤー" からも作成できます。

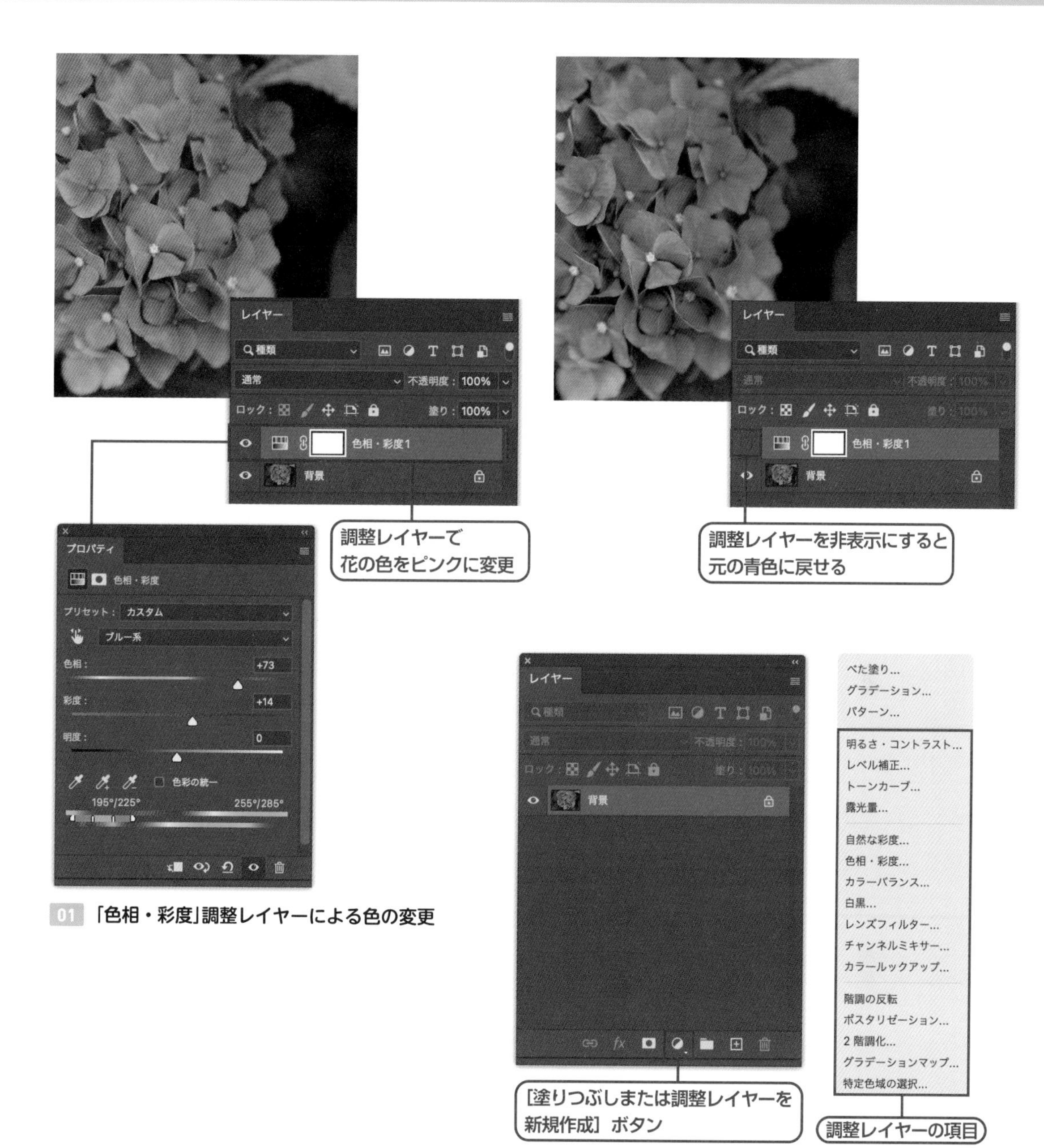


01 「色相・彩度」調整レイヤーによる色の変更

02 調整レイヤーの新規作成

## スマートオブジェクト

**「スマートオブジェクト」は、レイヤーの情報や画質を保持することのできるレイヤーです。**ブラシなどで描画できる通常のレイヤーが普通の紙だとすると、スマートオブジェクトはその紙を汚れたり破れたりしないようにクリアファイルに入れたような状態です。スマートオブジェクトレイヤーには、ブラシツールや補正系のツールなどで直接書き込めないようになっています。

例えば通常の画像(ラスター画像)の場合、いったん縮小(リサイズ)したものを再度拡大すると、画像データは劣化してぼやけてしまいます。その場ですぐ「元に戻す」を実行すれば復元することはできますが、制作を進めたあとでは復元が難しくなりますので 03 、元の画像データを保持したい場合は、スマートオブジェクトに変換しておきましましょう。

> **memo**
> スマートオブジェクトに変換した場合も、元の画像サイズより大きく拡大すると劣化するので注意が必要です。

元画像

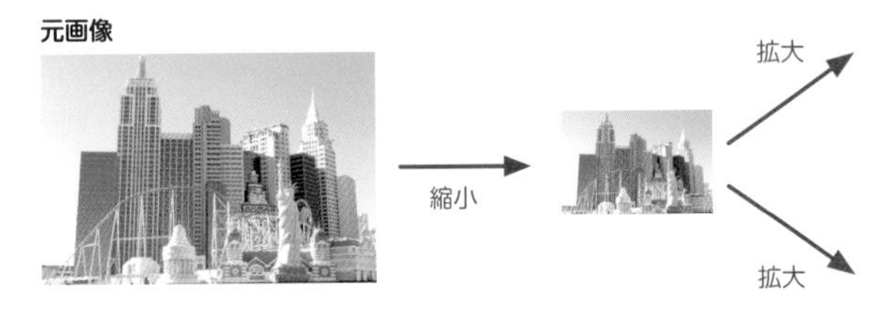


通常の画像の場合

スマートオブジェクトに変換しておいた場合

通常の画像は、いったん縮小してから元のサイズに拡大し直すと、画像が劣化する。あらかじめ画像をスマートオブジェクトに変換しておけば、元のサイズに戻しても画像が劣化しない

03 スマートオブジェクトの利用

## スマートオブジェクトに変換する

写真をPhotoshopで開くと、写真は「背景」レイヤーとなっています。スマートオブジェクトにするには、「背景」レイヤーを右クリックし、表示されたメニューから“スマートオブジェクトに変換”を選択します。これにより、スマートオブジェクトとなり、サムネール部分にスマートオブジェクトのアイコンが追加されます 04 。

ちなみに背景レイヤーを通常レイヤーに変換したい場合は右クリックをし、“背景からレイヤーへ...”を選択します。

> **memo**
> スマートオブジェクトへの変換は、変換したいレイヤーを選択し、メニュー→“レイヤー”→“スマートオブジェクト”→“スマートオブジェクトに変換”を選ぶか、メニュー→“フィルター”→“スマートフィルター用に変換”を選び、現れるダイアログボックスで［OK］することでも行えます。

「背景」レイヤー
JPEGの写真を開いた状態。レイヤーがロックされている

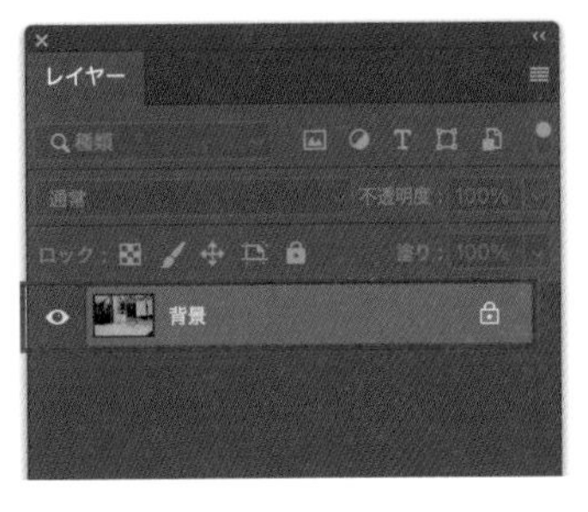


通常レイヤー
ブラシで書きこめたり、不透明度、描画モードを変更したりできる

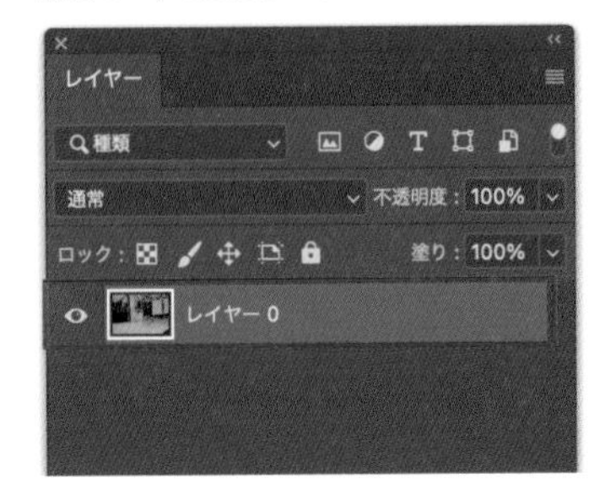


スマートオブジェクトレイヤー
不透明度、描画モードを変更できるが、ブラシなどで書き込めない

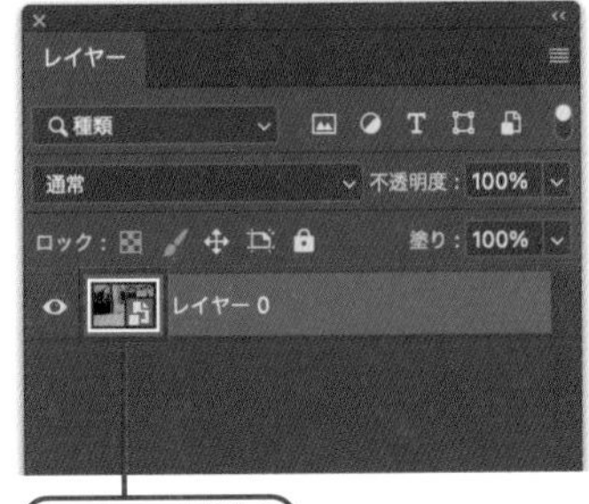


アイコンが付く

04 各種レイヤーの違い

## スマートフィルターについて

レイヤーには、ぼかしやノイズを加えるといったフィルターを適用することが可能です。ですが、例えば通常レイヤーに「ぼかし」フィルター を適用すると、画像データが上書きされてしまうため、あとからぼかし具合を変えたり、あるいは、ぼかしを加える前の状態に戻したりしたいと思ってもできません 05。

220ページ、**Lesson7-01**参照。

ただしスマートオブジェクトに適用すると、再編集可能な「**スマートフィルター**」となります。**スマートフィルターは、いつでも自由に編集・破棄ができます**。元の画像データを保持したまま効果がかけられるため、いつでも自由に復元・編集できます 06。これがスマートオブジェクトに変換する大きなメリットの1つです。

元の画像を復元するには、スマートフィルターを非表示にするか、削除するだけです。複数のフィルターを適用している場合、任意のフィルターだけを非表示にしたり削除したりすることもできます。スマートフィルターを編集するには、レイヤーパネルでフィルター名をダブルクリックし、表示されるダイアログで再設定します。

**memo**

通常レイヤーにフィルターを適用すると、写真データを直接編集してしまうため、フィルターの数値をあとから変更したり、元通りに復元することができません。

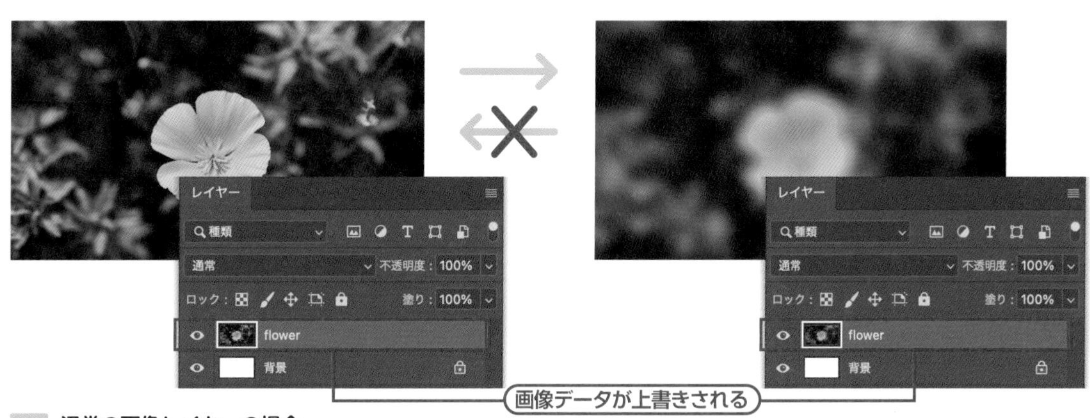


**05 通常の画像レイヤーの場合**

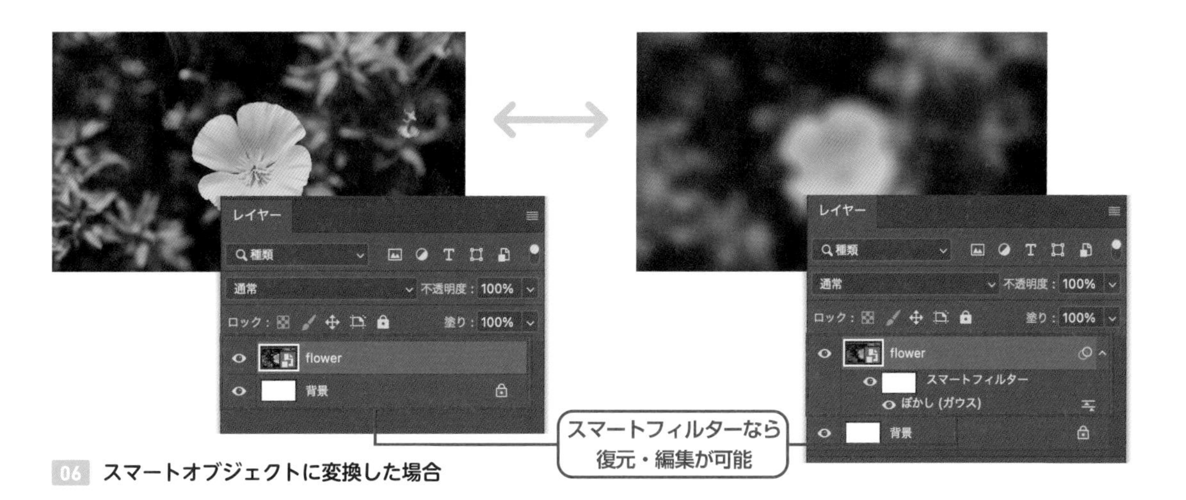


**06 スマートオブジェクトに変換した場合**

## スマートオブジェクトの編集

スマートオブジェクトのサムネール部分をダブルクリックすると、**レイヤー名に.psbがついたファイル(「レイヤー0」の場合は「レイヤー 0.psb」)が開きます** 07。これはスマートオブジェクトレイヤーの中身を開いた状態です。このレイヤー 0.psbではオリジナルのデータに直接書き込むことができます。

また、この.psbという形式は.psdと同じようにレイヤー構造を保持できるので、テキストやシェイプを追加することもできます。保存して閉じると、レイヤー 0.psbで行った編集がスマートオブジェクトに反映されます。スマートオブジェクトを複製すると、複製したすべてのスマートオブジェクトに反映されます。

07 スマートオブジェクトの中身

## スマートオブジェクトの解除

スマートオブジェクトを通常のレイヤーに変換するには、レイヤーパネルで対象のスマートオブジェクトを右クリックし、“レイヤーをラスタライズ”を選択します。スマートオブジェクトの中に複数のレイヤーがあった場合は、すべて統合されます。また、スマートオブジェクトを縮小した状態でラスタライズすると、03 の通常レイヤーと同じようにピクセル情報が失われてしまいます。

## 非破壊的レタッチ

画像に写り込んだ不要なものを除去するといったレタッチの場合、スポット修復ブラシツールやコピースタンプツールなどを用います。その際、元画像を直接編集してしまうとあとからの復元が困難です。「**非破壊的レタッチ**」とは、**修復作業などを新規レイヤー上で行うことで、元の画像データを保持しながら画像編集する手法です。**

53～54ページ、Lesson2-02参照。
57～59ページ、Lesson2-03参照。

下図は、スポット修復ブラシツールを用い、人物を除去したレタッチ例です。元の画像データには手を加えず、新規レイヤーにレタッチ結果を作成しています 08 。

**レタッチのレイヤーを非表示**

**レタッチのレイヤーを表示**

08 **非破壊的レタッチ例（人物を除去）**

# 選択範囲の作成とマスク

Lesson3 > 3-02

**画像に選択範囲を作ることで、必要な部分だけを編集することができます。また、マスクを利用すれば、画像レイヤーを直接編集することなく、不要な部分を隠しながら効果を与えることができます。どちらもPhotoshopの重要な機能です。**

## 選択範囲の作成とツール

画像を編集する際、あらかじめ「**選択範囲**」を作っておくことで、**選択範囲外を保持しながら修正したり、フィルターなどの効果を与えたりすることができます。** Photoshopには選択範囲を作成する方法が数多く用意されていますが、最終的に意図する範囲が選択できれば、どの方法を用いてもかまいません。ここでは、ツールバー内の基本的な選択ツールを紹介します 01 02 03。

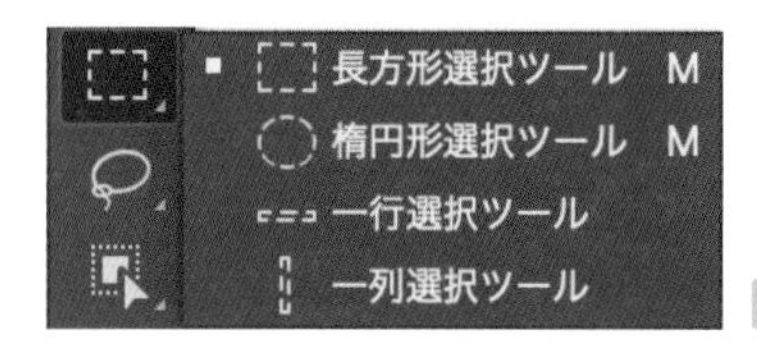


01 選択範囲を作成するツール1

**○ 長方形選択ツール**

ドラッグをすると、長方形の選択範囲を作成できます。shift [Shift] キーを押しながらドラッグすると、正方形の選択範囲となります。

**○ 楕円形選択ツール**

ドラッグをすると、楕円形の選択範囲を作成できます。shift [Shift] キーを押しながらドラッグすると、正円の選択範囲となります。

**○ 一行選択ツール**

任意の箇所でクリックすると、高さ1pxの行の選択範囲を作成できます。使用頻度は多くありません。

**○ 一列選択ツール**

任意の箇所でクリックすると、幅1pxの列の選択範囲を作成できます。使用頻度は多くありません。

02 選択範囲を作成するツール2

### ○ なげなわツール

フリーハンドで自由な選択範囲を作成できます。直感的に操作ができるため、利用頻度の高いツールです。

### ○ 多角形選択ツール

クリックしていくことで、多角形の選択範囲を作成できます。建物など直線的な選択範囲を作成するのに適しています。

### ○ マグネット選択ツール

始点をクリックしたあと、オブジェクトのエッジをなぞるようにマウスを動かすと、自動的にオブジェクトにスナップした選択範囲を作成できます。オブジェクトと背景の境界が明確な場合に適しています。

03 選択範囲を作成するツール3

### ○ オブジェクト選択ツール

画像に写っているオブジェクト、またはオブジェクトの一部分を自動的に選択できます。オブジェクトと背景の境界が明確な場合に適しています。

### ○ クイック選択ツール

ブラシでクリックまたはドラッグした範囲から自動的に境界を判断し、選択範囲を作成します。ブラシでなぞるようにドラッグすると、選択範囲が拡張されていきます。

### ○ 自動選択ツール

クリックした位置の色と似た色の選択範囲を作成します。オプションバーで［許容値］を低く設定すると、クリックした位置の色に近い範囲を選択し、高く設定すると色の範囲が広がります。

> memo
> 「オブジェクト選択ツール」「クイック選択ツール」は写真の一部の色変えや、切り抜きなどをする際にとても役立つツールです。

## 選択範囲作成ツールの基本的な操作方法

選択範囲を作成するための操作方法を見ていきましょう。まず、素材画像「3-02-1.psd」を開いてツールバーから長方形選択ツールを選んだら、本の表紙の端から対角線方向にドラッグして長方形の選択範囲を作ります 04 。本の左側に少し見えている裏表紙の部分を追加で選択するには、shift［Shift］キーを押しながら裏表紙の部分をドラッグします。これによって現在の選択範囲に新しい選択範囲を追加することができます 05 。逆に選択範囲を削りたい場合は、option［Alt］キーを押しながら削りたい部分をドラッグします。なお、このようにキー操作をともなう場合は必ずマウスボタンを離してからキーを離すようにしましょう。

memo

作った選択範囲を解除するには⌘［Ctrl］+Dまたはメニュー→［選択範囲］→［選択範囲の解除］で行います。

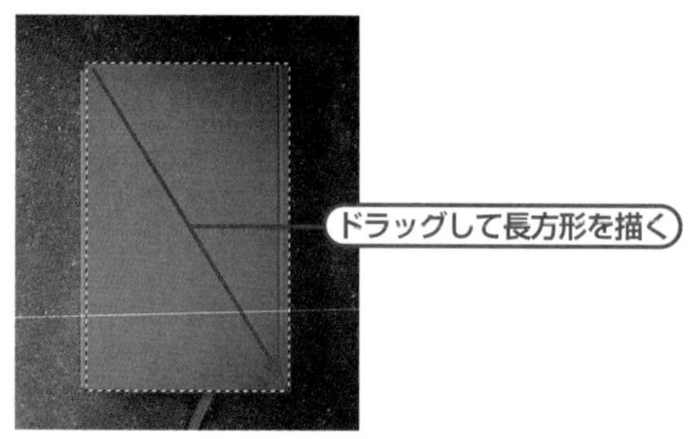


04 長方形選択ツールで選択

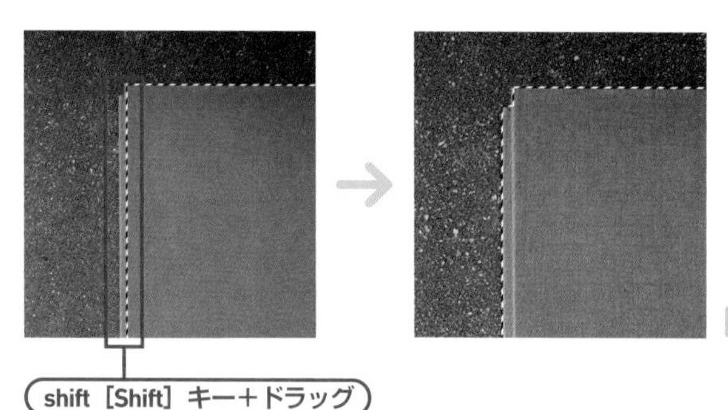


05 追加で裏表紙部分も選択

次に、ツールバーからクイック選択ツールを選びます。画面上部のオプションバーでブラシプリセットピッカーを開いてブラシサイズを調節（ここでは20pxに設定）し、赤い栞部分をポチッと1回クリックすると自動的に赤い範囲すべてが選択されます 06 。今回は背景と栞の境目がはっきりしているため1回のクリックで選択されましたが、うまく選択されない場合は少しずつポチポチとクリックして選択範囲を作っていきましょう。なお、本と栞の境目もクリックすると、先に作った選択範囲とつなげて本全体を選択することができます。

クリックでブラシプリセットピッカーが開く

ブラシサイズを設定

境目をクリックして選択範囲をつなげる

栞をクリック

06 栞部分の選択

## マスクとは

Photoshopにおける**「マスク」は、不要な部分を隠すことができる非常に便利な機能です**。写真の切り抜きや部分的な色補正などに使います。不要な部分を削除するのではなく、「隠す」というところが大きな特徴です。これにより非破壊編集が可能となります。

84ページ、**Lesson3-01**参照。

マスクは大きく分けて「レイヤーマスク」「ベクトルマスク」「クリッピングマスク」の3種類があります。まずはレイヤーの一部を隠すことができるマスク、「レイヤーマスク」を見ていきましょう。

memo

「ベクトルマスク」については104ページ、**Lesson3-05** で詳しく解説しています。

## 選択範囲をレイヤーマスクに変換してみよう

素材画像「3-02-2.psd」を開き、花部分の選択範囲を作成しましょう。クイック選択ツールを使って、花びらをポチポチとクリックして選択範囲を作っていきます 07 。

07 クイック選択ツールで花びらを選択

選択範囲ができたら、レイヤー（ここでは背景レイヤー）を選択してレイヤーパネル下部の[レイヤーマスクを追加]ボタンをクリックします。これにより背景レイヤーが通常レイヤーに変換されて、レイヤーサムネールの横に白黒のレイヤーマスクサムネールが追加されます 08 。白い部分が表示領域、黒い部分が非表示領域となり、ドキュメント上では、先ほど選択範囲を作成した部分が切り抜かれた表示になります 09 。

memo

この場合、選択範囲を作成した部分がレイヤーマスクサムネールの白い部分になり、選択範囲外が黒になります。

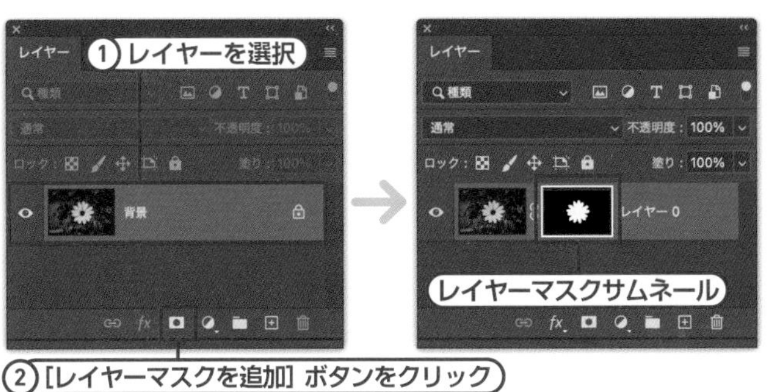


08 レイヤーマスクの追加

09 ドキュメント上の表示

## レイヤーマスクのしくみ

レイヤーマスクはグレースケール画像でできており、白い部分が表示領域、黒い部分が非表示領域となります。レイヤーパネルでレイヤーマスクサムネールをクリックすると、サムネールに白い枠がついてレイヤーマスクを編集できるようになります。

例えば、切り抜きをしたあとでレイヤーマスクに白や黒のブラシで描き込むと、隠れている部分を表示させたり、逆に表示されている部分を隠したりして微調整可能です。グレーで描き込むとその部分は半透明になります。白に近いほど不透明度が高く、黒に近いほど不透明度が低くなります 10。

> **memo**
> レイヤーマスクはブラシ、塗りつぶし、グラデーションなどのツールで描き込むことができます。うっかり画像のレイヤーの方に描き込まないよう注意しましょう。あらかじめ画像のレイヤーを、ブラシなどで描き込めないスマートオブジェクトに変換してから作業するのも一つの手です。

10 レイヤーマスクを段階的にグレーにした場合

## レイヤーマスクの非表示と削除

レイヤーマスクを一時的に非表示にしたい場合は、shift［Shift］キーを押しながらレイヤーマスクサムネールをクリックします。赤い×印がついて、レイヤーマスクを非表示にできます 11。

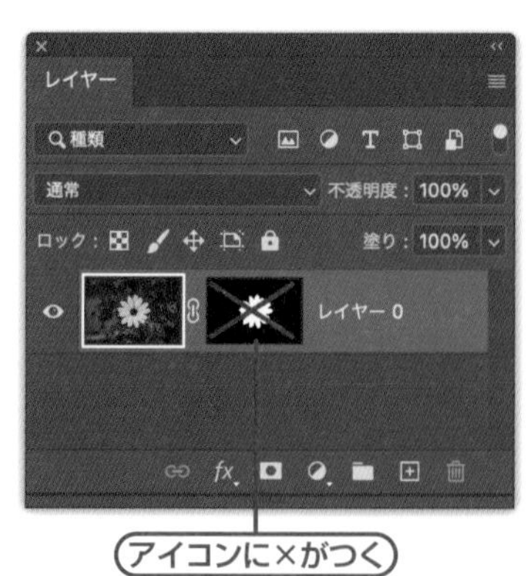


11 レイヤーマスクの非表示

レイヤーマスクを削除したい場合はレイヤーマスクサムネールを右クリックし、表示されたメニューから“レイヤーマスクを削除”をクリックします。これによって、画像がレイヤーマスクを追加する前の元通りの状態になります 12 。

memo
レイヤーマスクサムネールを選択した状態でゴミ箱アイコンを押してもレイヤーマスクを削除できますが、その場合、マスクされていた非表示部分が削除されてしまいます。

12 **レイヤーマスクの削除**

## クリッピングマスク

**「クリッピングマスク」**は、**下側のレイヤーの形に、上側のレイヤーを切り抜く機能です**。素材画像「3-02-4.psd」 13 を開いて確認しましょう。

素材画像では、画像レイヤー（「夜景」レイヤー）を上にテキストレイヤー（文字部分以外が透明の「NIGHT」レイヤー）を下に配置しています。上に画像レイヤーが表示されているため、テキストはいまは隠れて見えません。この状態でクリッピングマスクをすると、テキストで画像が切り抜かれたようになります 14 。

13 素材画像の確認

14 完成

## クリッピングマスクを作成する

「夜景」レイヤーを選択した状態で、レイヤー名部分を右クリックし、表示された項目から“クリッピングマスクを作成”を選択します 15 。作成すると、レイヤーにはクリッピングマスクのリンクアイコン（下矢印）が追加され、ベースとなったレイヤー名には下線が表示されます 16 。画像にはマスクが適用され、 14 のようにテキストで切り抜かれた状態となります。

**POINT**

必ずレイヤー名をクリックしましょう。サムネール部分を右クリックしても項目は表示されません。

**memo**

クリッピングマスクは、レイヤーパネル右上のオプションメニューから“クリッピングマスクを作成”や、メニュー→“レイヤー”→“クリッピングマスクを作成”でも作成できます。

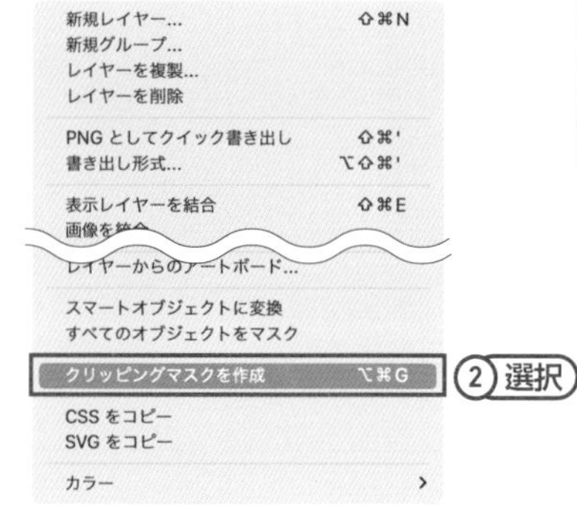


15 クリッピングマスクを作成

16 クリッピングマスク作成後のレイヤーパネル

**memo**

なお、隠れた画像部分は削除されたわけではありませんので、いつでも復元・編集が可能です。例えば「NIGHT」を「MIDNIGHT」に変更する場合、テキストレイヤーを編集するだけでOKです。クリッピングマスクを利用せずに「NIGHT」の選択範囲で画像レイヤーを切り抜いてしまっていたら、変更には手間がかかってしまいます。

# AIを活用した選択範囲の作成

Lesson3 > 3-03

THEME テーマ　Lesson3-02で選択範囲を作成する選択ツールについて紹介しました。ここではその中から、AIの機能を使用した選択範囲作成機能を紹介します。

## オブジェクト選択ツール

オブジェクト選択ツールは、画像に写った人やものなどのオブジェクトを自動で選択したり、空や海などの領域を自動で選択できる便利なツールです。

Photoshopで素材画像「3-03-1.jpg」を開き 01 、ツールバーからオブジェクト選択ツールを選びましょう 02 。

memo
選択したいものとその周りとの境界がはっきりしているほど選択範囲作成の精度は高くなります。

01 素材画像

オブジェクト選択ツール W
クイック選択ツール W
自動選択ツール W

02 オブジェクト選択ツール

memo
ツールバーでオブジェクト選択ツールが見当たらない場合は、クイック選択ツールまたは自動選択ツールのアイコンを長押ししてください。表示された項目から、オブジェクト選択ツールを選びましょう。

オブジェクト選択ツールを選ぶと、オプションバー上で矢印がしばらくぐるぐると回転し、画像の読み込み処理を始めるので 03 、止まるまで待ちます。

オブジェクトファインダー　モード：長方形ツ…

03 オブジェクト選択ツールのオプションバー

memo
矢印が回らない場合は「オブジェクトファインダー」にチェックを入れましょう。チェックが入っていて回らない場合は、すでに画像の読み込み処理が完了しています。

## 使い方はマウスポインターを合わせるだけ

オプションバーの矢印の回転が終わったら、選択したいオブジェクトの上にマウスポインターを合わせてみましょう。AIがそのオブジェクトを自動で認識し、ピンク色にハイライトされます。そのままクリックするだけで選択範囲を作成できます 04 。shift［Shift］キーを押しながら他のオブジェクトをクリックすれば選択範囲を追加、option［Alt］キーを押しながらクリックすれば選択範囲を削除できます。

**memo**
ここではピンク色にハイライトされていますが、オプションバーの歯車アイコンをクリックしてオプション設定を開き、［オーバーレイオプション］の［カラー］で色を変更できます。

ピンク色にハイライトされる

クリックするとオブジェクトが選択される

**04 オブジェクト選択ツールを使った選択**

また、オブジェクトだけでなく、写真の背景にマウスポインターを合わせると、背景領域を選択することも可能です。

例えば今回の素材写真で、すべてのオブジェクトを選択して切り抜きたい場合、オブジェクトの数が多いので1つずつ選択していくのは大変です。そこでオブジェクト選択ツールで背景の黒い領域を選択してから、メニュー→"選択範囲"→"選択範囲を反転"を実行して選択範囲を反転させれば、あっという間にすべてのオブジェクトを選択することができます 05 。

**memo**
選択範囲をレイヤーマスクに変換する方法は、93ページ、**Lesson3-02** 参照。

背景にマウスポインターを合わせる

背景部分に選択範囲を作成して反転

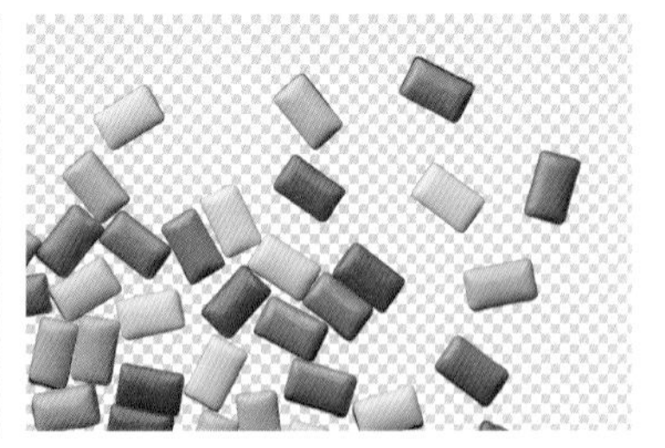

レイヤーマスクに変換して切り抜く

**05 背景領域の選択**

## ［被写体を選択］機能

オブジェクト選択ツール、クイック選択ツール、自動選択ツールのいずれかのツールを選んでいる場合に、オプションバーに［被写体を選択］というボタンが現れます 06 。これを押すだけでAIが自動的に被写体を選択してくれる、とても便利な機能です。精度も年々高まっており、クイック選択ツールでは難しいような髪の毛やファーなどもきれいに選択することができます 07 。ただし、被写体と背景の境界がはっきりしていない写真ではうまくいかないこともあります。

**memo**
選択範囲の表示だけではきれいに選択できているかわかりにくいので、レイヤーマスクに変換して確認してみましょう。髪の毛なども精度高く切り抜けていることがわかります。

**06 クイック選択ツールのオプションバー**

［被写体を選択］ボタンで一発選択

髪の毛の細かい部分まできれいに選択できている

**07 被写体を選択**

精度が低いと感じた場合は、［被写体を選択］ボタンの横にある下矢印をクリックして“デバイス（高速）”から“クラウド（詳細な結果）”に変更したあと、もう一度［被写体を選択］ボタンを押してみましょう。人物写真ではあまり精度は変わりませんが、動物などのふわふわしたオブジェクトではかなり精度に差が出てきます 08 。

“デバイス（高速）”で選択した場合

“クラウド（詳細な結果）”で選択した場合

**08 オプションによる精度の違い**

# 商品のカラーバリエーションを作る

Lesson3 > 3-04

THEME テーマ

調整レイヤーとレイヤーマスクを使った応用的な画像編集を試してみましょう。調整レイヤーにマスクを適用することで、画像の一部分のみに効果を与えることができます。画像編集でよく使われるテクニックです。

## 調整レイヤーとレイヤーマスクを使った色変え

Photoshopで素材画像「3-04-1.psd」を開きます。調整レイヤーとレイヤーマスクを使ってピンクの帽子の色を青に変えてみましょう 01 。調整レイヤーを使用することで、非破壊編集になり、いつでも復元・編集することができます。

84ページ、**Lesson3-01**参照。

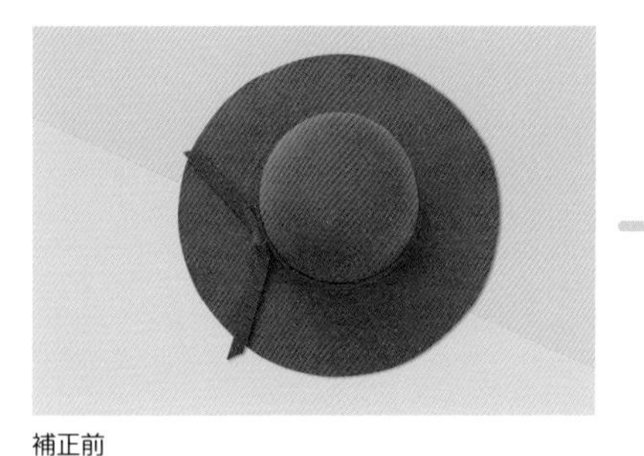

補正前

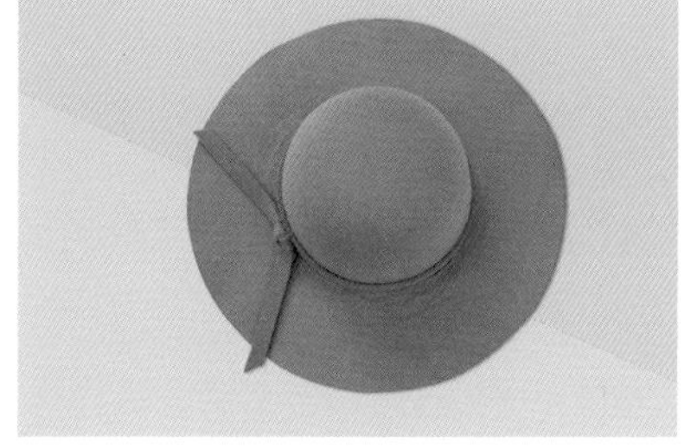

補正後

01 完成形を選択

### 選択範囲の作成

まず、クイック選択ツールを使って、帽子の形の選択範囲を作りましょう 02 。ブラシサイズを150pxくらいの大きめに設定するとすぐに選択できます。

02 選択範囲を作成

## 調整レイヤーを作成する

選択範囲が作成された状態で、レイヤーパネル下部の［塗りつぶしまたは調整レイヤーを新規作成］ボタンから「色相・彩度」調整レイヤーを作成します。すると、選択範囲がレイヤーマスクに変換されます。これにより選択範囲だった部分だけに、これから設定する色変えが反映されることになります 03 。

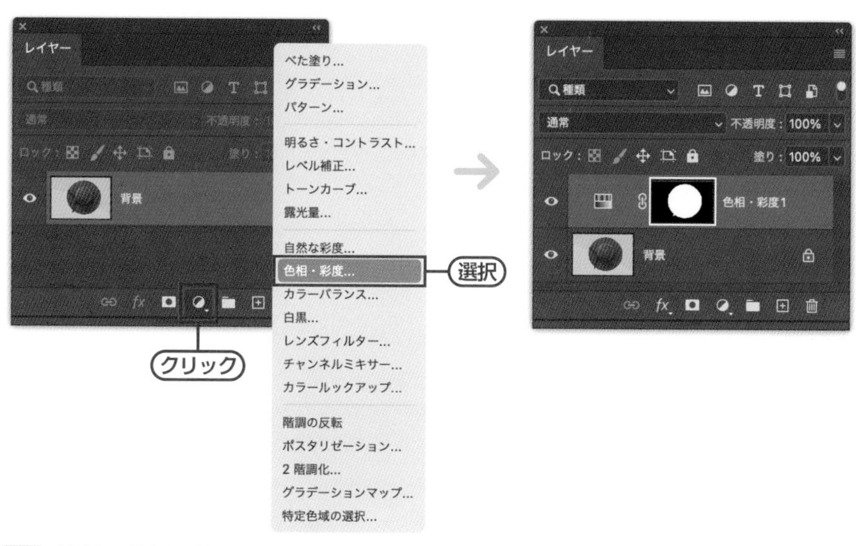


03 「色相・彩度」調整レイヤーを作成

なお、選択範囲を作る前に調整レイヤーを追加してしまうと、調整レイヤーのレイヤーマスクサムネールが真っ白になってしまいます 04 。

調整レイヤーのレイヤーマスクサムネールが
真っ白な状態になる

04 選択範囲を作成前に調整レイヤーを追加した場合

その場合、次の手順でマスクをかけていきます。まず先ほどと同じようにクイック選択ツールで帽子の部分に選択範囲を作ったら、メニュー→“選択範囲”→“選択範囲を反転”を実行し 05 、レイヤーパネルで調整レイヤーのレイヤーマスクサムネールを選択。ツールバーで

[描画色] をダブルクリックしてカラーピッカーを開いて黒に設定したあと 06 、塗りつぶしツールで帽子の外側（選択範囲内）をクリックして⌘ [Ctrl] +Dキーで選択を解除します。これにより、 03 と同じレイヤーマスクを作ることができます 07 。

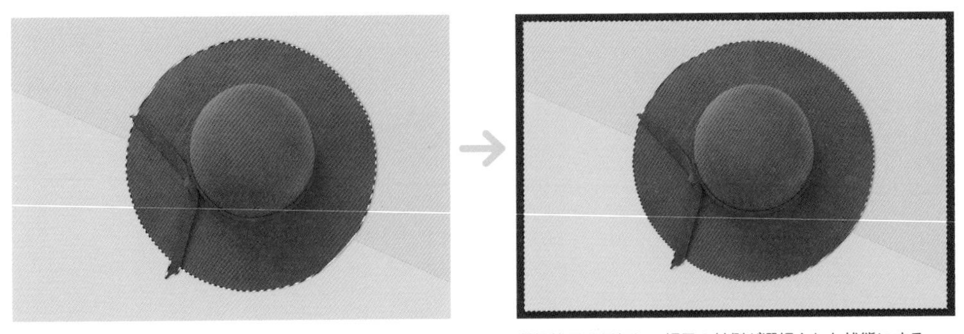

帽子の部分に選択範囲を作成

選択範囲を反転して帽子の外側が選択された状態にする

**05 選択範囲を作成して反転**

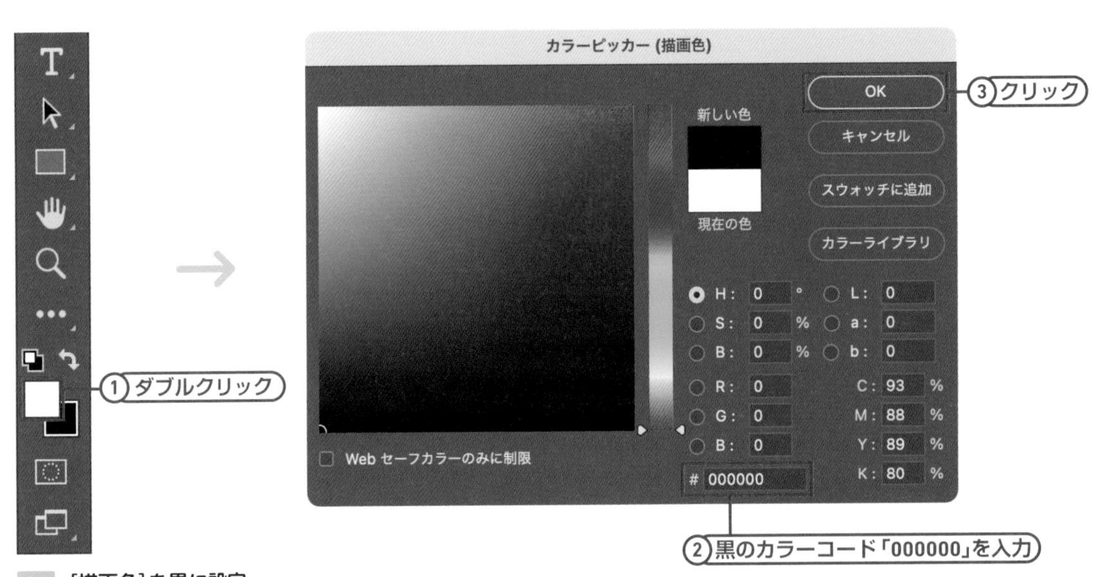


**06 [描画色] を黒に設定**

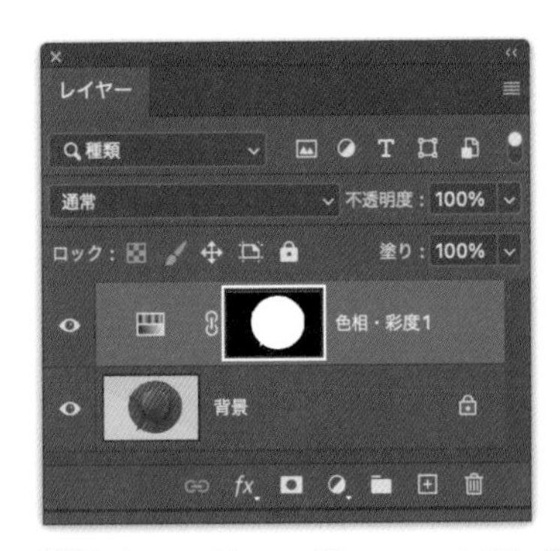


**07 帽子の形にレイヤーマスクが作成できる**

## 「色相・彩度」調整レイヤーを編集する

レイヤーパネルで、「色相・彩度」調整レイヤーの左側にあるレイヤーサムネール を選択します。すると、図のようにプロパティパネルに[色相・彩度]が表示されます 08 。

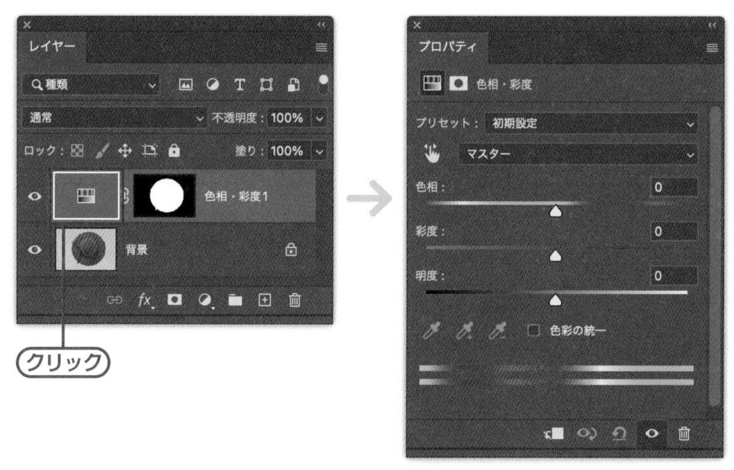


08 プロパティパネルの内容が「色相・彩度」に変わる

memo
プロパティパネルが表示されていない場合は、レイヤーサムネールをダブルクリックするか、メニュー→“ウィンドウ”→“プロパティ”を選択してください。

「色相・彩度」のスライダー項目には、[色相] [彩度] [明度] とあります。それぞれスライダーを右や左にドラッグしてみましょう。すると、帽子のみ色相・彩度・明度の変更が適用されることがわかります。ここでは、色相を調整して青色にしています 09 。ほかの色にしたり、彩度や明度を調整したりすることもできます。

調整レイヤーは非破壊編集なので、元に戻したり、何度も色を調整し直すことができます。元の画像に戻す場合は、調整レイヤーを非表示にするか、削除します（削除した場合はレイヤーマスクも削除されます）。また、マスクの範囲を調整したい場合はレイヤーマスクを白や黒のブラシなどで塗って調整します。

09 青色に変更

[色相：−118]に設定

# パスの作成とベクトルマスク

Lesson3 > 3-05

THEME テーマ

パスから作成するベクトルマスクについて学びます。ペンツールを使ってパスを描くと複雑なオブジェクト、背景とのコントラストが低い画像などでもきれいに切り抜くことができます。

## ベクトルマスク

「ベクトルマスク」は、シェイプツールやペンツールで作成した図形(パス)を用いてマスクする機能です。パスの形に切り抜くため、ハサミでスパッと切ったようなきれいな切り抜きができます。また、マスクしたあともパスの形は微調整ができます。レイヤーマスクと違って、グラデーションはできません。

memo
パスは別名ベジェ曲線とも呼ばれます。Illustratorが得意とする描画スタイルです(15ページ、**Column**参照)。

93ページ、**Lesson3-02**参照。

## パスとペンツール

ペンツールが使いこなせるようになると、複雑な切り抜きにも対応できるようになります。ペンツールははじめて使うと難しく感じますが、作成したパスをあとから微調整したり範囲を追加したりと柔軟に対応でき、とても便利な機能です。積極的に使ってみましょう。ベクトルマスクに入る前に、ペンツールでパスを描く練習をします。まずは基本的な用語と操作をおぼえていきましょう。

## フォトフレームの切り抜き

### ① パスを描く

素材画像「3-05-1.psd」を開き 01 、ツールバーでペンツールを選択します 02 。オプションバーの[ツールモードを選択]を[パス]に設定し、[パスの操作]で[シェイプが重なる領域を中マド]を選択しておきます 03 。

次にフォトフレームの形にパスを描いていきます。四隅をペンツールで順番にクリックし、最後に開始点と終了点を連結させて四角形にしてください 04 。**一度打点したアンカーポイントは描画中は動かせないので、間違えた場合は必ず⌘[Ctrl]+Zで操作を戻ってくだ**

**さい**。多少ずれていても、あとから修正できるため問題ありません。切り抜きたい対象のほんの少し内側を打点していくのがコツです。

このとき、クリックして作った点を「アンカーポイント」、点と点をつなぐ線を「セグメント」、出来上がった図形全体のことを「パスコンポーネント」と呼びます。

> **memo**
> このように開始点と終了点を連結させて閉じたパスを「クローズドパス」と呼びます。連結させないままのパスは「オープンパス」と呼び、Illustratorではよく使いますが、Photoshopでの切り抜きにはクローズドパスしか使いません。

01 素材画像を開く

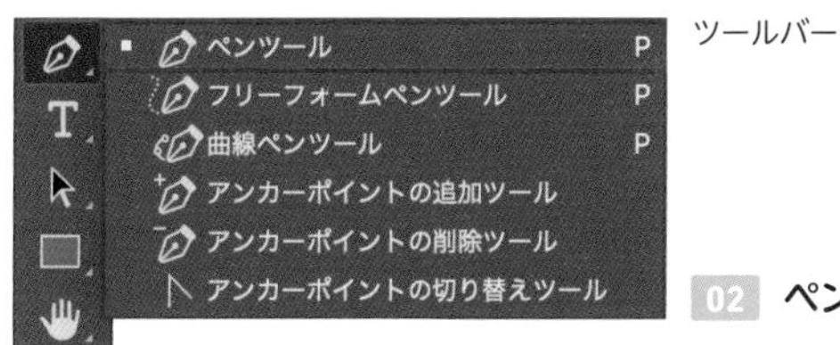


ツールバー

02 ペンツールを選択

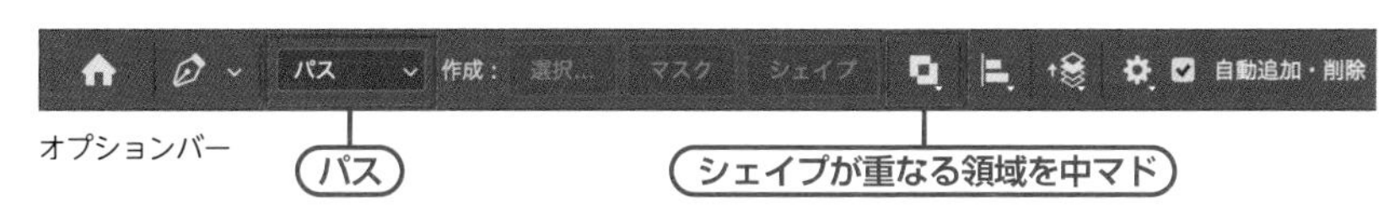


オプションバー

03 ペンツールのオプションバーの設定

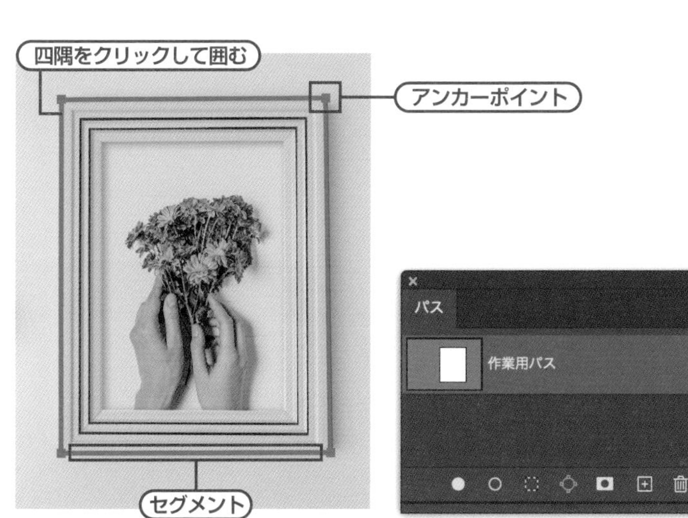


04 パスコンポートネント

パスパネル

> **memo**
> できたパスはパスパネルに「作業用パス」として表示されます。「作業用パス」を選択するとパスが表示され、パスパネル上のなにもないところをクリックして選択を解除するとパスが非表示となります。「作業用パス」の文字部分をダブルクリックすると、名前をつけてパスを保存しておけます。

## ② ベクトルマスクに変換する

フォトフレームをパスで囲めたら、マスクをかけたいレイヤー（ここでは「photo_frame」レイヤー）を選んだあと、オプションバーの[マスク]をクリックするか、⌘[Ctrl]キーを押しながらレイヤーパネル下部の[レイヤーマスクを追加]ボタンをクリックすると 05 、ベクトルマスクが作成されます 06 。

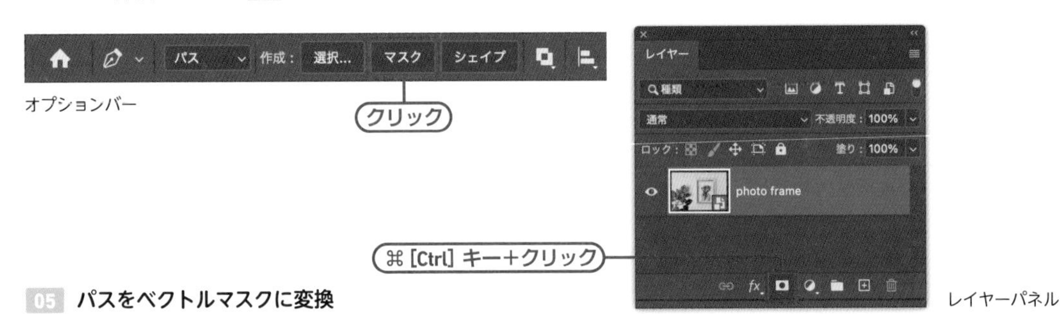


05 パスをベクトルマスクに変換

06 ベクトルマスクが適用された

## ③ ベクトルマスクを編集する

作例ではパスが少しずれていたので、これを調整しましょう 07 。レイヤーパネルでベクトルマスクサムネールが選択されていることを確認し、ツールバーでパス選択ツールを選びます 08 。

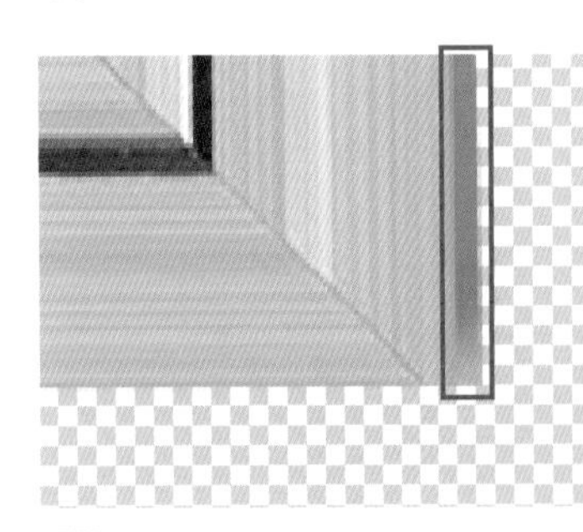

07 パスがズレている

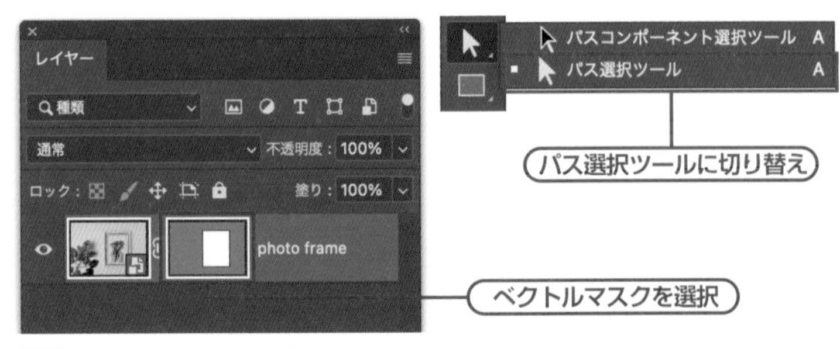


08 ベクトルマスクを選択

次に、編集したいアンカーポイントをクリックして選びます。選択されたアンカーポイントをもう一度クリックしてドラッグし、位置を修正しましょう 09 。

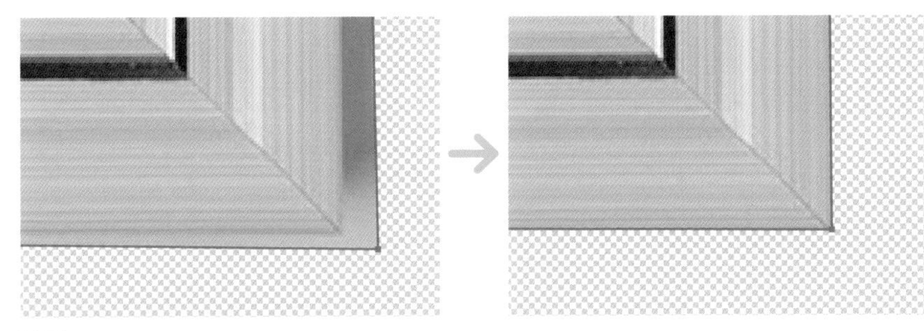

アンカーポイントを選択したあとドラッグしてベクトルマスクを調整する。マスクする前のパスも、同じ手順で編集できる

09 ベクトルマスクを調整

## 時計の切り抜き

### 曲線の描き方

素材画像「3-05-2.psd」を開きます 10 。今度は時計の輪郭に沿って曲線を描いてみましょう。直線の場合はペンツールでポチポチとクリックして打点するだけでしたが、曲線の場合はドラッグして「ハンドル」を引っ張ることでカーブの曲がり具合を決めていきます。最初はこの感覚が難しいですが、ペンツールのオプションバーにある歯車アイコンから「パスオプション」を開き、[ラバーバンド] にチェックを入れておくとパスのプレビューが表示されるため感覚をつかみやすいです 11 。

素材データには「アンカーポイントの目安位置」というレイヤーが入っているので、それを参考に緑色の点をクリック→水色の点までドラッグを繰り返して左回りに一周してみましょう 12 。最後に連結する際はドラッグしなくても大丈夫です。ベクトルマスクに変換する際は「clock」レイヤーを選択するのを忘れないようにしてください。

memo

作例では見やすいようにパスの色をイエローに変更しています。オプションバーの歯車アイコンからオプション設定を開き、[パスオプション] の [カラー] で色を変更できます。

10 時計の素材画像を開く

**11 オプションバーの設定**
オプションバーの歯車アイコンからオプション設定を開き［ラバーバンド］にチェックを入れる。慣れたら外してよい

> **memo**
> 曲線を描くとき、ハンドルは進行方向に引っ張りますが、引っ張りながらアンカーポイントの後ろに引かれる曲線のカーブの形状を確認しながら引っ張り具合を調整します。直線を引くのに比べると難しいですが、感覚がつかめると複雑な形も切り抜けるようになります。

**12 ペンツールで曲線を描く**

クリックとドラッグを繰り返して1周する

## 直線と曲線をあわせて使う

マグカップの素材画像「3-05-3.psd」を開き 13 、クリックして直線を引く操作と、ドラッグして曲線を描く操作をあわせて使ってみましょう。

**13 マグカップの素材画像を開く**

直線から曲線に切り替えるときは、クリックしてドラッグする前にoption［Alt］キーを一緒に押すのがコツです。逆に曲線から直線に切り替える場合は通常通りクリックすれば大丈夫です 14 。

マグカップの輪郭を一周したら、取っ手の穴も囲みましょう。このとき、作業前にオプションバーの［パスの操作］が［シェイプが重なる領域を中マド］になっていることを確認してください。この設定になっていると、ベクトルマスクにした際に取っ手の穴をくり抜くことができます 15 。

memo
はじめのうちは作例より打点数が多くなっても問題ありません。慣れてくると打点数が減り、よりなめらかにパスを描けるようになります。また、オブジェクトの輪郭は正確になぞる必要もありません。少し削れてもいいので、オブジェクトの少し内側を通ってきれいな形を作っていきましょう。

14 マグカップの形にパスを描いていく

15 ペンツールのオプションバーの設定

## パスの編集と削除

描き終わったパスやベクトルマスクは、アンカーポイントの移動だけでなくアンカーポイントの追加・削除、パスコンポーネントの削除などができます。編集したいパスコンポーネントを「パスコンポーネント選択ツール」で選択してから下記のツールを使って作業を行います。

106ページ参照。

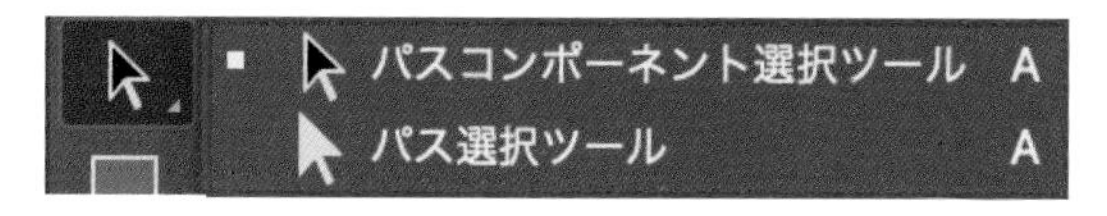


16 パスの編集と削除を行うツール1

○ **パスコンポーネント選択ツール**

パス全体の選択、移動、削除（delete［Delete］）

○ **パス選択ツール**

アンカーポイントやセグメントの選択、移動、削除（delete［Delete］）

17 パスの編集と削除を行うツール2

**○ アンカーポイントの追加ツール**

セグメント上をクリックしてアンカーポイントを追加

**○ アンカーポイントの削除ツール**

アンカーポイントをクリックして削除

**○ アンカーポイントの切り替えツール**

アンカーポイントを頂点にするか曲線にするかを切り替える

これらのうち「アンカーポイントの切り替えツール」は、曲線部分のアンカーポイント（スムーズポイント）をクリックすると頂点（コーナーポイント）に、頂点をドラッグするとハンドルが伸びて曲線になり、アンカーポイントの種類を切り替えられるツールです。

### 完成形を触ってパスの感触を学ぼう

ここまで3つの素材画像を使ってパスを描いてきましたが、慣れないうちや上手に描くのが難しい場合は、完成形データを参考にしてみてください。完成形データにはベクトルマスクやパスが保存されているので、パス選択ツールでそれらを触ったり調整したりして、パスの感触に慣れるようにしましょう。

# 作品制作に挑戦！① 広告バナー

Lesson3 > 3-06

ここまで学んできたレイヤーマスクや調整レイヤーを使って、商品のカラーバリエーションを作り、簡単な広告バナーを作ってみましょう。

## 完成形の確認と新規ファイル作成

ここでは実践として 01 の広告バナーを作成していきます。まずはPhotoshopのホーム画面から新規ファイルを作成しましょう。[新規ファイル]ボタンをクリックして[新規ドキュメント]ウィンドウを開いたら、必要な項目を設定し 02 、[作成] をクリックして新規ファイルを開きます 03 。

01 完成形

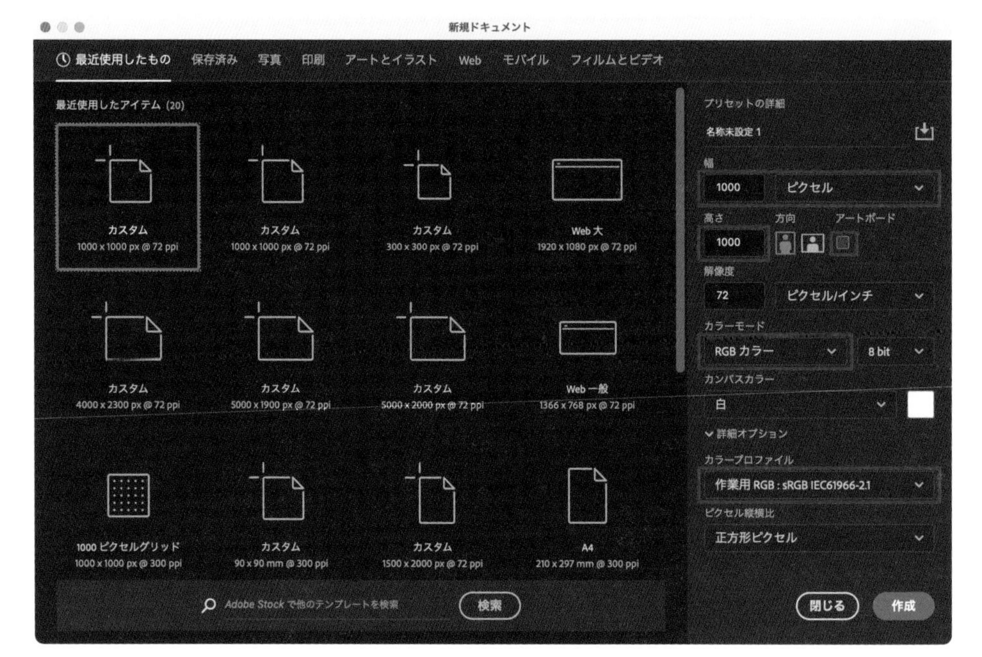


**02 新規ドキュメントの設定**

ここでは下記のように設定しました。

◯幅：1,000ピクセル

◯高さ：1,000ピクセル

◯アートボード：チェック外す

◯カラーモード：RGBカラー

詳細オプション

◯カラープロファイル：作業用RGB

**memo**

すでにPhotoshopでなにかファイルを開いている場合、ホーム画面へはオプションバーの一番左にあるホームアイコンから移動できます。また、メニュー→"ファイル"→"新規..."からも「新規ドキュメント」ウィンドウを開くことができます。

**03 新規ファイルのワークスペースが立ち上がる**

## 背景画像の配置

素材画像「3-06-bg.jpg」を配置しましょう。メニュー→“ファイル”→“埋め込みを配置…”から画像を選んで配置するか、Finder（Macの場合。Windowsの場合はエクスプローラー）から直接ドラッグ＆ドロップして配置します。バウンディングボックスという枠線が表示された状態（変形ができる状態）で配置されますが、今回はそのままreturn［Enter］キーを押して配置を確定します。

memo
バウンディングボックスが表示されている状態は、そのオブジェクトの拡大縮小・回転などの自由変形を行うことができる状態です。ここでは配置する画像とカンバスの大きさが同じなので、画像を拡大縮小する必要はありません。

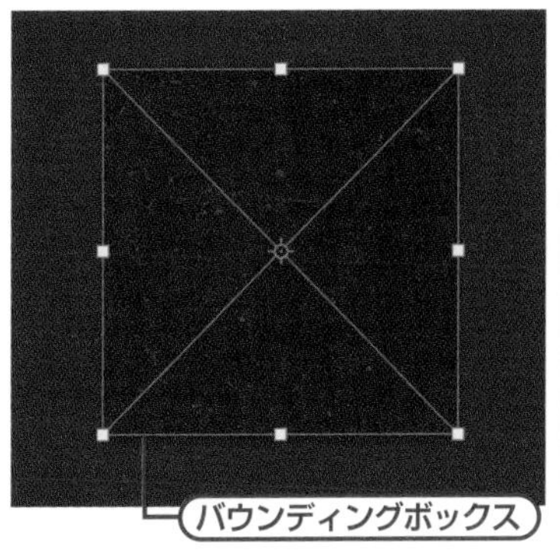


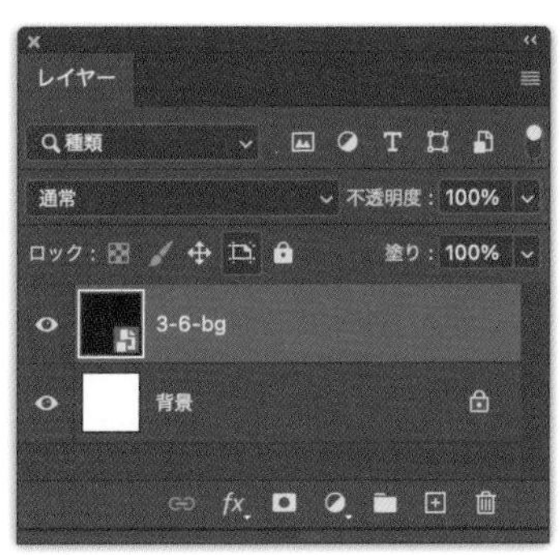


04 素材画像を配置する

## スニーカー画像の切り抜き

### スニーカー画像を開く

素材画像「3-06-sneaker.psd」を開きましょう。メニュー→“ファイル”→“開く…”から該当ファイルを選択すると、先ほど新規作成したファイルとは別のタブでスニーカーのファイルが開かれます 05 。

画像を開いたら、クイック選択ツールを選んでオプションバーにある［被写体を選択］ボタンをクリックします。スニーカーの輪郭に沿ってある程度正確に選択範囲が作成されますが、うまく選択できていないところはクイック選択ツールで調整して仕上げていきましょう 06 。

05 別タブでスニーカーを開く

クイック選択ツールで調整前

クイック選択ツールで調整後

06 選択範囲の作成

## レイヤーマスクの作成と調整

レイヤーパネルの［レイヤーマスクを追加］ボタンで選択範囲をレイヤーマスクに変換します。このとき、レイヤーの名前が「レイヤー0」となるので、その名前のところをダブルクリックして分かりやすく「sneaker」に変えておきましょう。

07 レイヤーマスクを使った切り抜き

ダブルクリックで名前を変更できる

切り抜かれたスニーカーをよく見ると、少し背景が映り込んでいる部分があります。ブラシを使ってレイヤーマスクを調整しましょう。まず、レイヤーパネルでレイヤーマスクの方を選択したら、ブラシツールに切り替え、オプションバーでブラシを柔らかめに設定します。［描画色］を黒にしてスニーカーの輪郭をなぞり、映り込んだ背景を削っていきます 08 。調整できたらレイヤーパネルでレイヤーを右クリックし“スマートオブジェクトに変換”を選びます 09 。

memo

間違えてスニーカーの写真のほうに書き込まないように、必ずレイヤーマスクサムネールをクリックしてから描画しましょう。

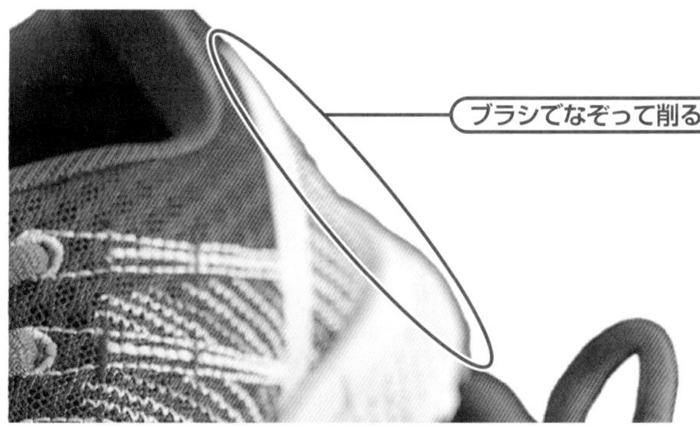


レイヤーマスクを調整する前

ソフト円ブラシなどを
柔らかめに設定

ブラシを使いレイヤーマスクを調整した後

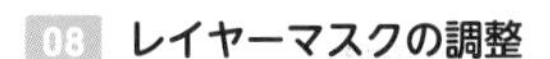

08 レイヤーマスクの調整

09 スマートオブジェクトに変換

## スニーカーの配置

### ファイル間のレイヤーの移動

最初に作成したファイルに「sneaker」レイヤーを移動させましょう。移動ツールに切り替え、レイヤーパネルで「sneaker」レイヤーをクリックし、ドキュメントウィンドウ左上にあるタブまでドラッグします 10 。1秒ほどするとウィンドウが切り替わるので、そのままカンバスの中央までドラッグしてドロップします。これでスニーカーを最初のファイルに移動することができました。移動元の「3-06-sneaker.psd」は破棄してしまって構いません。

> **memo**
> レイヤーをファイル間で移動する際は、ドラッグ＆ドロップに少し時間がかかりますが、便利なので覚えてしまいましょう。

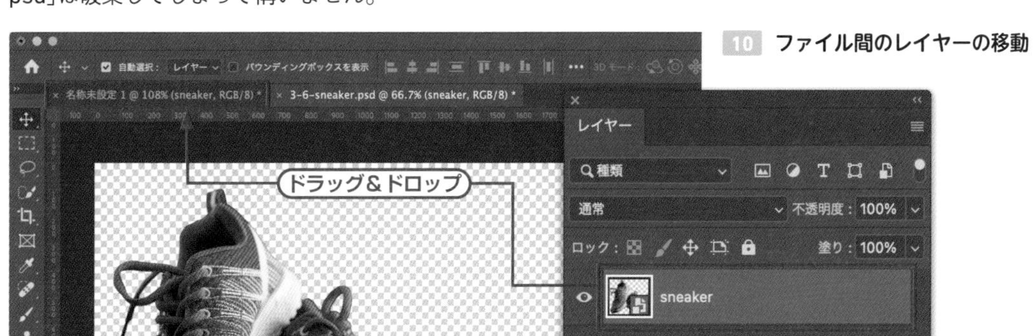


10 ファイル間のレイヤーの移動

## サイズの調整と複製

移動させてきたスニーカーがカンバスからはみ出ているので、メニュー→“編集”→“自由変形”でバウンディングボックスを表示させ、四隅をドラッグして幅を[W：600px]くらいまで縮小します 11 。

続いて移動ツールを選んだら、オプションバーの［整列と分布］で［整列：カンバス］に設定したあと、［水平方向中央揃え］をクリックして左右中央に配置します 12 。これで1つ目のスニーカーを配置できました。

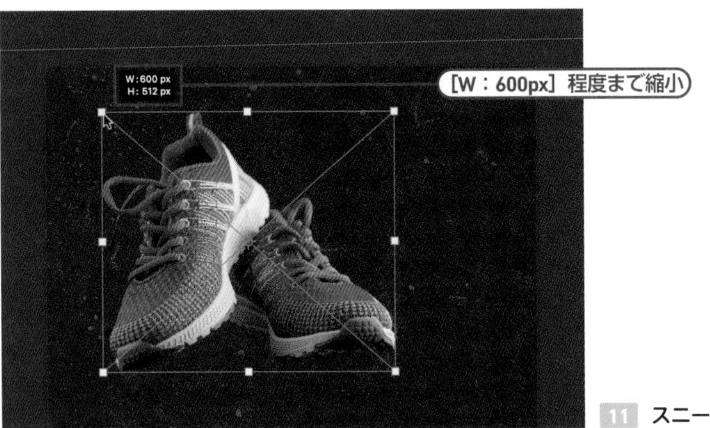


11 スニーカーの変形

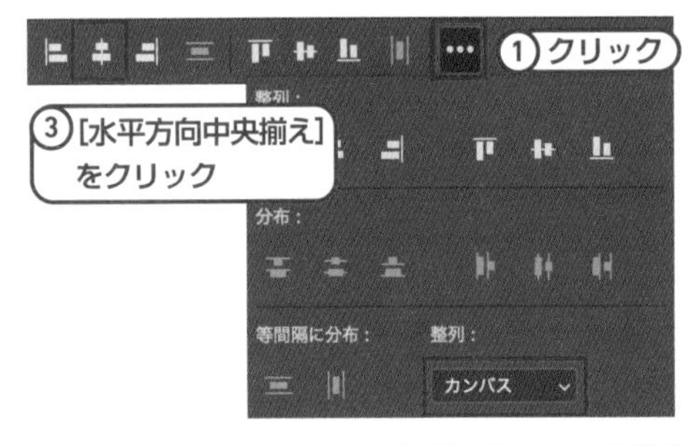

12 カンバスに対して左右（水平方向）中央揃え

次にスニーカーを複製しましょう。レイヤーパネルで「sneaker」レイヤーが選択されているのを確認し、option［Alt］キーを押しながら少しドラッグします。これでレイヤーが複製できました。複製したレイヤーを“自由変形”で幅［W：200px］程度に縮小し 13 、return［Enter］キーで確定します。この小さいスニーカーをさらに3つ複製します。その際、option［Alt］キーと一緒にshift［Shift］キーを押しながら横にドラッグすると真横に複製できます 14 。あとで調整するので、この時点では4つのスニーカーの間隔は均等でなくてOKです。

option［Alt］キーを押しながらドラッグして複製

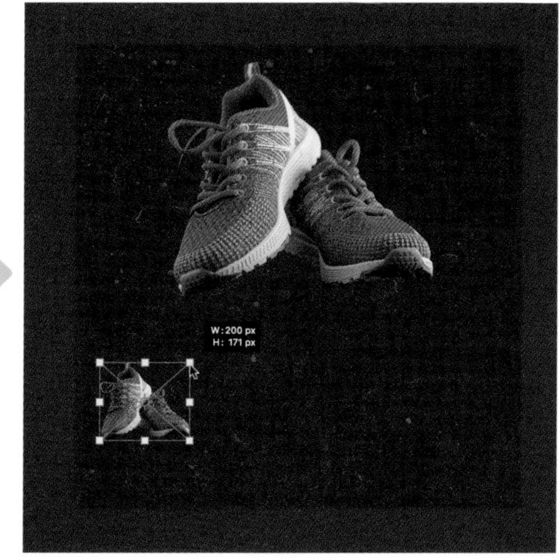

"自由変形"で縮小する

13 レイヤーの複製と自由変形

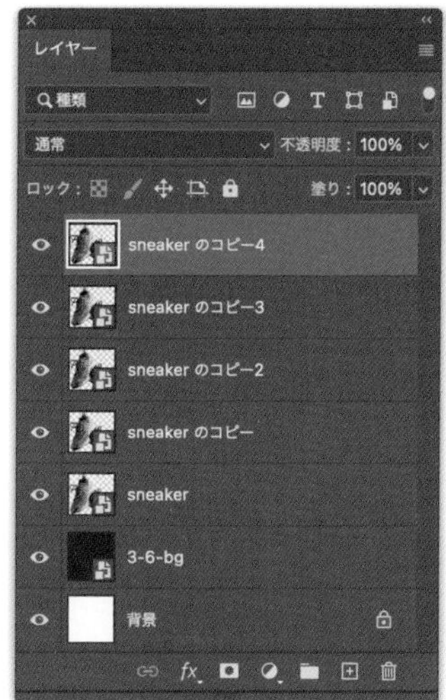


14 4つに複製する

## カラーバリエーションを作る

4つ並んだスニーカーの色を変えていきましょう。まずはレイヤーパネル上で見分けがつくように、左端のスニーカーから順に1～4の番号を振ってレイヤーの順番も合わせておきます。

次に、いちばん左にあるスニーカーをクリックしてレイヤーパネル上でレイヤーが選ばれたことを確認したら、［塗りつぶしまたは調整レ

memo

レイヤーを複製するとレイヤーパネル上では「○○のコピー」という名前になります。「のコピー」を付けたくない場合は、複製前にレイヤーパネルメニュー→"パネルオプション..."を開き、「コピーしたレイヤーとグループに「コピー」を追加」のチェックを外しておきましょう。レイヤーパネルがスッキリします。

イヤーを新規作成］ボタンから“色相・彩度...”を選択します。レイヤーパネルに「色相・彩度」調整レイヤーが追加されるので、右クリックして“クリッピングマスクを作成”を選ぶと左端のスニーカーにだけ色の調整を適用できるようになります。実際に色を変えるには、「色相・彩度」調整レイヤーを選択してプロパティパネルで各項目を調整すればOK。ここでは、［色相：－120］に変更してスニーカーを青くしました 15 。

クリッピングマスクしているので「sneaker1」だけ色が変わる

**15 sneaker1（左端のスニーカー）の色を青に**

同様に「スニーカーを選ぶ→調整レイヤーを追加・クリッピングマスク作成→色変え」を繰り返して4色のバリエーションを作ってみましょう 16 。ぜひ、作例と違う色にして遊んでみてください。

**16 カラーバリエーションの作成**

## メインスニーカーに影を描く

レイヤーパネルで「3-06-bg」レイヤーを選択し、[新規レイヤーを作成]ボタンをクリックします。「3-06-bg」レイヤーと「sneaker」レイヤーの間に新規レイヤーが追加されるので、レイヤー名を「shadow」とし、ブラシツールでメインスニーカーの影を描いていきましょう。ブラシツールのオプションバーでブラシの[直径]や[硬さ]、[流量]などを設定し、[描画色]を黒にして 17 のように影を描きます。

memo
描いた影が濃すぎると感じた場合は、レイヤーパネル右上にある[不透明度]の数値を下げてみましょう。

ブラシツールのオプションバーで[直径：200px]、[硬さ：0%]、[流量：5%]、[描画色]を黒(#000000)に設定して、新規レイヤーにスニーカーの影を描く。上図は見やすいよう「shadow」レイヤーと背景レイヤーのみ表示した状態

影を描き終わったところ。スニーカーに影がついて奥行きが感じられるようになった

**17 新規レイヤーに影を描く**

## テキストを配置

### Adobe Fonts の使用

メインスニーカーと、カラーバリエーションの間にテキストを配置していきましょう。ここで使うフォントは「Ethnocentric」という、通常パソコンには入っていないフォントです。そこでAdobe Creative Cloudを契約している人なら誰でも使える「Adobe Fonts」というサイトから、このフォントを使えるようにしましょう。

まずはWebブラウザで「https://fonts.adobe.com/」にアクセスし、Adobeアカウントでログインします。「Ethnocentric」を検索し、出てきたフォントの「ファミリーを追加」ボタンを押すだけです。フォントはすぐに使えるようになります。

18 Adobe Fonts

## テキストの配置

移動ツールでカンバスの外側を一度クリックし、すべてのレイヤーの選択を解除しておきます。続いて「横書き文字ツール」に切り替え、オプションバーでフォントやフォントスタイル(異なる太さやイタリック体)、テキストカラーなどを設定します 19 。設定できたらカンバスの中央あたりをクリックして「Sneakers' Fair 2024」と入力します。一部の文字のみテキストカラーを変えたい場合は(ここでは「2024」のカラー)、横書き文字ツールのままその文字をドラッグして選択し、オプションバーで色を変えます。ここまでできたら文字の編集を終了します 20 。

初期値のままだと行間がとても広くなっているので、移動ツールで文字の上をクリックしてテキストレイヤーを選択し、プロパティパネルで[行送り]を100に設定しましょう 21 。

**POINT**

すべてのレイヤーの選択をいったん解除しておくことで、次に追加するテキストレイヤーが最前面(レイヤーパネルのいちばん上)に追加されます。

**memo**

[行送り]はオプションバーでは設定できないため、プロパティパネルを使います。

19 横書き文字ツールのオプションバーの設定

20 テキストの配置

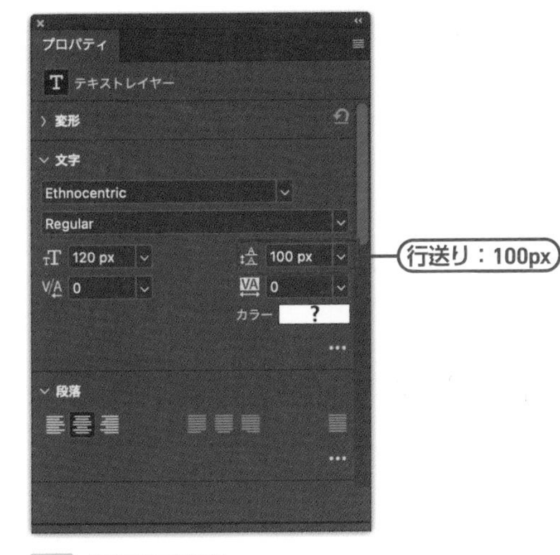


21 行送りの設定

## 全体を整列して整える

テキストレイヤーと4つのスニーカーをきれいに整列させましょう。まずレイヤーパネルからテキストレイヤーを選択したあと、移動ツールでカンバス上のテキストをメインスニーカーと4つのスニーカーの間にドラッグして移動させます。さらにオプションバーの［整列と分布］で［整列：カンバス］に設定したあと、［水平方向中央揃え］をクリックして左右中央に配置します 22 。

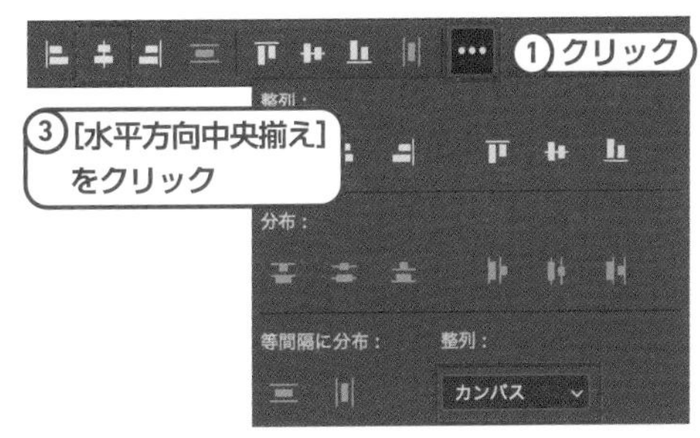


22 移動ツールのオプションバーで整列

次に、shift［Shift］キーを押しながらスニーカーのカラーバリエーションを4つとも選択し、オプションバーの［水平方向に分布］をクリックします。すると4つのスニーカーが等間隔に配置されます。

この4つのスニーカーを選択したまま、レイヤーパネル下部の［新規グループを作成］ボタンをクリックします。4つのスニーカーと調整レイヤーがグループ化されるので、そのグループが選択された状態のまま、オプションバーで［水平方向中央揃え］をクリックして適用します。これにより、等間隔に並んだ4つのスニーカーのかたまりを、カンバスの左右中央に配置することができました 23 。

あとは必要に応じて各レイヤーの位置を調整したら完成です 24 。

整列前（スニーカーの間隔も左右のカンバスの余白もバラバラ）

4つのスニーカーを水平方向に分布（等間隔に配置）

4つのスニーカーをグループ化し水平方向中央揃え

**23 スニーカーの整列**

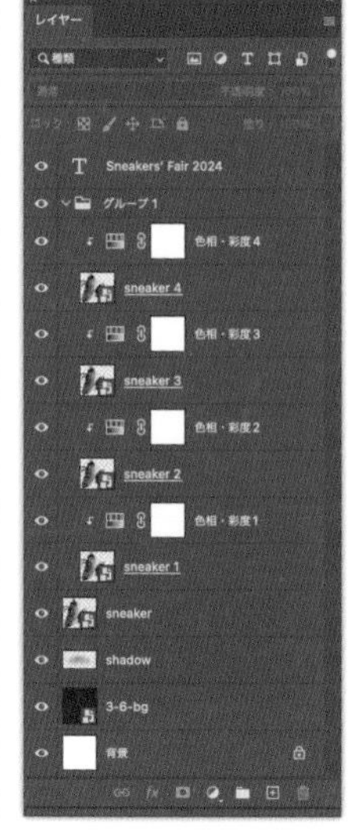


**24 完成したバナーとレイヤー構造**

Lesson 4

# 人物補正と描画モード

人物写真を補正したい場面は多々ありますが、どこをどのように補正すればきれいになるのか、はじめは難しく感じるでしょう。Lesson4では人物補正などを通してPhotoshopの使い方をしっかり身に付けていきます。

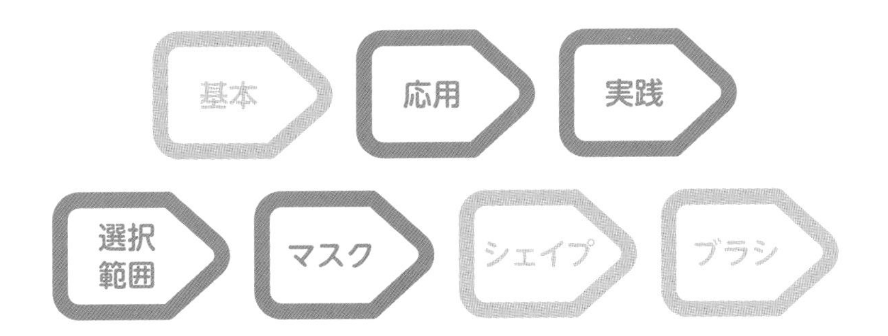

# 人物補正 ①

Lesson4 > 4-01

**人物補正というと、スマホの顔加工アプリを思い浮かべる人もいるかもしれませんが、ここではポートレートや履歴書の写真にも使えるような自然な人物レタッチを学びます。初心者でも簡単にできる方法ですが、作業工程が多いのでこまめに保存しましょう。**

## 人物補正のポイント

ポートレート写真では、主に顔まわりの補正を行います。補正していく箇所は下記がメインです。

○ **肌**……なめらかにする、しわを薄くする、できものを消すなど
○ **髪の毛**……飛び出ている毛を消す、ボリュームを調整するなど
○ **目**……輪郭をくっきりさせ輝きを足すなど
○ **口元**……血色をよくしたり歯を白くするなど
○ **顔の輪郭**……バランスを整える、各パーツの大きさを整えるなど

ツールとしてはスポット修復ブラシツールを多く使います。これを機に慣れていきましょう。

## 肌の補正

### 前準備

素材画像「4-01-1.jpg」を開いてください。背景レイヤーだけがある状態で開きますので、元の画像データを損なうことなく編集できるように次の手順でスマートオブジェクトにして保護しておきましょう。

85ページ、**Lesson3-01**参照。

まず、レイヤーパネルで背景レイヤーをダブルクリックします。「新規レイヤー」ダイアログが表示されるので、レイヤー名を仮に「woman」として[OK]をクリックします。背景レイヤーが通常レイヤーに変換されるので、レイヤーパネル上でそのレイヤーのサムネール以外の部分を右クリックして“スマートオブジェクトに変換”を選択します 01 。

memo
通常レイヤーのレイヤーサムネール部分を右クリックしても“スマートオブジェクトに変換”は選べません。

**01** 素材写真をスマートオブジェクトに変換　モデル：タグチマリコ

## 口元の影を薄くし、明るく見せる

「woman」レイヤーを複製し、前面(レイヤーパネルでは上にあるほう)のレイヤーを右クリックして“レイヤーをラスタライズ”を選択し、スマートオブジェクトから通常レイヤーに戻しておきます。

準備が整ったら、口元の笑いじわやえくぼの影を薄くして顔を明るく見せていきましょう(くっきりしたほうれい線を薄めたいときも、ここで紹介する方法が有効です)。

まずツールバーからパッチツールを選び、影を薄くしたい部分をフリーハンドで囲みます。続いて、選択範囲の内側をクリックしたら、マウスボタンを押さえたまま頬の左上あたりにドラッグ&ドロップします。これで影が消えました **02**。

口元の反対側も同じようにパッチツールで囲んでドラッグ&ドロップし、笑いじわやえくぼを一度完全に消します。あとは、レイヤーパネルでこのレイヤーを［不透明度：50%］程度に下げれば、自然な感じに薄くすることができます **03**。

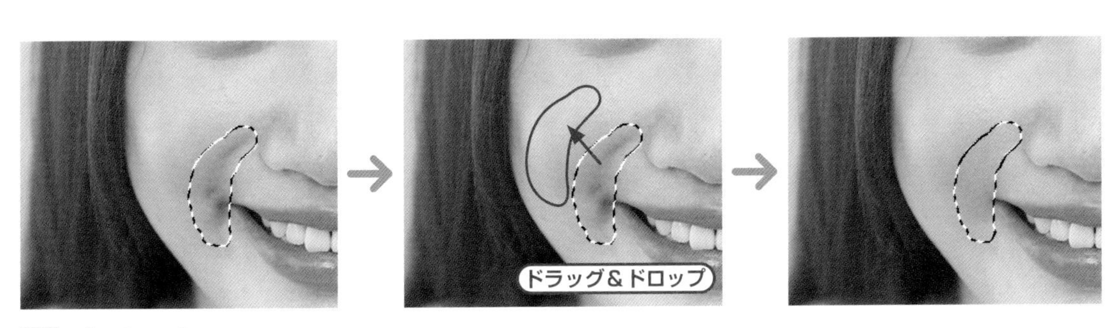


**02** パッチツール

パッチツールで笑いじわを完全に消す

レイヤーの不透明度で自然な笑いじわに

**03** 笑いじわやえくぼを一度完全に消し、不透明度を下げる

## 目立つ毛穴、出来物、シミなどを消す

新規レイヤーを追加してレイヤー名を「skin_1」とします。目立つ毛穴やシミなど、ポツポツとした箇所はスポット修復ブラシツールで取っていきましょう。オプションバーでブラシを［直径：10px］程度に設定し、［全レイヤーを対象］にチェックを入れます **04**。あとはレイヤーパネルで「skin_1」レイヤーを選択した状態で、消したい対象をポチポチとクリックしていくだけです **05**。今回の写真では練習としてほくろも消していますが、実際にレタッチするときはほくろについては消さないほうが良い場合が多いでしょう。

**memo**
今回のモデルさんは元々肌がきれいなので、この程度であれば次の「質感を残しつつ肌をなめらかにする」工程だけでも十分消すことができます。

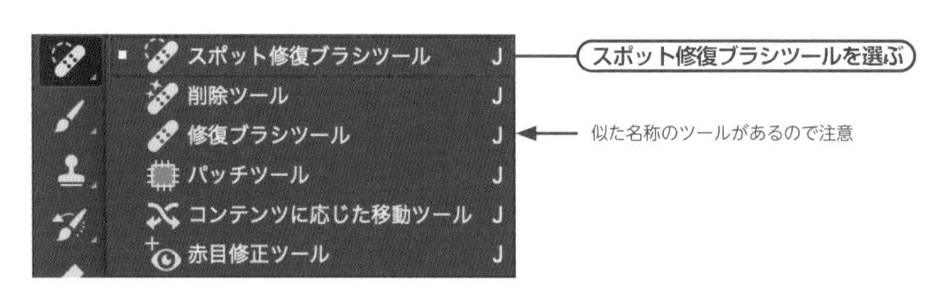


**04** スポット修復ブラシツールとオプションバーの設定

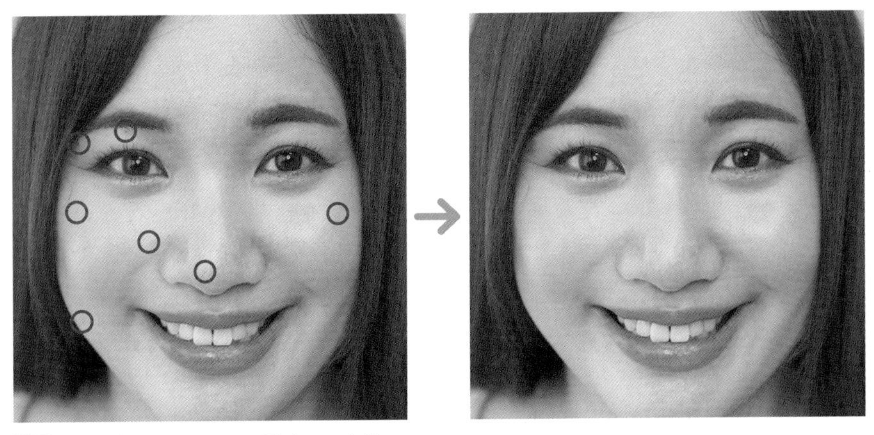

05 ポツポツとしたものを消すのに有効

## 質感を残しつつ肌をなめらかにする

「混合ブラシ」ツールを使って、肌全体をなめらかにしていきましょう。このブラシは、使う前にoption［Alt］キーを押しながら任意の箇所をクリックして色情報を記憶させ、その色と写真の色をミックスさせながら（にじませながら）塗ることができるツールです。

まず新規レイヤーを追加して名前を「skin_2」とします。次に混合ブラシツールを選んでオプションバーを 06 のように設定したら、おでこの中央をoption［Alt］キー＋クリックして色を記憶させましょう 07。続いて「skin_2」レイヤー上でおでこを2〜3回くるくると描くように塗っていきます。今回は［流量］を低めに設定しているので、物足りない場合はもう少しくるくる塗り重ねて様子を見ながらなめらかにしていきます。あまり隅々まできれいにしすぎると不自然になるので、広いところだけをくるくると描きます。質感が失われない程度にくるくる塗ったら、次は頬の中央をoption［Alt］キー＋クリックします。ブラシサイズを調整しながら、同じように鼻やあご、目元などをくるくると描いていきましょう。顔やパーツの輪郭にブラシで触れないようにするのがポイントです 08。

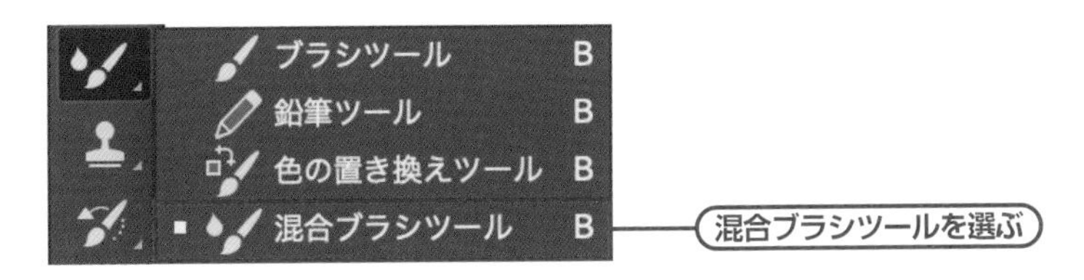


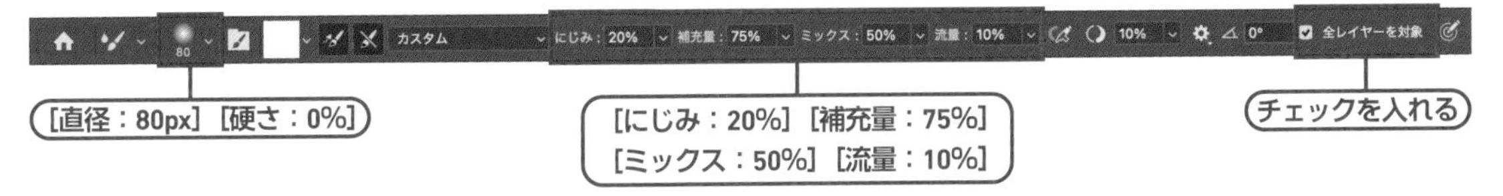


06 混合ブラシツールとオプションバーの設定

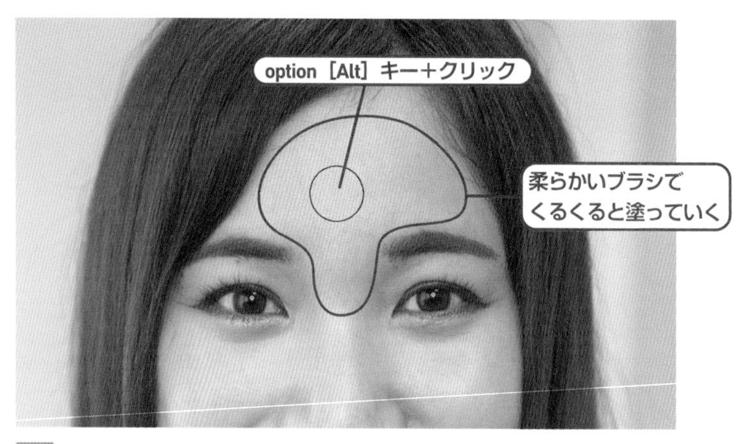


**07** おでこの中央あたりをサンプリング

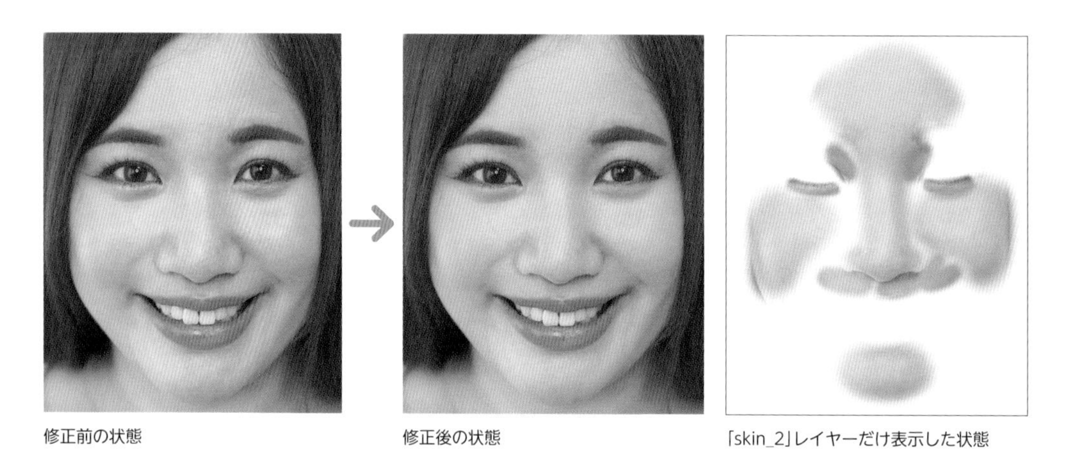

修正前の状態　　修正後の状態　　「skin_2」レイヤーだけ表示した状態

**08** 質感を残しつつなめらかに仕上がる

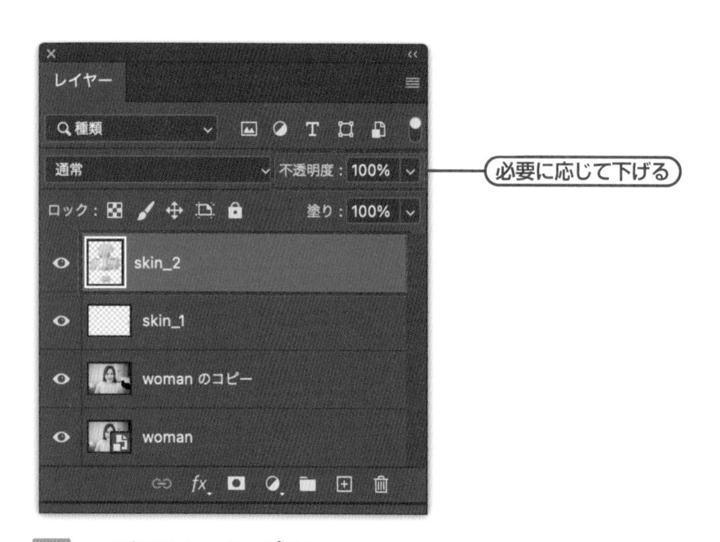


**09** ここまでのレイヤーパネル

memo

なめらかにしすぎて人形のようになってしまった場合は、レイヤーパネルで「skin_2」レイヤーの［不透明度］を下げて質感を取り戻しましょう。

## 髪の毛の補正

### 不要な箇所をまとめて削除

まずはおでこにかかったうぶ毛を整えていきましょう。レイヤーパネルですべてのレイヤーの選択を解除し、なげなわツールでおでこにかかった毛を囲みます 10 。

続いて、メニュー→"編集"→"生成塗りつぶし..."を選択します 11 。「生成塗りつぶし」ダイアログが開きますが、プロンプト部分には何も入力せずに[生成]をクリックしましょう 12 。

しばらく待つと、選択範囲で囲んだうぶ毛を自然な感じに削除したレイヤーが前面に追加されます。このときプロパティパネルを見ると、バリエーションが3つ用意されているのが分かります。必要に応じて、その中からより自然な印象のものをクリックして選びましょう 13 。

> **memo**
> "生成塗りつぶし..."は、Photoshop 2024（バージョン25.0）から新しく搭載されたAI生成機能です。詳細な使い方は302ページ、**Lesson10-01** 参照。

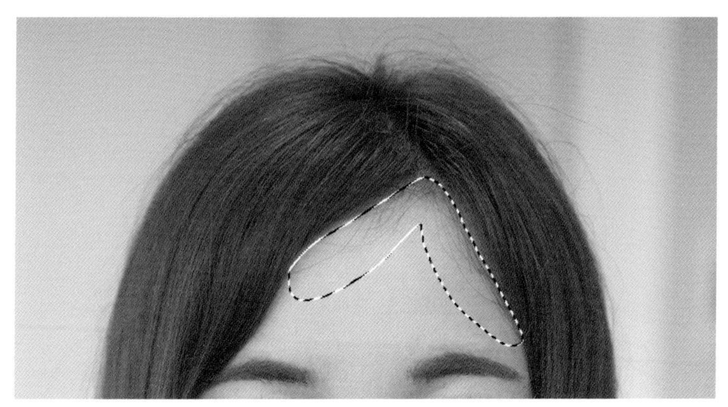

なげなわツールでおでこにかかった毛を囲む

**10 選択範囲の作成**

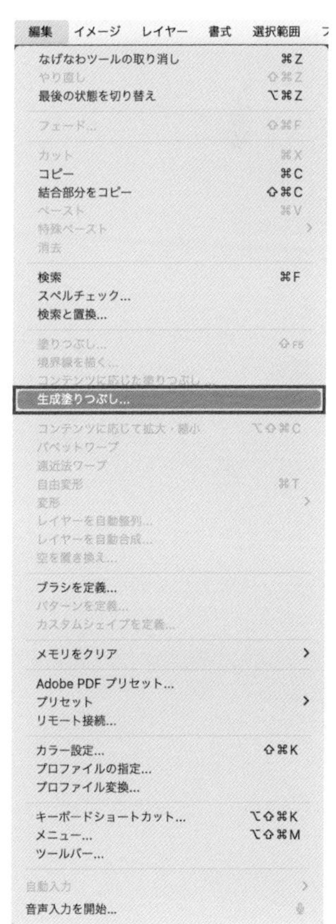


**11 生成塗りつぶし**

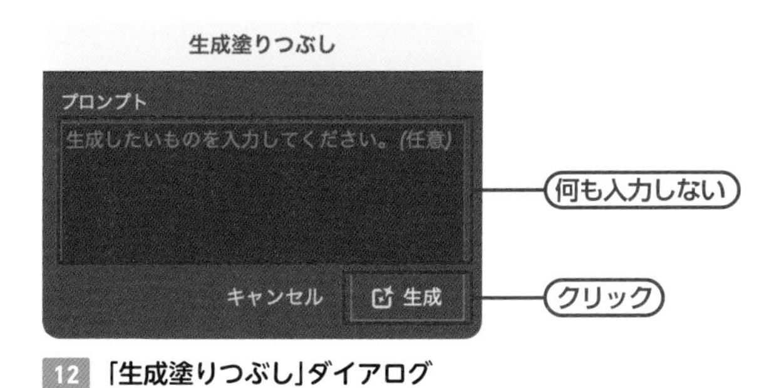


**12 「生成塗りつぶし」ダイアログ**

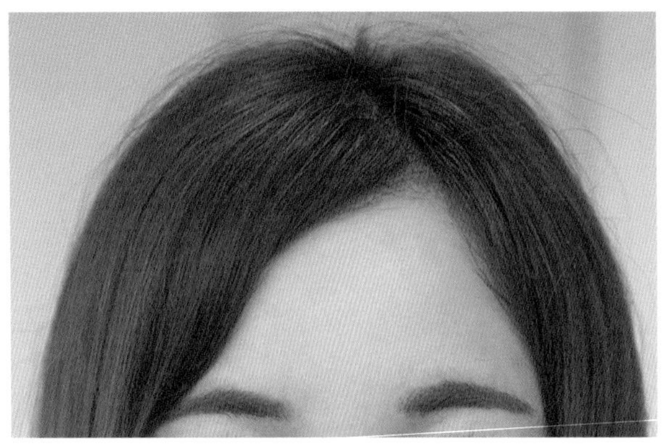

うぶ毛を自然な感じに削除したレイヤーが追加される

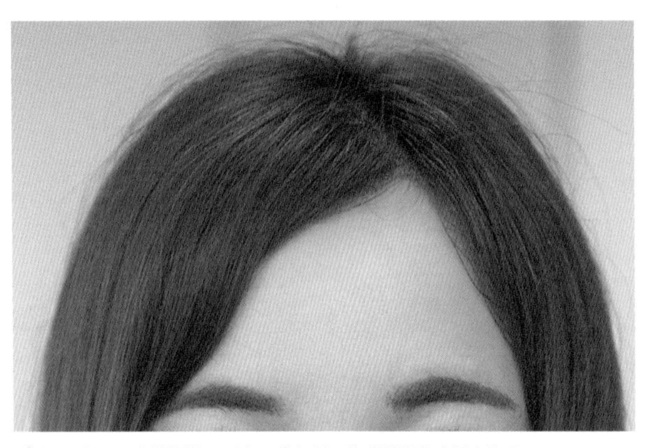

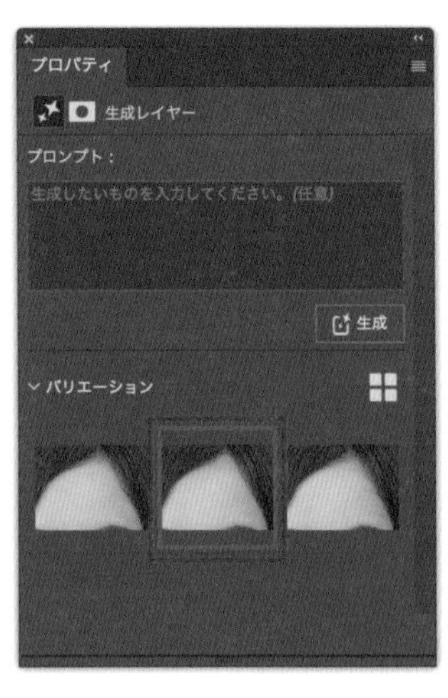


バリエーションを選ぶと、それに合わせて生成結果も変更される

**13 生成結果**

同様に頭の上のほわほわした髪の毛も囲んで生成塗りつぶしで消してみましょう 14。目立つ毛が生成されてしまった場合は、このあとの工程できれいにしていきます。

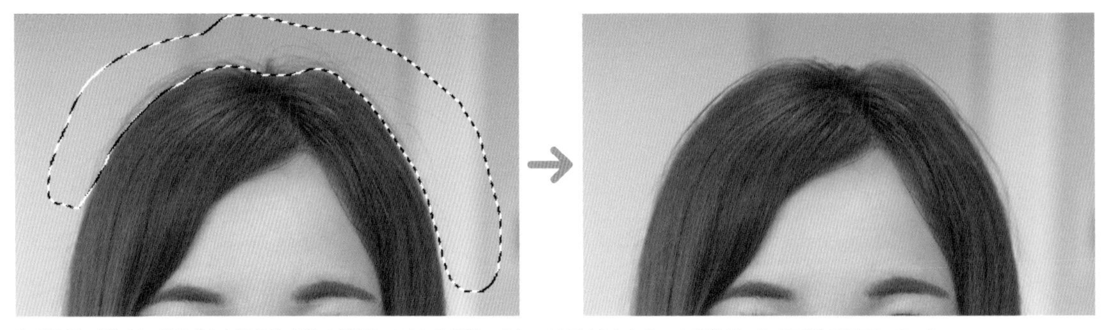

生成塗りつぶしは、基本的には不要な部分を削除してくれる機能。きれいに取りきれなかった部分は、次の工程で修正していく

**14 生成結果**

## 細かい毛を整える

先程の生成塗りつぶしでうまく行かなかった箇所や、ピンピンと細かく出ている髪の毛を整えていきましょう。地味な作業ですが、印象がぐっと良くなります。

まずは新規レイヤーを追加し、名前を「hair」とします。肌のポツポツを消したときと同じように、スポット修復ブラシツールでなぞっていきましょう 15。オプションバーで［直径：10px］以下の柔らかめのブラシに設定するのがおすすめです。

> **memo**
> 一気に消そうとせず、小さなサイズのブラシで少しづつ消すのが最大のポイントです。どうしてもうまく行かない場合はパッチツールや混合ブラシツールなど、他のツールを使うのも手です。

10px 以下の柔らかめのブラシに

スポット修復ブラシツールのオプションバーで［直径］や［硬さ］を調整して不要な髪の毛をなぞっていく

右図は「hair」レイヤーだけを表示した状態。生成塗りつぶしでうまく消せなかった髪や、ピンピンと細かく出ている髪を整えていく

**15 毛の流れに沿っていない毛なども消す**

## 目元、口元の補正

### 目に輝きを

クイック選択ツールに切り替え、オプションバーで［全レイヤーを対象］にチェックを入れます。目の内側をなぞって、眼球の形に選択範囲を作りましょう。1回ではきれいに選択できないので細かく調整します。

選択範囲ができたら、目に輝きを持たせていきます。レイヤーパネル下部のボタンから「トーンカーブ」調整レイヤー➡を追加したあと、プロパティパネルで白と黒のスライダーを内側に少し動かして少しだけコントラストを高め、目の色をはっきりさせます 16 。調整レイヤーの名前は「eye トーンカーブ」と変更しておきます。

> **memo**
> 「全レイヤーを対象」にチェックを入れることで、どのレイヤーを選択している状態でも、目の形に選択範囲を作れるようになります。選択範囲が広がりすぎた場合はoption［Alt］キー＋クリックで除外します。

➡ 84ページ、**Lesson3-01**参照。

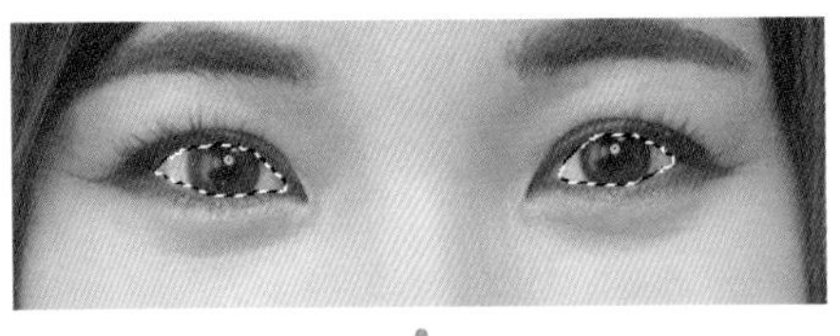

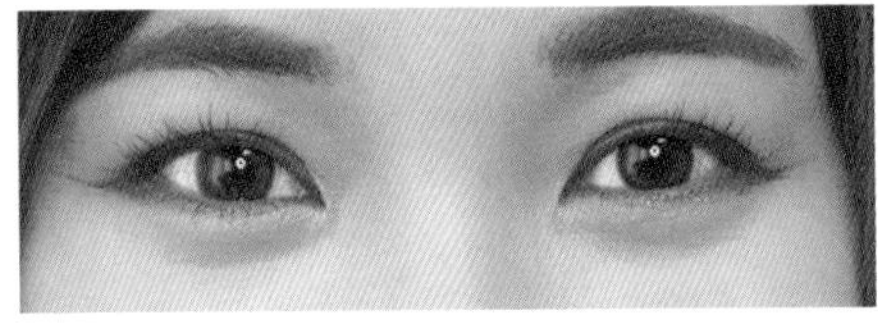

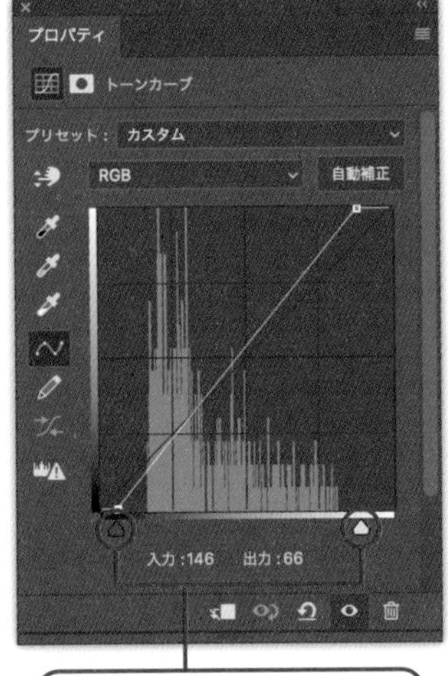

16 トーンカーブで目をくっきり

> **memo**
> 瞳の色がもともと薄い色の人は、白のスライダーだけを動かし、白目部分の補正だけを行いましょう。

### 口元を印象良く

歯を少し白く、また唇を少し血色よくすることで、印象をよりよくしていきましょう。まずはクイック選択ツールなどで唇の内側の形に選択範囲を作ります。目元を補正したときと同様に「トーンカーブ」調整レイヤーを追加し、カーブの中央を持ち上げて歯が明るくなるよう調整します。続いて「色相・彩度」調整レイヤーを追加し、歯を明るくした「トーンカーブ」調整レイヤーにクリッピングマスク➡します。これによって彩度を少し下げることで歯の色味を落とします。調整レイヤーの名前はそれぞれ「teeth トーンカーブ」「teeth 色相・彩度」と変更しておきます 17 。

➡ 95ページ、**Lesson3-02**参照。

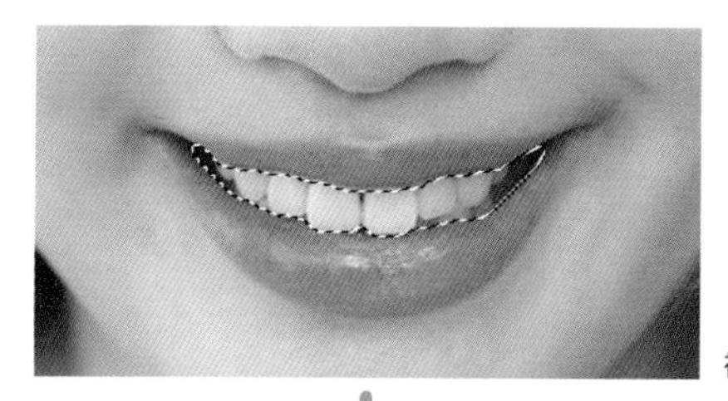

補正前

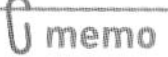

**memo**

このモデルさんは元々歯が白いので変化がわかりにくいですが、ある程度黄ばみがあってもこの方法で自然に白くできます。

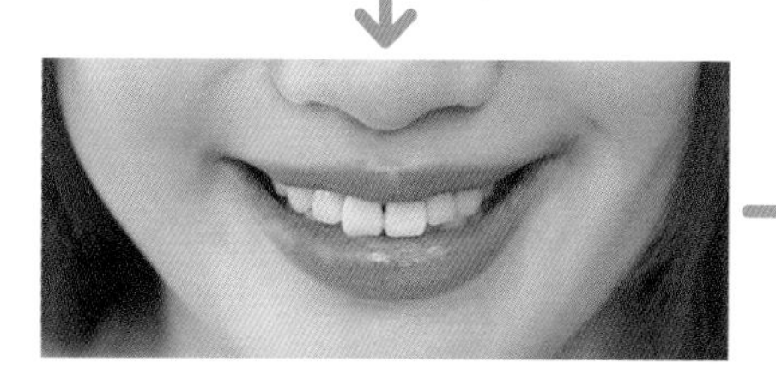

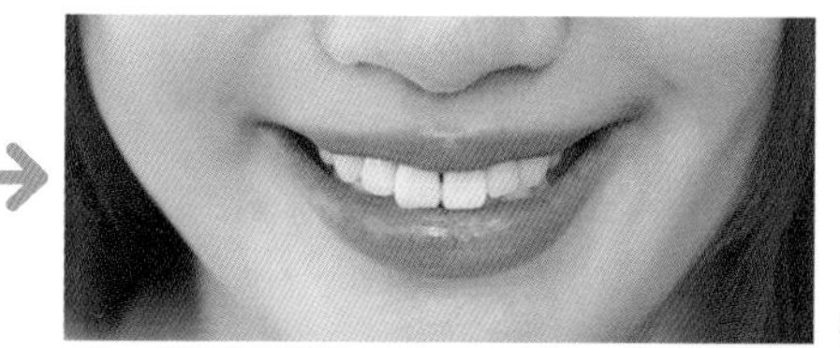

補正後

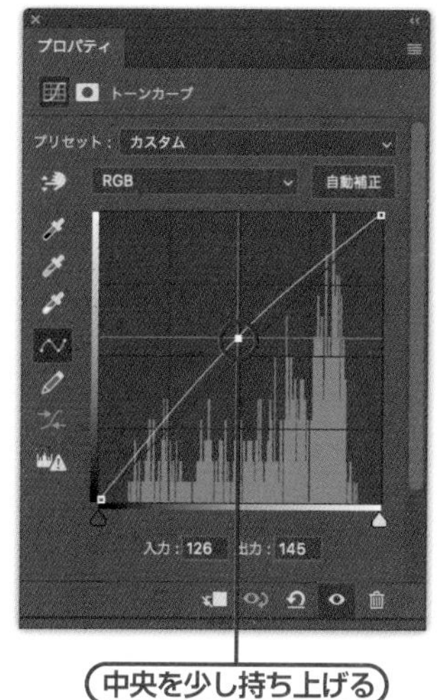


中央を少し持ち上げる

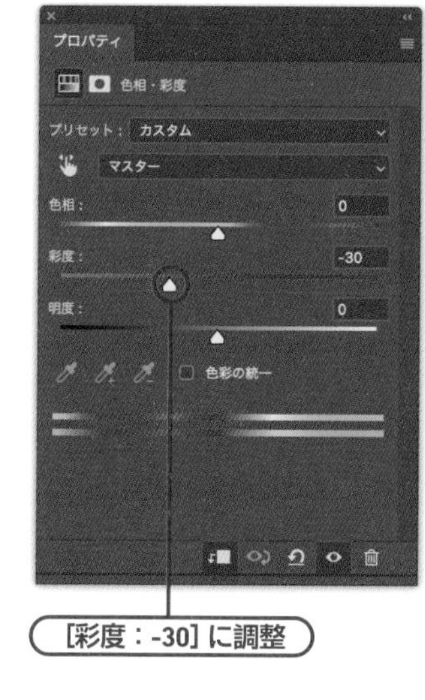


[彩度：-30] に調整

「色相・彩度」を「トーンカーブ」にクリッピングマスクしておけば、レイヤーマスクの調整がひとつですみます

**17 トーンカーブと色相・彩度で歯をより美しく**

次に唇の形に選択範囲を作ります。クイック選択ツールか、なげなわツールを利用するのがおすすめです。レイヤーパネルで「色相･彩度」調整レイヤーを追加し、[彩度：＋10] くらいにしてほんのり血色をよくします 18。選択範囲がうまく行かなかった場合や境目が不自然な場合は、調整レイヤーで色味を補正したあと、レイヤーマスクを柔らかいブラシで調整しましょう。

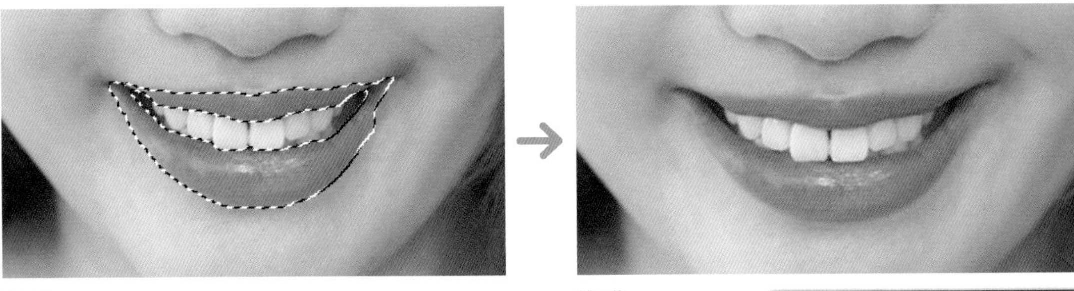

補正前　　補正後

## 18 色相・彩度で唇の血色を良く

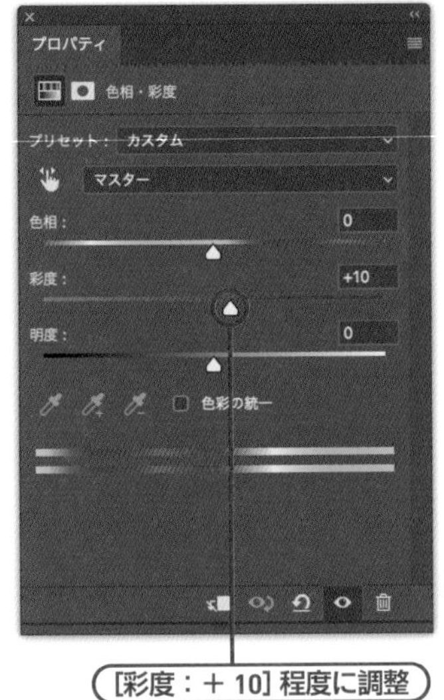


ここまでできたら、色味に関する補正は完了です。忘れずに保存をしておきましょう。このあとの作業は「人物補正2」に続きます。

# 人物補正 ②

Lesson4 > 4-02

THEME テーマ Lesson4-01では、スポット修復ブラシで描き込んだり色味を変えるなどの補正を行いました。ここでは写真を変形させる補正を行っていきましょう。



## ここまでの作業をスマートオブジェクト化

ここからは写真の変形をともなう作業をしていくため、一度すべてのレイヤーをスマートオブジェクトにまとめて保護しておきましょう。手順は、レイヤーパネルですべてのレイヤーを選択したら、⌘［Ctrl］+Gキーでグループ化し、レイヤーグループを右クリックして"スマートオブジェクトに変換"を選択します 01 。

これにより、後工程で使用するフィルターが「スマートフィルター」として適用され、あとから変形具合などを再調整することが可能になります。

87ページ、**Lesson3-01**参照。

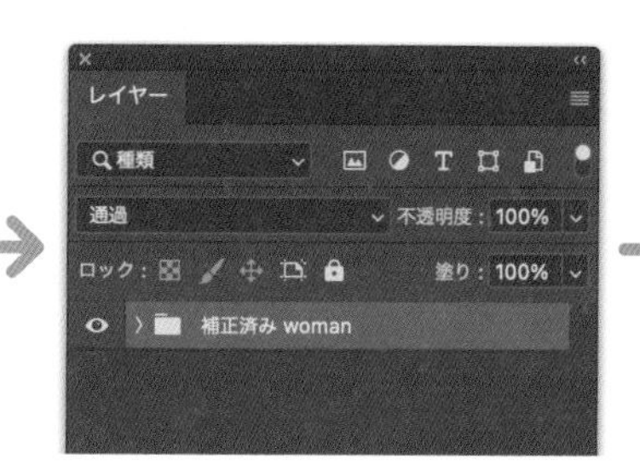


すべてのレイヤーを選択した状態で⌘［Ctrl］+Gキーを押してグループ化します。ここではグループ名を「補正済みwoman」と変更している

次の工程のため、グループを右クリックして"スマートオブジェクトに変換"を選択し、スマートオブジェクト化しておく

01 すべてのレイヤーをスマートオブジェクトにまとめる

## 人物補正に欠かせない「ゆがみ」フィルター

### 目の大きさを揃える

「補正済み woman」レイヤーを選択したあと、メニュー→“フィルター”→“ゆがみ...”を選ぶと新しい画面が開きます 02。この「ゆがみ」フィルターは、顔のパーツの大きさを揃えたり変形したいときなど、人物補正の際によく使われます。もちろん、人物以外の写真で「ゆがみ」フィルターを使う場面も多くあります。

02 「ゆがみ」フィルターの画面

右側の目が左側に比べて少しだけ小さく見えるので、大きさを揃えていきましょう。まずツールバーから「膨張ツール」を選びます 03。属性パネル上部の［ブラシツールオプション］でブラシのサイズをちょうど目が囲める大きさ（ここでは［サイズ：125］）に調整し、黒目の中央にマウスポインターを移動して軽くクリックします。ほんの少しだけ目が大きくなり、左右のサイズが揃いました 04。

**memo**

膨張ツールは長くクリックするとその時間分どんどん膨張していきます。ここでは扱いませんが、膨張ツールと対になる機能の「縮小ツール」も使い方は同じです。

03 膨張ツール

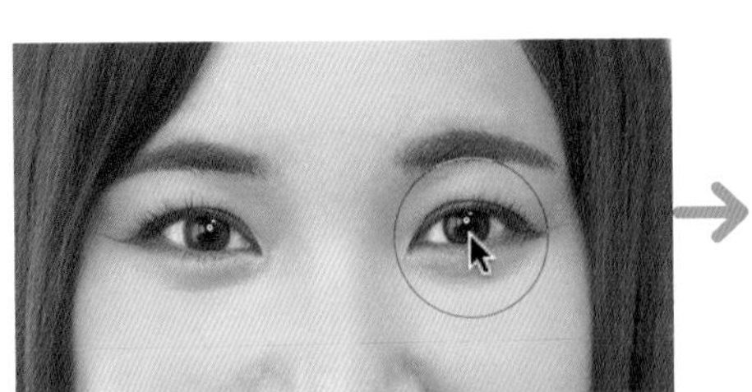

目全体を覆うように、瞳の中央にマウスポインターを置いて軽くクリックする

左右の目のサイズが揃った

04 膨張ツールで目のサイズを揃える

## 前髪の流れを整える

ツールバーから「前方ワープツール」を選びます 05。わかりにくい名前のツールですが、「ゆがみ」フィルターでは定番のツールで、ドラッグすることで写真を少し引っ張ることができます。

属性パネルでブラシを大きめに（ここでは［サイズ：200］程度）に設定したら、前髪の少しへこんだ部分を覆うようにカーソルをあて、右下に少しだけ引っ張ります 06。一度に大きく引っ張ると髪の流れが不自然にゆがむので、**少しずつ何度も**を意識します。

05 前方ワープツール

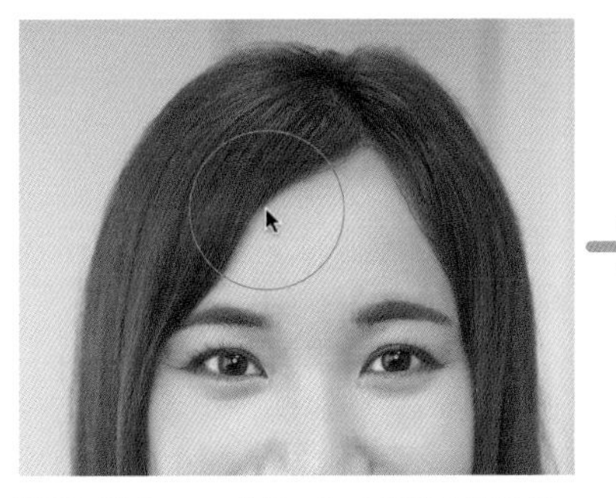

06 前方ワープツールで前髪を整える

## 表情を変える

ゆがみフィルターには、顔のパーツを自動で認識して変形できる「顔ツール」という便利な機能があります。これを使って口元をもう少しだけ笑わせてみましょう。

まずツールバーから「顔ツール」を選びます 07。マウスポインターを口角の近くに持って行くとポインターの形が双方向の曲線の矢印に変わるので、そのまま少し上に引き上げます。すると口元が変形し、より笑顔になります 08。あまり上げすぎると不自然な笑顔になるので、少しだけ引き上げるようにしましょう。同様に口元のいろいろな箇所にマウスポインターを乗せることで、口の幅や上下の唇の厚さなどを調整することができます。調整できたら、画面右下の［OK］を押します。

> **memo**
> ここでは扱いませんが、目・鼻・輪郭についても、顔ツールでいろいろな変形を加えることができます。顔ツールは便利ですが、写真によってはうまくいかないこともあるため、その場合は前方ワープツールなどを併用しましょう。

07 顔ツール

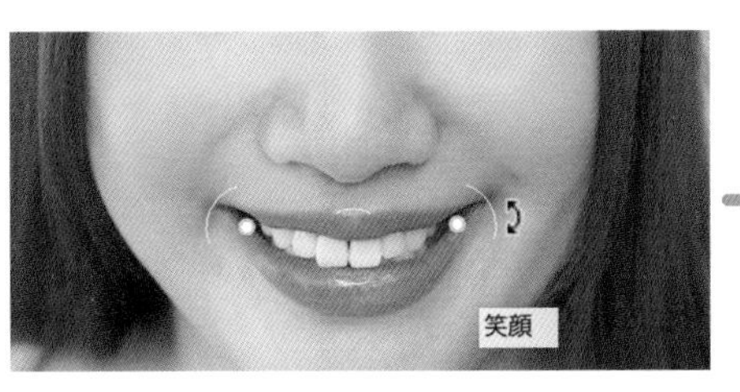


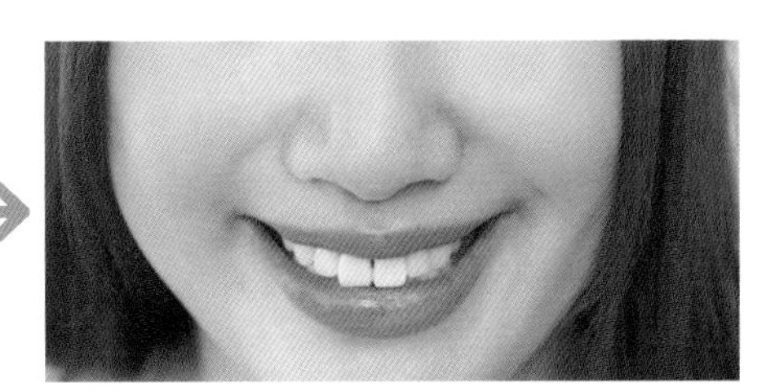

08 顔ツールで表情を変える

レイヤーパネルを見ると、スマートオブジェクトのレイヤーに「スマートフィルター」という形で「ゆがみ」が追加されているのがわかります。その左横にある目のアイコンをクリックして表示したり消したりすると、「ゆがみ」フィルターで行った作業のビフォーアフターを確認できます 09 。

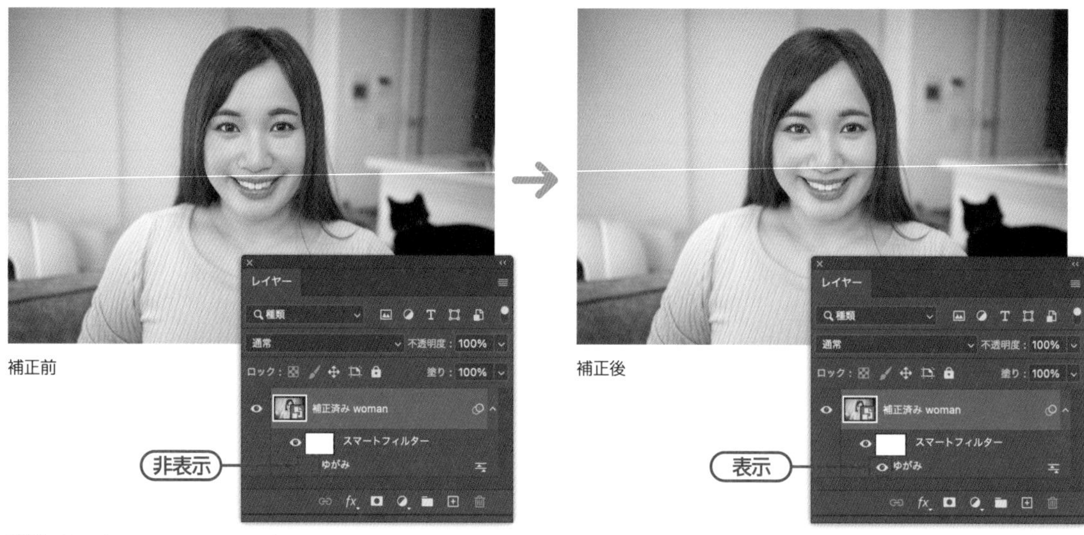


09 「ゆがみ」フィルターのビフォーアフター

## 全体の明るさを整えて完成

最後に全体を明るくします。今回の写真は室内で撮られているため少し周りが暗く見えます。レイヤーパネルで「トーンカーブ」調整レイヤーを追加し、プロパティパネルで白のスライダーを少し内側に動かします。写真の明るい部分がより明るくなり、全体が少しだけくっきりします。続いてカーブの中央を少し持ち上げて中間色を明るくします。あまり持ち上げると色味が飛んでしまうので、ほんの少しだけ持ち上げるようにします。これで完成です 10 。

10 完成

## Lesson4-01の作業に修正を加えたいときは

Lesson4-01で行った補正に対し、追加や修正を行いたい場合はレイヤーパネルで「補正済み woman」レイヤーのサムネールをダブルクリックします。スマートオブジェクトの中身を別ファイル「補正済み woman.psb」として開くことができ、そこで編集が可能です 11 。編集を終えたら保存してファイルを閉じ、もとのファイルに戻ってくると変更が反映されています。

memo

色かぶりをしている写真などの場合は必要に応じてさらに調整を加えましょう。

memo

.psbという拡張子は.psdとほぼ同じ意味で、Photoshopのみで開ける形式です。スマートオブジェクトの中身ファイル➡は基本的にこの形式で保存されます。.psbのほうが.psdよりも大きなファイルを扱えます。

➡ 88ページ、**Lesson3-01**参照。

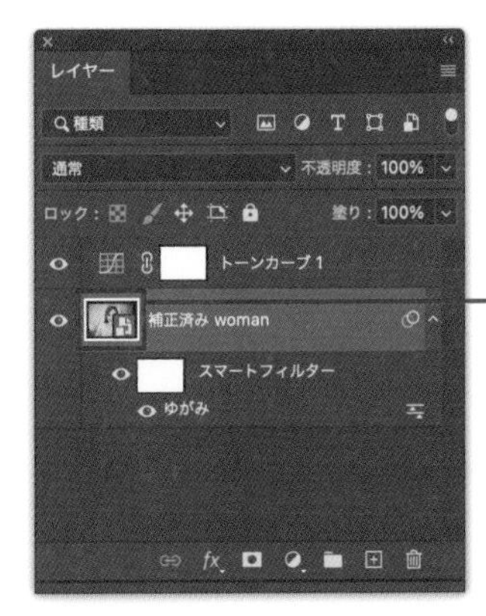


ダブルクリックで中身を別ファイルとして開くことができる

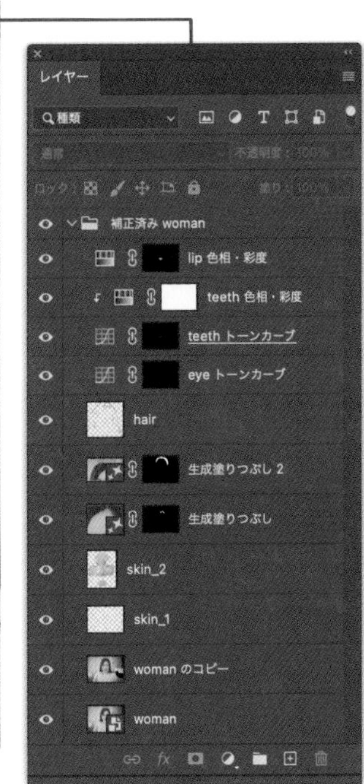


**11** スマートオブジェクトの中身を編集

# 人物写真の切り抜き

Lesson4 > 4-03

THEME テーマ

写真を切り抜くには、Lesson3-02で紹介した「レイヤーマスク」や、Lesson3-05で紹介した「ベクトルマスク」などの方法があります。人物写真の切り抜きにはそれらの合わせ技が有効です。ここでは、その合わせ技を解説します。

## 人物写真の切り抜き方について

Photoshopを使う際、人物写真を切り抜いて背景写真などと合成する場面はよくありますが、人物の切り抜きにはレイヤーマスクとベクトルマスクの合せ技が有効です。

93ページ、Lesson3-02参照。

104ページ、Lesson3-05参照。

もちろん、[被写体を選択] 機能を使って一発できれいに選択範囲を作成できればレイヤーマスクだけでもかまいませんが、それではうまくいかない写真も多くあります 01。その場合、体のラインはベクトルマスク、髪の毛はレイヤーマスクというふうに使い分けてマスクをかけていきます。

01 [被写体を選択]がうまく行かない写真の例

## 髪の毛以外の切り抜き

素材画像「4-03-1.psd」を開きます。ペンツールを使って人物を囲んでいきましょう。全身写真の場合は首から下（髪の毛以外）の部分をすべてパスで囲むときれいに切り抜きやすいですが、今回は両腕だけパスでなぞり、頭は髪の毛全体が入るように大きく囲んでいきます 02 。始点は花を持つ手と髪の毛が交わるところに打つとやりやすいでしょう。花の部分もパスでなぞれたらベストですが、少し複雑な形なので髪の毛同様ざっくりとでかまいません。パスが描けたらレイヤーパネル下部の◘ボタンを、⌘［Ctrl］キーを押しながらクリックし、ベクトルマスクを作成します。

memo
パスを使ったベクトルマスクの作成は俗に「パス抜き」とも呼ばれます。

パスを描いた状態

ベクトルマスクで切り抜いた状態

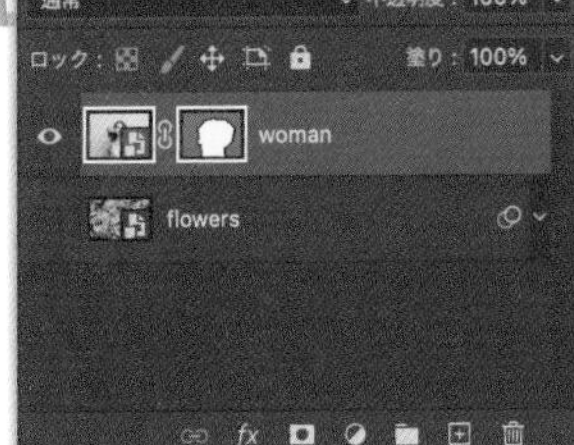


02 ベクトルマスクの作成

## ［選択とマスク］で髪の毛や花を切り抜く

### ［選択とマスク］

レイヤーパネルのベクトルマスクサムネールを⌘［Ctrl］キーを押しながらクリックします。ベクトルマスクの形に選択範囲ができるので 03 、クイック選択ツールのオプションバーにある［選択とマスク］をクリックします。すると画面が「選択とマスク」ワークスペースに切り替わるので、この画面で髪の毛や花などの複雑な箇所を切り抜いていきます。

memo
サムネールの⌘［Ctrl］キー＋クリックは、そのレイヤー（またはマスク）の形に選択範囲を作るショートカットです。便利なので覚えておきましょう。

まず画面右側の属性パネルを設定しましょう。［表示］を［オーバーレイ］に変更し、［カラー］をグリーンなどの見やすい色に設定、［不透明度］を70%程度に調整します 04 。選択範囲の外側がグリーンに塗られている状態（マスクされている状態）になりました。

memo
ここではカラーをグリーンにしましたが、写真によって見やすいカラーを設定しましょう。

03 ベクトルマスクの形に選択範囲を作成

04 「選択とマスク」ワークスペース

POINT

髪や植物のツヤ部分まで背景と認識されてグリーンに塗られる場合がありますので、その場合はツールバーにあるブラシツールを使いましょう。オプションバーで「+」を選んで塗ると、グリーンが消えます。

## 境界線調整ブラシ

次に左側のツールバーから「境界線調整ブラシツール」を選択します 05 。オプションバーで[直径：100px]程度の大きなブラシに設定し、髪の毛と背景の境界に沿ってドラッグしていきます 06 。このツールは髪の毛や植物などの複雑なオブジェクトと背景を判別して、オブジェクトだけを抽出してくれます。ドラッグしていくと背景と認識された箇所がグリーンに塗られ、オブジェクトと認識された部分は塗られません。余分な背景をすべて塗ってしまいましょう。

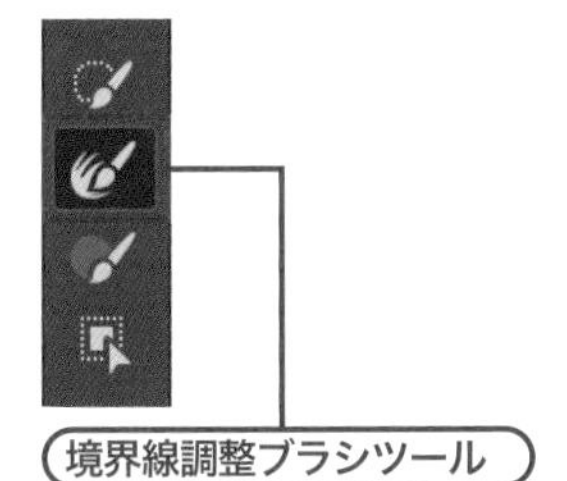


05 境界線調整ブラシツール

06 赤枠の範囲を塗っていく

## レイヤーマスクとして出力、完成

髪の毛がきれいに抜き出せたら 07 、属性パネルを下までスクロールし、[出力設定]を[出力先：レイヤーマスク]にして[OK]をクリックします 08 。「woman」レイヤーにベクトルマスクとレイヤーマスクが重ね掛けされた状態になり、きれいに切り抜きができました。「woman」レイヤーの下にある「flowers」レイヤーを表示させると、簡単な合成の完成です 09 。

07 髪の毛をきれいに抜き出せた状態

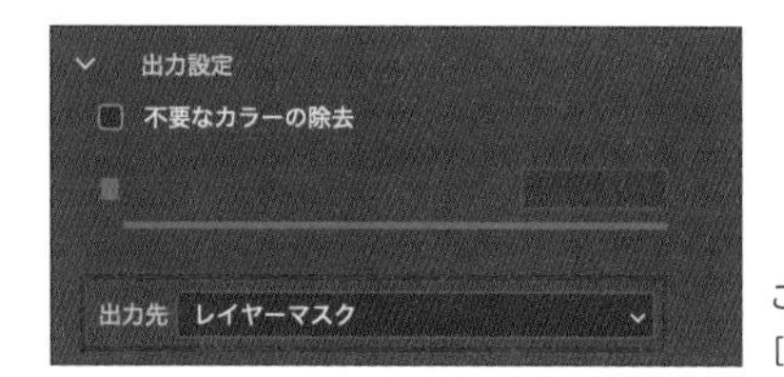

ここでは[出力先：レイヤーマスク]に設定しましたが、
[出力先：選択範囲]でも問題ありません

**08** 出力設定

完成。髪の隙間からも背景が見えているのがわかります。

**09** 完成

# 人物のポーズを変える

Lesson4 > 4-04

「パペットワープ」という機能を使うと、切り抜いた写真などを自由に曲げたりねじらせたりできます。ここでは手を振っている人の腕を曲げてみましょう。

## パペットワープを使ったポーズ修正

元の写真 01 は右腕を伸ばした形になっていますが、「**パペットワープ**」を使って肘(ひじ)を曲げていきます 02 。より自然に肘から曲がっているような形を目指しましょう。

人の腕は伸ばしているときと曲げているときで関節(肘)の見た目が違うので、パペットワープで肘を大きく曲げると不自然に見えてしまいます。「自然に見える範囲で」曲げることを意識してみましょう。

memo

パペットワープの練習をするなら、植物(ツタなど)や、キリンの首などの写真でやってみるのもおすすめ。

01 **元画像** (撮影：谷本 夏[studio track72])

02 **パペットワープ適用後**

### 写真を複製する

まずは素材写真「4-04-1.jpg」 01 を開きます。レイヤーパネルで「背景」レイヤーを右クリックして"レイヤーを複製..."を選び、[新規名称：woman]にして[OK]します 03 。

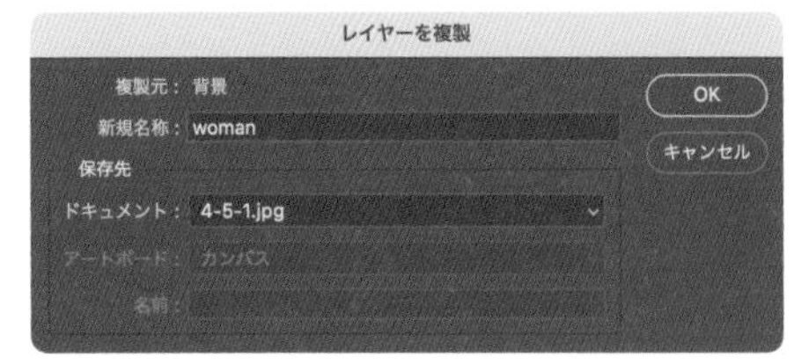

03 レイヤーを複製

## 写真を切り抜く

レイヤーマスクを使った切り抜きを行います。レイヤーパネルで「woman」レイヤーをクリックし、ツールバーでクイック選択ツールをクリックします。オプションバーで［被写体を選択］をクリックして選択範囲を作りましょう。このとき、指先まできれいに選択できているか確認し、必要に応じてクイック選択ツールで調整しましょう 04 。今回は髪の毛やイヤリングの内側までは細かく選択しなくてかまいません。

この選択範囲は、最後にもう一度使うので、メニュー→“選択範囲”→“選択範囲を保存...”で「womanチャンネル」と名前を付けて保存します。保存ができたら、選択範囲を「woman」レイヤーのレイヤーマスク に変換し、切り抜き完了です 05 。切り抜いたことがわかるように、「背景」レイヤーを非表示にしておきましょう。

**memo**

今回の写真のように背景がしっかりボケていて、被写体と背景の違いがはっきりしている場合は、一気に選択範囲を作ることのできる「被写体を選択」が速くて便利です。ただし、背景とコントラストの低い部分があればうまく選択されないこともあるので、必ず手作業で仕上げを行いましょう。

93ページ、**Lesson3-02**参照。

04 選択範囲の作成

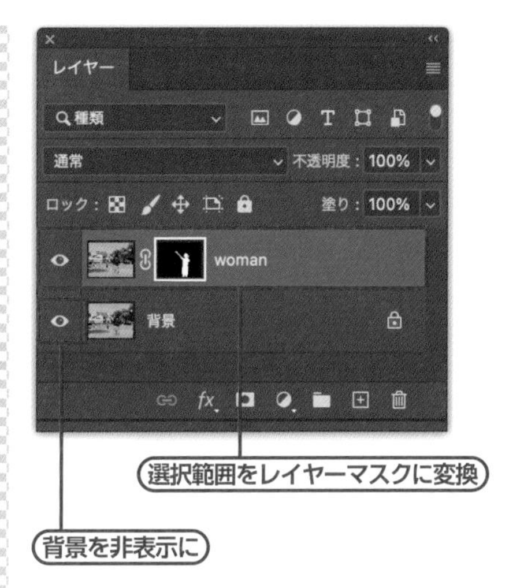


05 レイヤーマスクの作成

## パペットワープでピン留めする

パペットワープを使う前に、「woman」レイヤーを右クリックして“スマートオブジェクトに変換”をしておきます。これで、パペットワープをあとからも編集できるようになりました。

「woman」レイヤーが選択されていることを確認し、メニュー→“編集”→“パペットワープ”をクリック。すると、レイヤーにメッシュがかかった状態になります。パペットワープ中はカーソルが画びょうの形になり、この画びょうでまずは固定したい部分を数カ所「ピン留め」していきます。腕を曲げる際の軸になる肘にもピンを打ちましょう 06 。

**memo**
パペットワープのピンを打つ位置が難しい場合は、ダウンロードデータ「4-04_after.psd」を参考にしましょう。

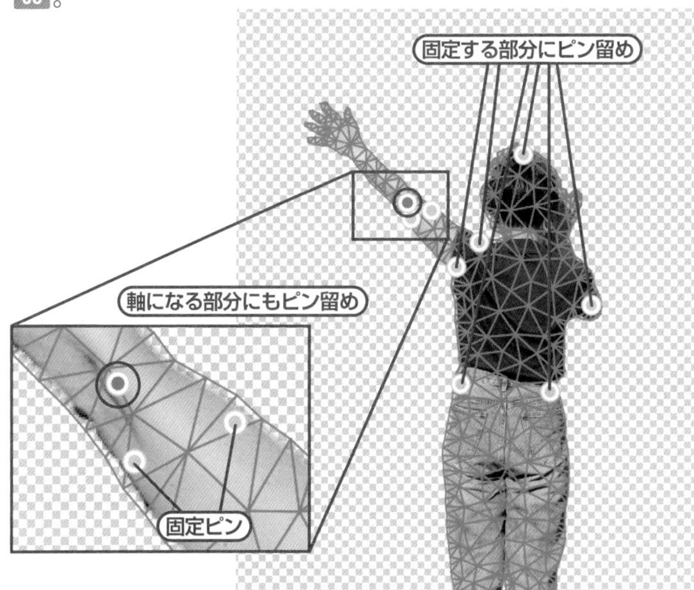

06 固定や軸にしたいところにピン留め

## 肘を軸に腕を曲げる

肘に打ったピンをクリックし、アクティブにします。option [Alt] キーを押しながら、肘のピンにカーソルを近づけて、カーソルが回転の矢印になったら下に少しだけドラッグします。カーソルを完全にのせるとピンの削除になってしまうので注意しましょう 07。20° ほど腕を曲げます。曲がったら、オプションバーの [○] ボタンをクリックして完了です。

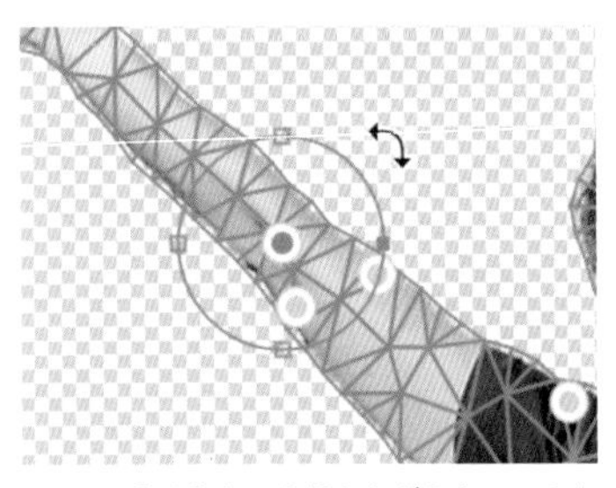

option [Alt] キーを押しながらカーソルを近づけ、カーソルが両矢印になったらドラッグで回転する

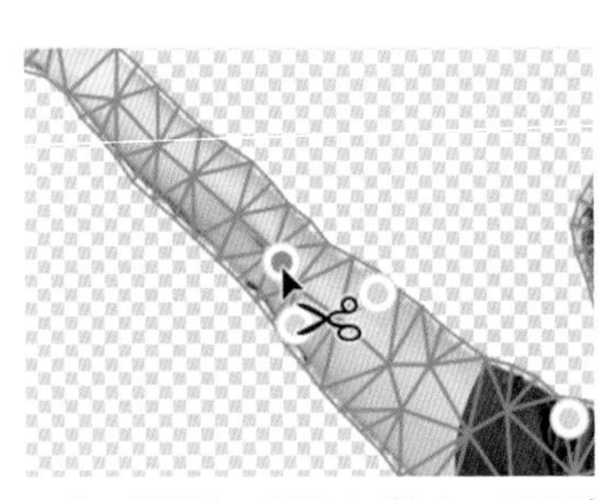

option [Alt] キーを押しながらカーソルをピンに完全にのせ、カーソルがハサミになったらクリックでピンを削除できる

**07 回転と削除**

> **memo**
> 回転の角度は、オプションバーで数値入力もできます。必ず肘のピンをアクティブにした状態で行うこと。

> **POINT**
> 先の手順でレイヤーをスマートオブジェクトにしておいたため、パペットワープの再編集が可能になっています。レイヤーパネルの [パペットワープ] をダブルクリックすることで調整できます。

## 背景を戻す

もともとあった背景を復活させていきましょう。「woman」レイヤーを非表示にし、「背景」レイヤーを表示させます。「背景」レイヤーにはパペットワープ適用前の女性の左腕が写っているので、これを消していきましょう。まず、チャンネルパネルを開き、最初に保存した選択範囲「womanチャンネル」のサムネールを、⌘ [Ctrl] キーを押しながらクリックします。すると選択範囲をよび出すことができました。さらに、メニュー→ "選択範囲" → "選択範囲を変更" → "拡張…" で選択範囲を3px拡張します 08。

> **memo**
> チャンネルパネルを扱う際、突然写真が白黒になったり、赤や青になったりした場合は、チャンネルパネル内の「womanチャンネル」を非表示にし、「RGB」を表示させると元に戻せます。あせらずにチャンネルパネルを確認しましょう。

> **memo**
> 字面は同じですが、メニュー→ "選択範囲" → "選択範囲を拡張" は、"選択範囲を変更" → "拡張" とはまったく異なる機能のため、間違えないようにしましょう。"選択範囲を拡張" は、選択範囲に隣接するピクセルかつ、選択範囲内に類似する色を選択範囲に含める機能です。

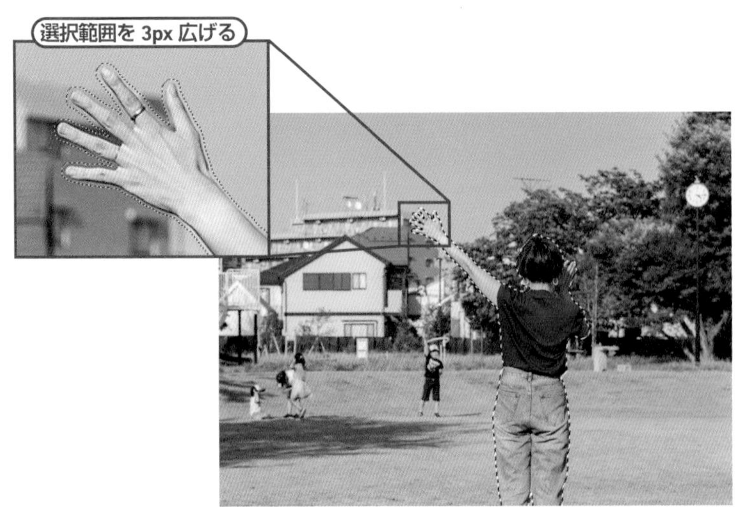


**08 選択範囲をよび出し、広げる**

## 背景を編集する

選択範囲を拡張できたら、背景レイヤーを選択した状態でメニュー→"編集"→"コンテンツに応じた塗りつぶし..."をクリック。09のような画面が立ち上がります。左側の画面の赤で塗られた部分を元に選択範囲を塗りつぶす（=生成する）という機能で、その結果が中央の画面となります。思ったような背景が生成できなかった場合は、ブラシツールで赤いサンプリング領域を増減させ調整します。今回は体部分が「woman」レイヤーで隠れるので、左腕があったあたりがきれいになればOKです。

右側にある「コンテンツに応じた塗りつぶし」パネルで［出力先：新規レイヤー］にして［OK］をクリックします。メニュー→"選択範囲"→"選択を解除"をクリックし（⌘［Ctrl］+D）、選択範囲を解除します10。

**memo**

09ではサンプリング領域が赤で塗られていますが、初期設定では緑色で表示されます。この素材写真では、芝生などの緑の部分が多いので領域をわかりやすくするため、赤で表示されるようにしました。「コンテンツに応じた塗りつぶし」パネルにある「カラー」のカラーピッカーをクリックすると、サンプリング領域の塗りつぶし色を変更できます。

09 「コンテンツに応じた塗りつぶし」パネル

10 「コンテンツに応じた塗りつぶし」の結果

## 「生成塗りつぶし」でより自然に復元する

よく見ると、左手が重なっていた建物が復元しきれていませんね。Photoshop 2024から搭載された新機能「生成塗りつぶし」を使って、この建物を復元していきましょう。

まずは「コンテンツに応じた塗りつぶし」レイヤーを選択し、なげなわツールで復元したい部分をざっくり囲みます 11。続いて、メニュー→"編集"→"生成塗りつぶし..."をクリックし、表示された「生成塗りつぶし」ダイアログに［この建物を復元する］と入力し［生成］をクリックします 12。

11 なげなわツールで復元したい箇所を囲む

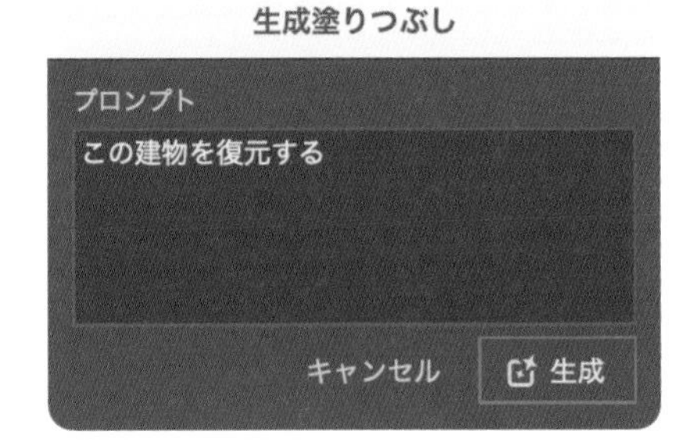


12 プロンプトを入力して［生成］をクリック

しばらく待つと、建物の復元バリエーションが3パターンできるので、プロパティパネルから一番自然なものを選びます 13。

ただし、「生成塗りつぶし」でも完全に復元できるわけではありません。そこで、新規レイヤーを追加して、スポット修復ブラシツールなどで細かい調整をして仕上げましょう 14。最後に非表示にしていた「woman」レイヤーを表示させたら完成です 15。

**memo**

生成塗りつぶしはAIを活用した機能です。同じプロンプトを入力しても、必ずしも作例と同じ結果になるとは限りません。

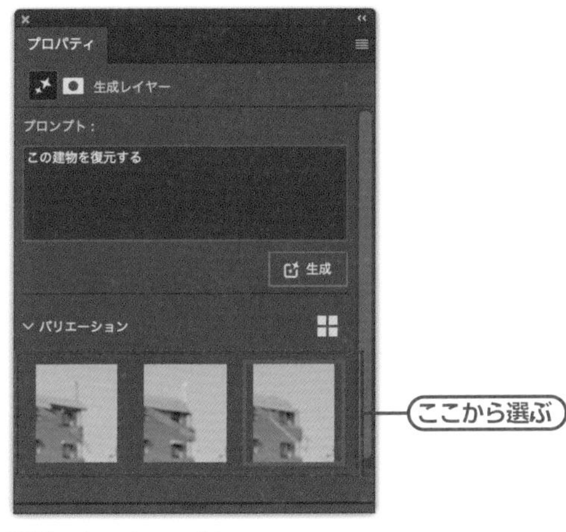


13 プロパティパネル

不自然な線が生成されたため、スポット修復ブラシツールで消して調整した

14 最終的には手動で微調整

15 「woman」レイヤーを表示させて完成

# よく使う描画モード① [スクリーン]

Lesson4 > 4-05

THEME テーマ　レイヤーパネルの［描画モード］を利用してみましょう。［スクリーン］は画像を明るく見せることができるため、よく使われる描画モードのひとつです。

## 描画モードとは

Photoshopではレイヤーの重なりを利用して、上にあるレイヤーと下にあるレイヤーの色をさまざまに合成することができます。その合成方法を設定するのが［描画モード］で、レイヤーパネル上で設定します。ここでは、非常によく使われる［スクリーン］という描画モードを試してみましょう。

## 写真にキラキラを入れてみよう

花の画像とキラキラ画像を使って、幻想的なイメージにしてみましょう。合成するには、上にあるレイヤー（キラキラ画像）を［描画モード：スクリーン］にします。［スクリーン］とは、上のレイヤーと下のレイヤーの明るさを足し算した結果が表示されるモードです。

### 花の画像にキラキラ画像を配置する

Photoshopで花の素材画像「4-05-1.psd」を開きます 01 。そしてその上にキラキラ画像「4-05-2.jpg」 02 を配置しましょう。Finder（Macの場合。Windowsの場合はエクスプローラー）から直接ドラッグ＆ドロップで配置することができます 03 。

01 花の画像

02 キラキラ画像

03 ドラッグ＆ドロップで配置

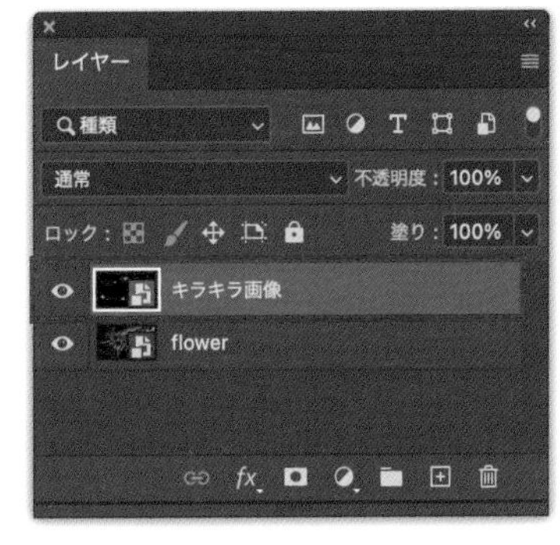

04 花の画像の上にキラキラ画像を配置
レイヤー名を「キラキラ画像」に変更しておく

## ［描画モード：スクリーン］にする

レイヤーパネルで「キラキラ画像」レイヤーを選択し、［描画モード］をクリックして、表示される項目から［スクリーン］を選びます。［スクリーン］は、該当レイヤーと下のレイヤーの明るさを足し算するモードです。黒は明るさが0なので、下のレイヤーと足し算された結果、このキラキラ画像の黒は反映されず、光の部分のみ合成されます 05。

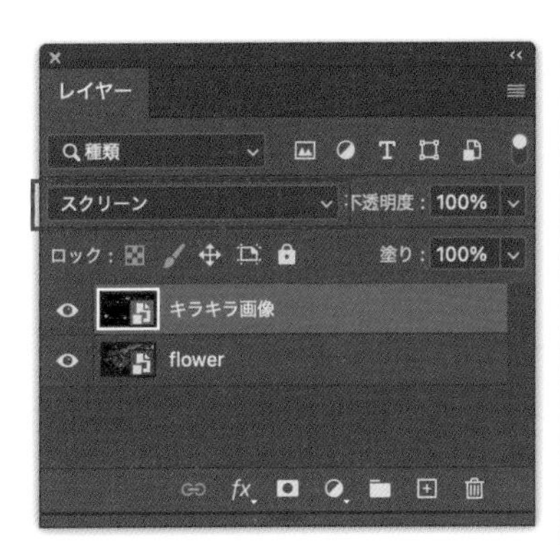

05 キラキラの合成

# よく使う描画モード②［乗算］

Lesson4 > 4-06

THEME テーマ

［乗算］は、暗い部分を強調したり、自然な重なりを表現したいときなどに有効です。［スクリーン］と同様に利用するシーンが多い描画モードとなりますので、特徴をしっかり理解しておきましょう。

## サテン生地に柄を入れてみよう

**［描画モード：乗算］**は［スクリーン］とは反対で、上のレイヤーと下のレイヤーの暗さの足し算となります。01 のように、白は反映されず、黒は黒のままとなります。グレーは少し暗くなり、下のレイヤーの色が透けて見えます。

ここでは、無地のサテン生地の画像に［乗算］で迷彩柄の画像を配置し、迷彩柄のサテン生地にしてみましょう。

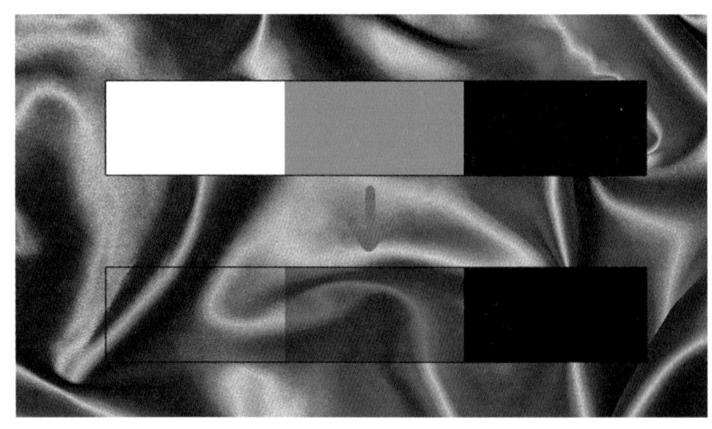

［描画モード：通常］

［描画モード：乗算］

**01 白、黒、グレーの長方形を［描画モード：乗算］で重ねた結果**

### 生地の画像の上に迷彩柄の画像を配置する

Photoshopでサテン生地の画像「4-06-1.jpg」を開きます。迷彩柄の画像「4-06-2.jpg」を生地の画像（「背景」レイヤー）の上に配置しましょう 02。迷彩柄の画像はレイヤー名を「迷彩柄」に変更します。

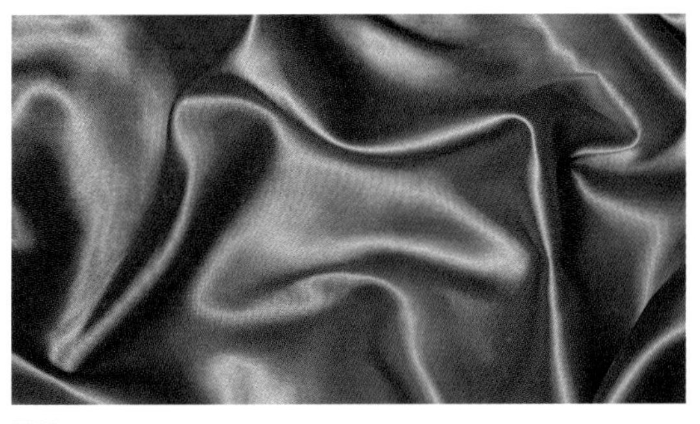
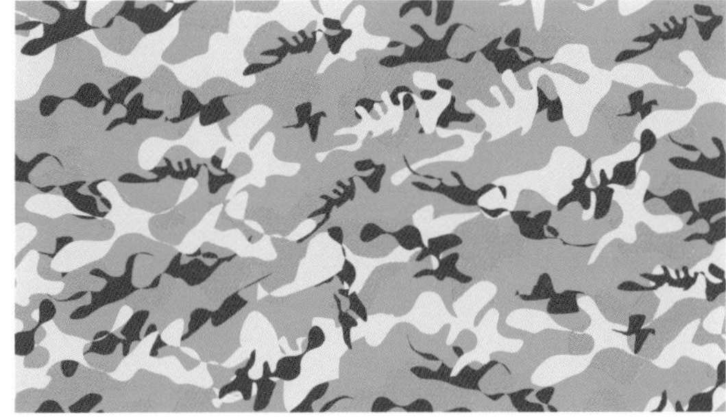

02 左：サテン生地の画像　右：迷彩柄の画像

## [描画モード：乗算] にする

レイヤーパネルで「迷彩柄」レイヤーを選択し、[描画モード：乗算] に設定します。これで完成です 03。違和感の少ない迷彩柄の生地ができましたね。

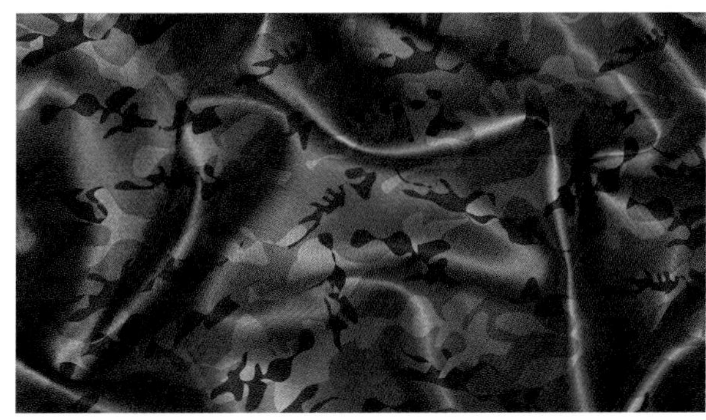

03 [描画モード：乗算]にして完成

## [不透明度] を変えてみる

レイヤーパネルで「不透明度」を変えると、描画モードの合成結果を調整できます。例えば、コントラストが強くなりすぎたときは、不透明度を80%や60%など、ほどよい加減に調整してみましょう。ここでは[不透明度：60%]に設定しました 04。

memo

不透明度は「100%」で完全な不透明、「0%」で完全な透明となります。[不透明度] の数値部分に直接入力したり、数値の右にある下向き矢印から、スライダーを使って変更もできます。

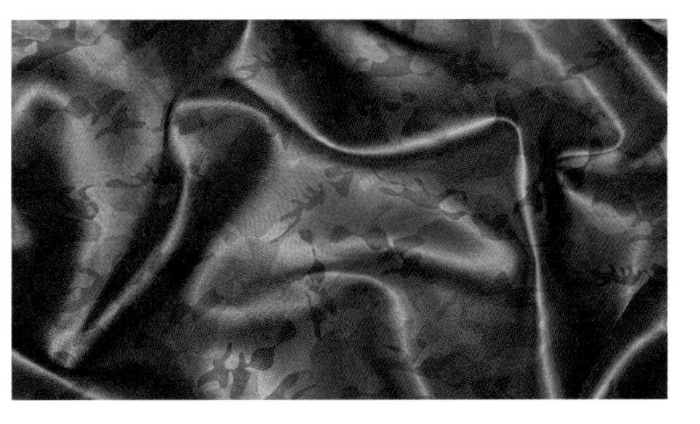

04 [不透明度：60%]に設定

# いろいろな描画モードを試してみよう

Lesson4 > 4-07

**THEME テーマ** レイヤーパネルの「描画モード」を利用すると、画像を明るくする／暗くする、コントラストを高める／弱めるといった調整を行ったり、画像の見た目を大きく変えたりできます。

## 描画モード

各レイヤーには、**「描画モード」**を設定することができます 01。**描画モードを設定した、上にあるレイヤー（合成色）が、さまざまな方法で下のレイヤー（基本色）に重なることで、合成結果（結果色）、つまりレイヤー画像の見た目が変わります。**

描画モードには、[スクリーン] [乗算] を含め**27の種類**があります。すべてをおぼえる必要はなく、「この種類ならこういう結果になる」ということがイメージできればよいでしょう。

ここでは、おもな描画モードを3つのカテゴリーに分けて紹介します。基本色には花の画像、合成色には白、50%グレー、黒の色面と、カラフルな画像を配置して、各種類の結果色を表示しています 02。

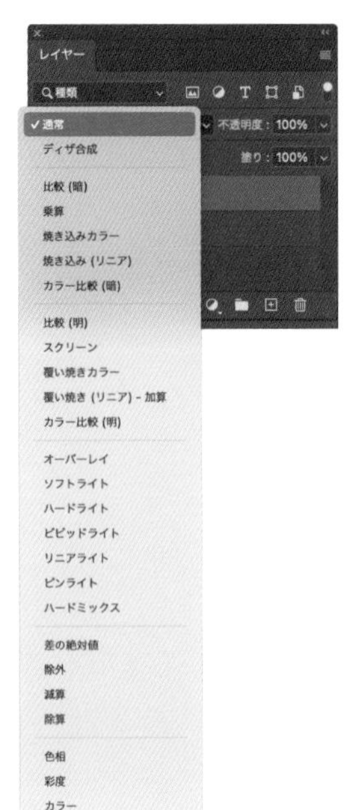


**01 描画モード**
レイヤーパネルで設定する

**memo**
「背景」レイヤーには描画モードは適用できません。レイヤーパネルで「背景」レイヤーが選択された状態だと、「描画モード」は設定できないので必ず上に重ねたレイヤーを選んでから設定しましょう。

基本色(下のレイヤー)

合成色(上のレイヤー)

02 **使うレイヤーと合成結果**
ここに示す基本色、合成色の画像を使って、描画モードを紹介します

## 暗くする

### ○ 比較(暗)

各チャンネル(RGB)の色情報に基づいて、基本色または合成色の暗いほうを結果色として表示します 03 。

03 [描画モード：比較(暗)]

### ○ 乗算

基本色と合成色の暗さを足し算した値が結果色となります 04 。結果色は暗くなります。黒をかけ合わせた場合は、黒以上に暗くはできないため、結果色も黒なります。白をかけ合わせた場合は白は反映されず、基本色がそのまま表示されます。

04 [描画モード：乗算]

### ○ 焼き込みカラー

暗い部分はより暗くなり、コントラストの高い結果色となります 05 。

05 [描画モード：焼き込みカラー]

### ○ 焼き込み（リニア）

焼き込みカラーよりも全体的に暗くなります 06 。

06 ［描画モード：焼き込み（リニア）］

### ○ カラー比較（暗）

全チャンネルの合計値の低い（暗い）ほうを表示します 07 。

07 ［描画モード：カラー比較（暗）］

## 明るくする

### ○ 比較（明）

全チャンネルの合計値の高い（明るい）ほうを表示します 08 。

08 ［描画モード：比較（明）］

### ○ スクリーン

基本色と合成色の明るさを足し算した値が結果色となります 09 。結果色は明るくなります。黒をかけ合わせた場合は、黒は反映されず、基本色がそのまま表示されます。白をかけ合わせた場合は、白以上に明るくはできないため、結果色も白となります。

09 ［描画モード：スクリーン］

### ○ 覆い焼きカラー

基本色を明るくして表示します。コントラストの低い結果色となります 10 。黒は反映されません。

10 ［描画モード：覆い焼きカラー］

### ○ 覆い焼き(リニア) - 加算

覆い焼きカラーよりも全体的に明るくなります 11 。

11 [描画モード：覆い焼き(リニア) - 加算]

## コントラストを高くする

### ○ オーバーレイ

暗い部分は暗く、明るい部分はより明るくなり、コントラストの高い結果色となります 12 。乗算とスクリーンの特徴を両方兼ね備えたようなモードです。

12 [描画モード：オーバーレイ]

### ○ ソフトライト

暗い部分は暗く、明るい部分はより明るくなりますが、オーバーレイよりはコントラストの低い結果色となります 13 。

13 [描画モード：ソフトライト]

### ○ ハードライト

オーバーレイよりもコントラストの高い結果色となります。合成色の白と黒は、そのまま結果色に反映されます 14 。

14 [描画モード：ハードライト]

### ○ ビビッドライト

合成色が50%グレーより明るい場合は、コントラストを下げて画像が明るくなり、暗い場合は、コントラストを上げて画像を暗くします 15 。

15 [描画モード：ビビッドライト]

### ○ リニアライト

合成色が50%グレーより明るい場合は、明るさを増して画像が明るくなり、暗い場合は、明るさを落として画像を暗くします 16 。

16 [描画モード：リニアライト]

### ○ ピンライト

合成色が50%グレーより明るい場合は、合成色より暗いピクセルは置換され、50%グレーより暗い場合は、合成色より明るいピクセルが置換されます 17 。

17 [描画モード：ピンライト]

### ○ ハードミックス

合成色の各チャンネル値を基本色に追加し、合計値が255以上の場合は255となり、合計値が255未満の場合は0となります 18 。

18 [描画モード：ハードミックス]

## 特殊な描画モード

### ○ ディザ合成

合成色の［不透明度］を下げることで合成されるモード。［不透明度］の数値によって、合成色が粒子状に合成されます。 19 は［不透明度：50%］にした状態。

19 [描画モード：ディザ合成]

# 作品制作に挑戦！② 幻想的な合成写真

Lesson4 > 4-08

ここまでに学んだ人物の切り抜きや、レイヤーの［描画モード］の変更を使って、幻想的な多重露光写真を作ってみましょう。

## 多重露光写真

「多重露光」とは撮影方法のひとつで、1コマの写真の中に複数の写真を重ねて写し込むものです。ここではPhotoshopを使って2枚の写真を重ね合わせ、多重露光写真を作っていきます 01。素材画像「4-08-1.psd」を開いてください。

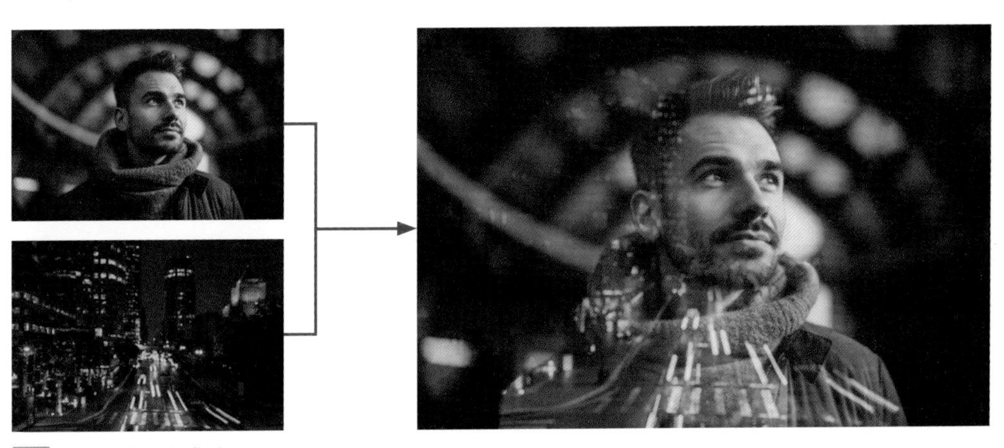

01 素材写真と完成形

## 人物写真の切り抜き

まずは、Lesson4-04でやったように人物写真を人物と背景の2つのレイヤーに分けていきましょう。背景レイヤーの鍵マークをクリックして通常レイヤーに変更し、さらにそれを複製します。2枚のレイヤーのうち下の名前を「background」レイヤーにして非表示にし、上を「man」レイヤーとします 02。「man」レイヤーを選んだ状態でクイック選択ツールに切り替え、オプションバーの［被写体を選択］を押します。人物の形に選択範囲ができるので、続いてオプションバーの［選択とマスク...］をクリックします 03。

145～146ページ参照。

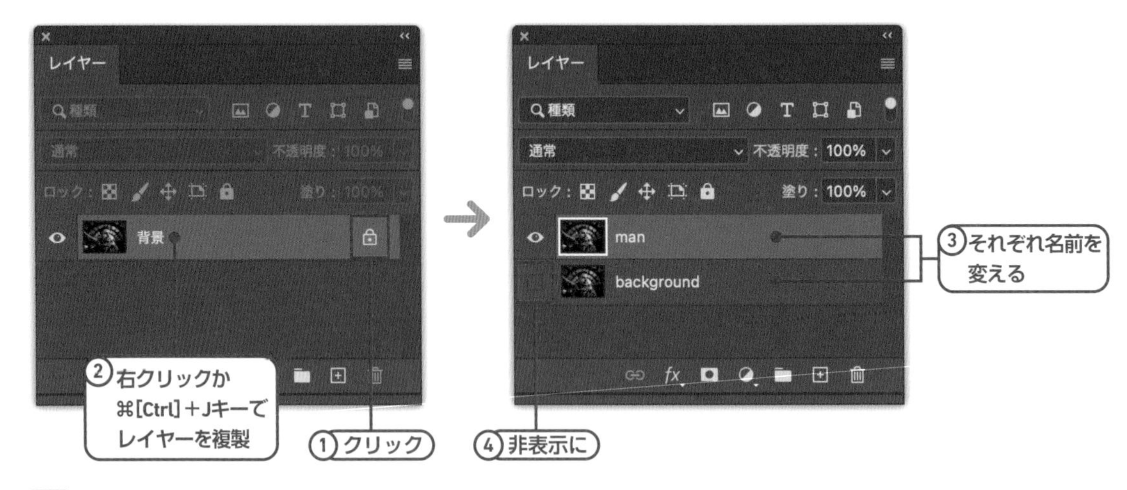


**02** レイヤーパネル

**03** クイック選択ツールのオプションバー

画面が切り替わるので、境界線調整ブラシツールを［直径：50px］程度の大きさにして髪の毛と背景の境界線をなぞってきれいに切り抜いていきます。続いてブラシの［直径］を少し小さくし、左側の肩の境界線をなぞっていきます。そうすると肩の境界線がボケていきます。ここは写真自体がボケている箇所なので、選択範囲もはっきりしていないほうが自然な仕上がりになります。画面右側の属性パネルで［出力先：レイヤーマスク］にしたら［OK］をクリックして人物の切り抜きを完了します **04** **05**。

髪の境界線をなぞります

肩の境界線をなぞります

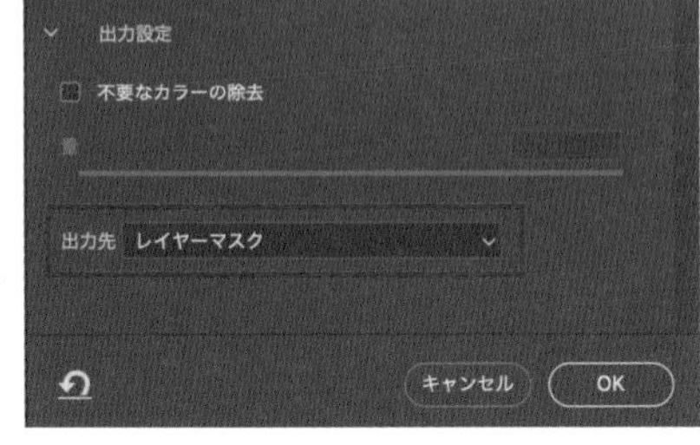


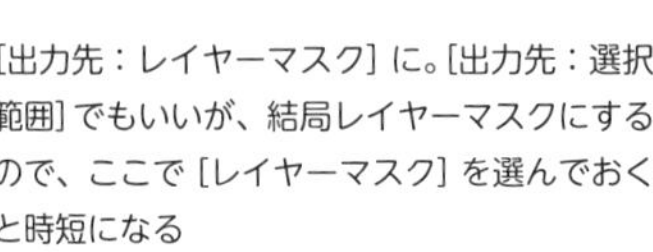

［出力先：レイヤーマスク］に。［出力先：選択範囲］でもいいが、結局レイヤーマスクにするので、ここで［レイヤーマスク］を選んでおくと時短になる

**04** 髪の毛と肩の調整

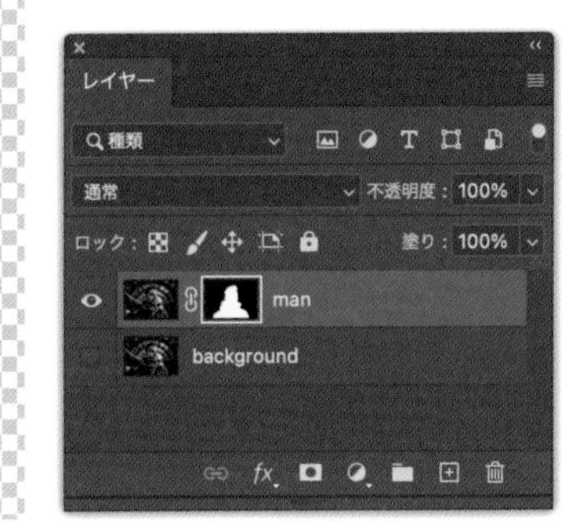


**05** 切り抜きが完了したところ

## 人物写真を白黒にする

「man」レイヤーの顔部分以外を白黒にしていきましょう。まずレイヤーパネルで「man」レイヤーを選択し、パネル下部のボタンから「白黒」調整レイヤーを追加します。この状態だと、「background」レイヤーを表示させたときにそちらも白黒になってしまうので、「man」レイヤーにだけ白黒が反映されるよう、クリッピングマスクをします **06**。

memo
「白黒」では、プロパティパネルで各色の明度の調整ができます。例えば肌部分を明るくしたければ、イエロー系やレッド系の数値を上げると明るくなります。今回特にここは調整しませんが、触って遊んでみるのもいいでしょう。

**06** レイヤーパネルと白黒状態

続いて、顔の部分だけ色味を少し取り戻していきます。レイヤーパネルで「白黒」調整レイヤーのレイヤーマスクを選択し、ブラシツールに切り替えます。ブラシサイズは大きめ（[直径：600px]くらい）で[硬さ：0%]にし、[流量：10%]程度にします **07**。さらに[描画色]を黒にしてレイヤーマスクの顔部分を少しだけくるくると塗ります。完全に色味を出すより、ほんのり色づくくらいが幻想的に仕上がります **08**。

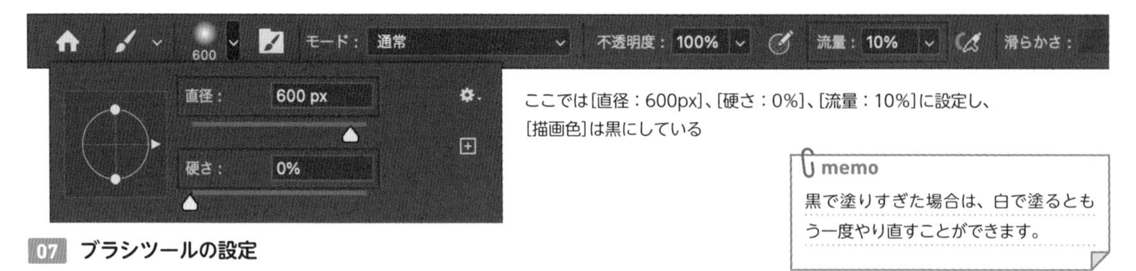


ここでは[直径：600px]、[硬さ：0%]、[流量：10%]に設定し、[描画色]は黒にしている

**memo**
黒で塗りすぎた場合は、白で塗るともう一度やり直すことができます。

**07 ブラシツールの設定**

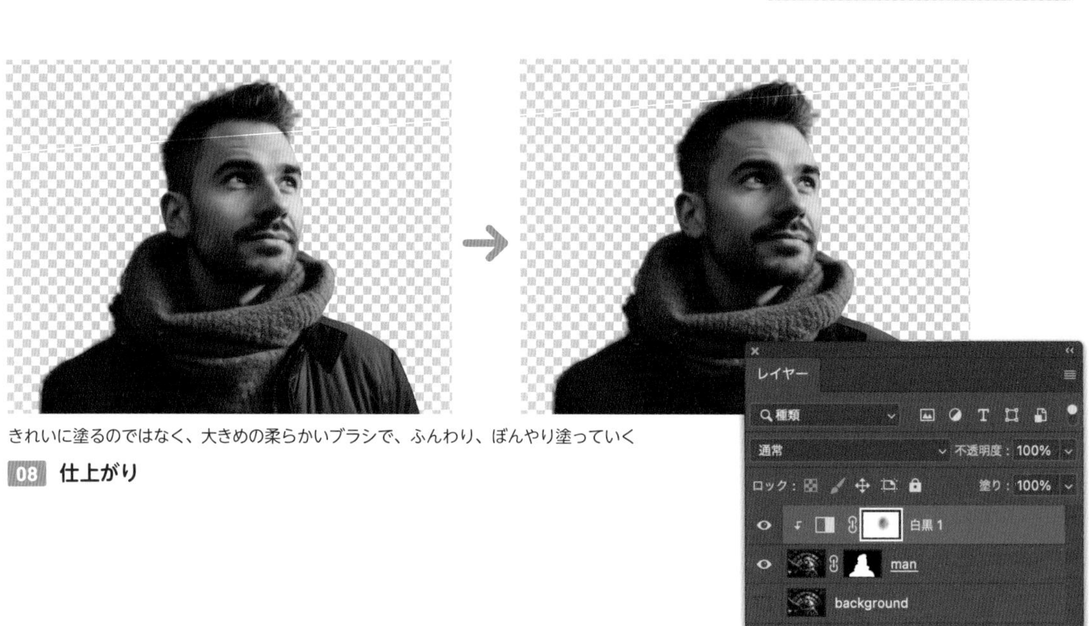


きれいに塗るのではなく、大きめの柔らかいブラシで、ふんわり、ぼんやり塗っていく

**08 仕上がり**

## 夜景写真を重ねる

「白黒」調整レイヤーの上に、素材画像「4-08-2.jpg」を配置してください。この夜景写真もクリッピングマスクして、レイヤー名を「night」としておきます。レイヤーパネルで「night」レイヤーを［描画モード：スクリーン］に変更すると、「man」レイヤーに合成されて幻想的な印象になります 09 。

[描画モード：通常]　　[描画モード：スクリーン]

**09 「night」レイヤーの[描画モード]変更**

顔の部分は夜景が重ならないようにしたいので、レイヤーマスクで調整しましょう。レイヤーパネルで「night」レイヤーを選んだ状態のまま、パネル下部の◘ボタンからレイヤーマスクを追加します。白いレイヤーマスクが追加されるので、白黒のとき 08 と同じように、大きめの柔らかい黒いブラシで顔の部分を塗っていきます 10。

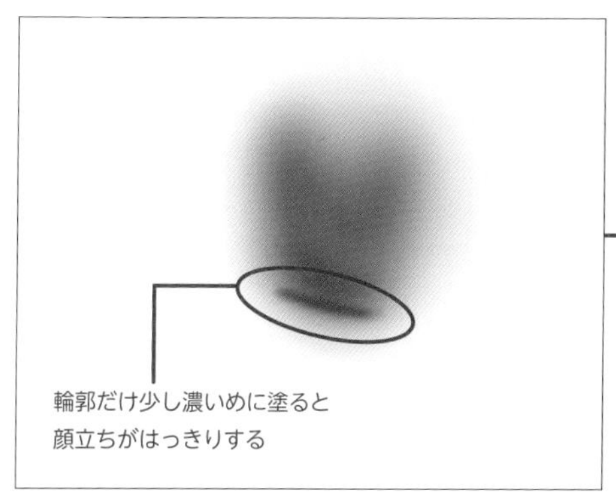


レイヤーマスクだけ表示した状態

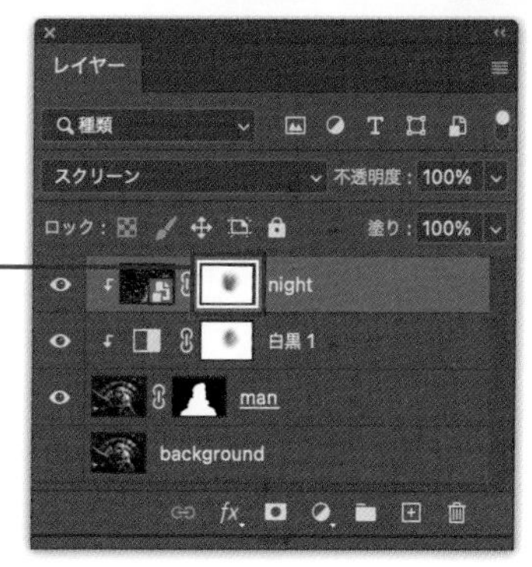


**10 「night」レイヤーのレイヤーマスク調整**

## 背景にも夜景写真を入れる

レイヤーパネルで「background」レイヤーを表示させましょう。続いて「night」レイヤーを複製したら、「man」レイヤーと「background」レイヤーの間に移動します。複製したほうのレイヤーマスクサムネールを右クリックし、[レイヤーマスクを削除]します 11。

次に、移動した方のレイヤーの[描画モード]を[スクリーン]から[ソフトライト]に変更します。全体的に暗くなってしまいましたね。しかも主張が強く感じられるので、レイヤーの[不透明度]を40～50%程度に下げて調整しましょう。これで、人物写真と夜景写真が不思議議に重なり合った多重露光写真の完成です 12。

**memo**

「man」レイヤーに重ねた「night」レイヤーと、「background」レイヤーにかけた「night」レイヤーの位置がズレないようにしましょう。

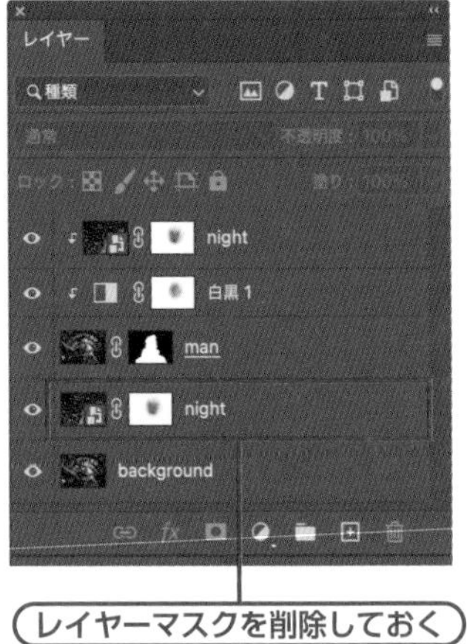


11 レイヤーマスクを削除

12 完成

Lesson 5

# テキストと図形

Photoshopは画像や写真の編集だけでなく、文字（テキスト）や図形（シェイプ）の色や形を変えたりといったことも可能です。実際にどんなことができるのか、見ていきましょう。

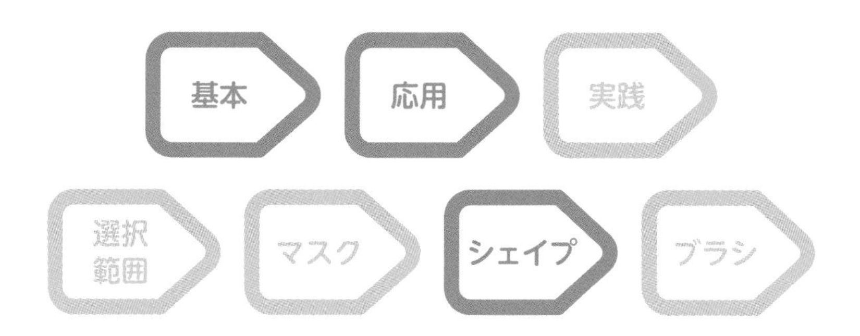

# テキストの設定

Photoshopでは文字（テキスト）についてもさまざまな設定ができます。ここまで写真の加工をメインに扱ってきましたが、作成した素敵な作品にかっこいいテキストを乗せられるように設定を学びましょう。

## 文字パネル

Lesson2-07で、基本的なテキスト入力の方法は学びました。ここでは、文字パネルと段落パネルを中心に見ていきましょう。

まず、文字パネルでは、選択した文字のフォントや文字間、変形などの設定ができます 01。

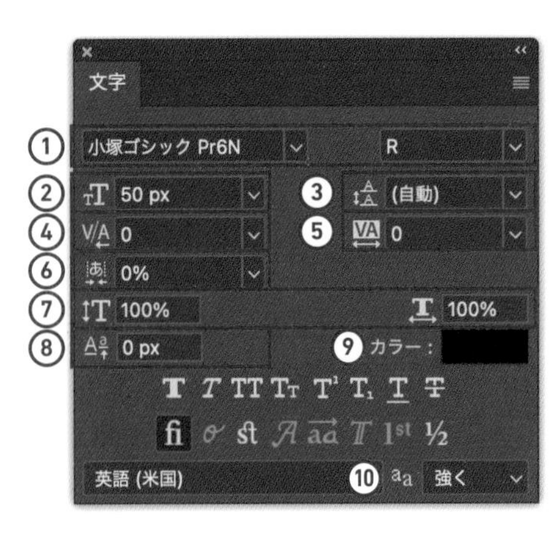


① フォントとフォントスタイル
② フォントサイズ
③ 行送り
④ カーニング
⑤ トラッキング
⑥ ツメ
⑦ 垂直比率、水平比率
⑧ ベースラインシフト
⑨ カラー
⑩ アンチエイリアスの種類

01 文字パネル

### ①フォントとフォントスタイル

プルダウンメニューからフォントとフォントスタイル（異なる太さやイタリック体）をそれぞれ選択できます。フォントスタイルの項目は、選んだフォントによって異なります。

### ②フォントサイズ

フォントのサイズを変更できます。単位はptやpxなど、環境設定から変更できます。

74ページ、Lesson2-07 memo参照。

### ③行送り

入力したテキストが複数行になったときに、下の行との間隔を設定できます 02 。オプションバーにはない項目です。

50px 大きな大きな ハンバーグ

100px 50px 大きな大きな ハンバーグ

文字サイズ50px、行送り50px

文字サイズ50px、行送り100px

02 行送りの設定

> **memo**
> 行送りが「(自動)」となっている場合、デフォルトでは文字サイズに対し175%になっています。この数値は、段落パネル右上のメニューボタンをクリックし、表示されるメニューから "ジャスティフィケーション" を選択して表示されるダイアログの [自動行送り] で変更できます。

### ④カーニング、⑤トラッキング

どちらも文字間を調整する機能です。カーニングは、カーソルを入れた場所の文字間を詰めたり広げたりするもので、トラッキングは選択した文字全体を均等に詰めたり広げたりするものです 03 。

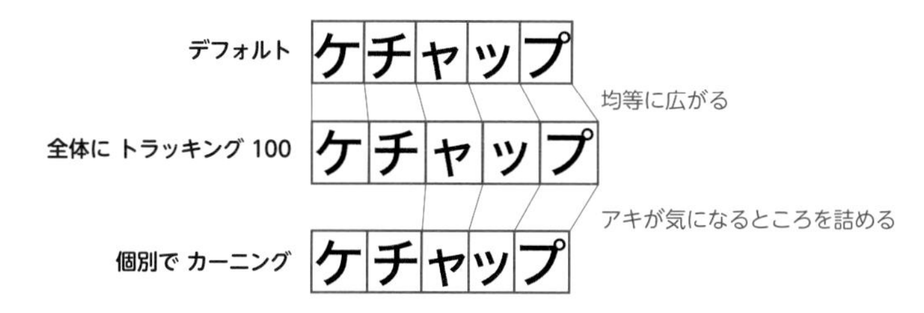


03 カーニングとトラッキングで文字を美しく

通常、まず文字間の気になる箇所をカーニングで調整してから、全体のトラッキングを調整します。数値で調整もできますが、調整にはショートカットキーが便利です。カーソルを入れた状態でoption[Alt]+←または→でカーニング調整ができ、文字を選択した状態で同じoption[Alt]+←または→の操作でトラッキング調整ができます。

> **memo**
> 特に小さい文字の前後や、長音の前後、数字の1の前後は文字間が広く見えやすいので、しっかりとカーニングで調整しましょう。

### ⑥ツメ

文字の空きを詰める機能です。日本語(全角入力モード)は1文字1文字が正方形の箱に入っているような形で設計されているため、文字と文字の間に余白ができるようになっています。このツメを使うと、その余白を%で調整できます 04 。

箱のこの余白を詰めていく

ツメ 0% 客「ごちそうさま。」

ツメ 100% 客「ごちそうさま。」

04 文字のツメ

### ⑦垂直比率、水平比率

文字を縦横に拡大・縮小する機能です。どちらかだけ倍率を変えると、文字が歪んでしまうため、必ずどちらも同じ倍率にするのをおすすめします。長音が長すぎて見えてしまう場合は水平方向だけ80-90%に縮めることもあります 05 。

**05 文字の拡大縮小**

> **memo**
> 一部の文字の垂直比率を変更すると、文字の垂直位置がずれてしまうので、次に紹介するベースラインシフトで調整するか、文字パネル右上のメニューボタンから「文字揃え」→「仮想ボディの下/左」を選びましょう。

### ⑧ベースラインシフト

選択した文字の垂直位置を移動させる設定です。例えば、時間などの表記に使う半角記号の：は、数字に対して少し下に位置するので、ベースラインシフトを使って上に移動させることできれいに見せることができます 06 。

15:00　15:00

デフォルトの位置　ベースラインシフト8px

**06 コロン(：)の位置調整**

### ⑨カラー

選択した文字の色を設定します。

### ⑩アンチエイリアスの種類

アンチエイリアスを、[なし] [シャープ] [鮮明] [強く] [滑らかに] などから選択できます。[なし]だと文字がギザギザになり、[シャープ]や[鮮明]あたりにしておくと、きれいなテキストになります 07 。

餅　餅　餅　餅　餅

なし　シャープ　鮮明　強く　なめらかに

フォントにもよるが、ぱっと見で大きな違いはない

**07 アンチエイリアスの種類**

# テキストの設定いろいろ

Lesson5 02 30min

THEME テーマ

テキストの設定をもう少しくわしく見ていきましょう。ここでは段落パネルや書式メニューを取り上げます。フォントによってはここで紹介する以上に難しい設定もたくさんありますが、ここまで理解できれば、文字の扱いに不自由はしないでしょう。

## 段落パネル

段落パネルでの設定は、おもにテキストボックスに文字を流し込む「段落テキスト」に対しての設定ができます 01 。

73ページ、Lesson2-07参照。

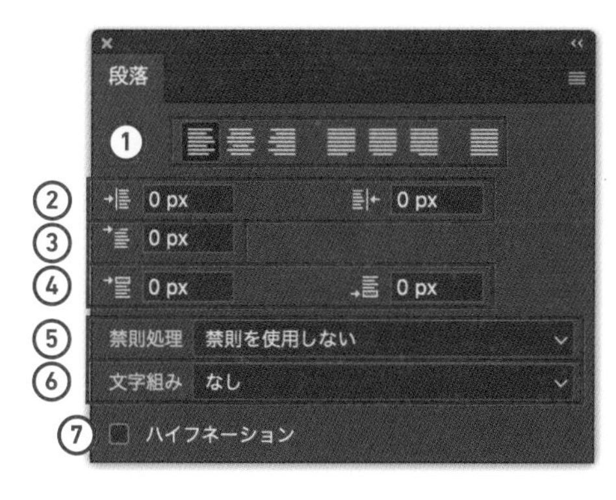


① 文字の位置揃え
② インデント
③ 1行目インデント
④ 段落前／後のアキ
⑤ 禁則処理
⑥ 文字組み
⑦ ハイフネーション

01 段落パネル

### ①文字の位置揃え

テキストの揃え位置を左／中央／右／均等配置から選べます。

### ②インデント

段落全体の左側／右側に余白を設定し、インデントを作ります。

### ③ 1行目インデント

段落の1行目のみ左側に余白を設定し、インデントを作ります。

### ④段落前／後のアキ

段落テキストを途中で改行した際に、その前後にアキを作ります。

### ⑤禁則処理

「禁則処理を使用しない」だと、文字列を流し込んだだけの状態で、なにも処理がなされません。「弱い禁則」「強い禁則」にすると、句読点が行頭に来ないようになどの禁則処理がなされます 02。

料理はもうすぐできます。15分とお待
たせはいたしません。すぐたべられます
。
早くあなたの頭に瓶の中の香水をよく振
りかけてください。

禁則を使用しない

料理はもうすぐできます。15分とお待
たせはいたしません。すぐたべられま
す。
早くあなたの頭に瓶の中の香水をよく振
りかけてください。

強い禁則

02 禁則処理

> memo
> 02 の例では「弱い禁則」「強い禁則」で同じ結果となりますが、「強い禁則」ではさらに、長音や拗音（ようおん）が行頭に来ないなどの禁則が追加されます。

### ⑥文字組み

左右に大きな余白が生まれやすい「約物」とよばれる記号（。、・：「」など）を半角に設定し余白を詰めることができます。「なし」にすると、半角英数字と全角の間にできる余白を詰めることができます 03。

半角英数と全角の間の隙間がなくなる

料理はもうすぐできます。15分とお待
たせはいたしません。すぐたべられます
。
早くあなたの頭に瓶びんの中の香水をよ
く振ふりかけてください。

なし

約物が半角扱いになり隙間がなくなる

料理はもうすぐできます。15 分とお待た
せはいたしません。すぐたべられます。
早くあなたの頭に瓶びんの中の香水をよ
く振ふりかけてください。

約物半角

03 文字組み

### ハイフネーション

英単語が行をまたぐときにチェックを入れるとハイフンでつないでくれます。チェックを外すと単語の途中で行送りされないように調整されます。

## 書式メニューでできること

文字の書式はメニュー→“書式”でも設定できます。よく使う機能を見ていきましょう 04。

### ①横書き・縦書きの変更

横書き・縦書きは、テキストを入力したあとからでも切り替えられます。メニュー→“書式”→“方向”から選びます。

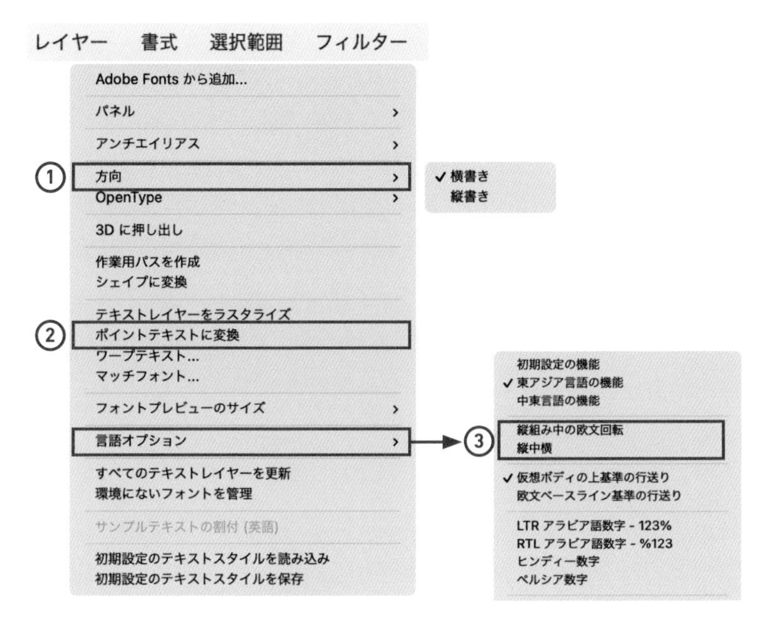


**04** 書式メニューのよく使う項目

### ②ポイントテキスト・段落テキストの変更

メニュー→“書式”→“ポイントテキスト”または“段落テキスト”から、ポイントテキスト・段落テキスト➡を切り替えることができます。

➡ 73ページ、**Lesson2-07**参照。

### ③縦書きでの英数字の扱い

メニュー→“書式”→“言語オプション”では、縦書きの中にある英数字の見せ方を変更できます。通常、英数字は横向きに配置されるのですが、場合によっては読みにくいことがあります。「縦組み中の欧文回転」を選択すると、一括で英数字を1文字ずつ縦向きにすることができます。短い英単語や1桁の数字に向いているでしょう。また、部分的に文字を選択して「縦中横」を選択すると、選択した部分を横書きにすることができます。1〜2桁程度の数字に向いているでしょう **05**。

通常の縦書き
→英数字が横向き

2112年9月3日

「縦組み中の欧文回転」
→英数字が1文字づつ縦向きになる

2112年9月3日

数字部分だけを選択して「縦中横」
→選択した文字列が横書きになる

2112年9月3日

**05** 縦書きでの英数字の扱い

# さまざまな図形を描く

Photoshopは、写真を加工するだけでなく、「シェイプ」とよばれる図形を描くこともできます。シェイプはあとから変形が可能な図形ですので、Lesson6-03で学ぶレイヤースタイルを合わせて使うと、編集可能なイラストを表現できます。

## 図形ツールの基本

シェイプを描く方法は**大きく分けて2つ**あります。1つは図形ツールを使う方法です。各図形ツールはツールバーの長方形ツールの中に格納されています。もう1つの方法は、ペンツールを使う方法です 01。

**WORD シェイプ**

Photoshopでの「シェイプ」とは、左の 01 のいずれかの方法で描かれた図形のこと。シェイプはアンカーポイント（頂点）とセグメント（アンカーポイントを結ぶ線）からなり、ベクターデータのように大きさや形の編集が自由自在に行える。

7種類の基本図形ツール

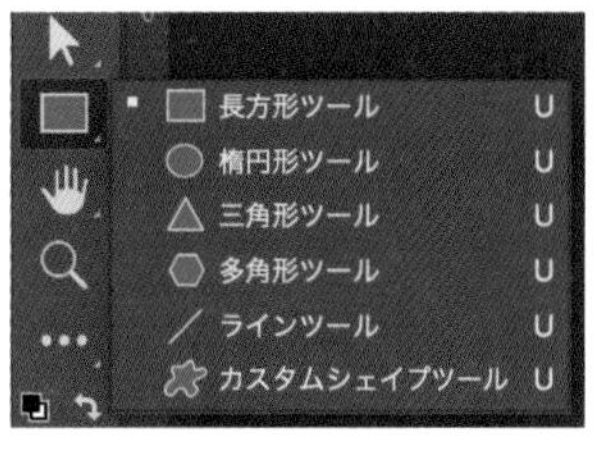


＋

ペンツール

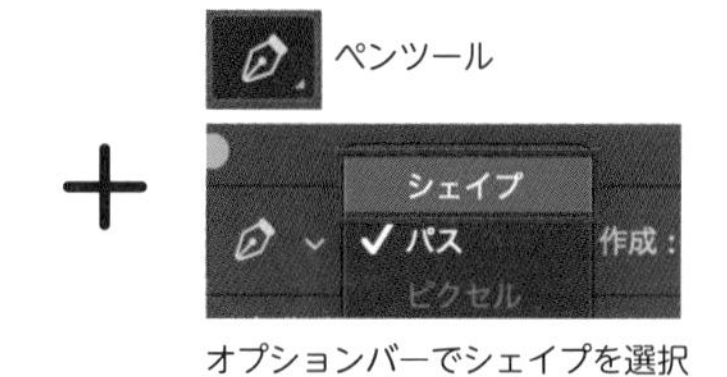


オプションバーでシェイプを選択

01 シェイプを描く2つの方法

## 基本図形

長方形ツールに格納された7つのツールによる基本図形の描画方法は、ほぼ同じです。ツールバーには長方形ツールだけが表示されているので、それ以外の図形ツールを使いたいときは長方形ツールのアイコンを長押し（または右クリック）して表示させます。描画する前に、オプションバーで図形の色を「塗り」と「線」に分けてそれぞれ設定し、線は太さも設定します 02。

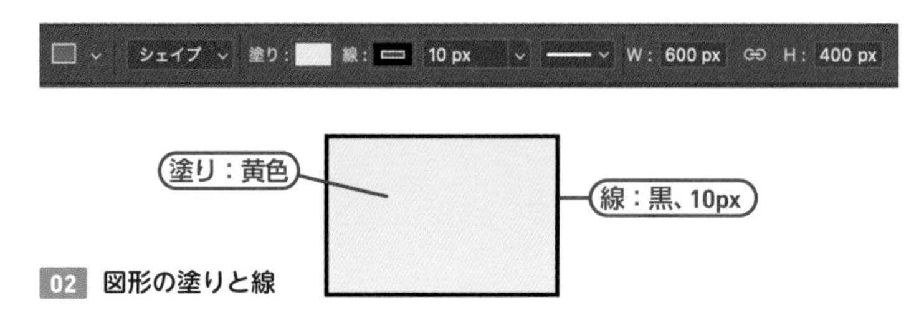


02 図形の塗りと線

## ○ 長方形ツールと楕円形ツール

ドラッグ操作で図形を描画します。基本的にはクリックした点から描画しますが、ドラッグ中にoption [Alt] キーを押すと、はじめにクリックした点が中心点となります。

またツールの名前は、「長方形」「楕円形」ですが、shift [Shift] キーを押しながら描画すると、正方形や正円を描くことができます。ドラッグ中にspaceキーを押すと、描画途中の図形を移動できます 03 04。

描きたいサイズが明確に決まっている場合は、ドラッグせずにカンバス上をクリックします。するとサイズを設定するダイアログ 05 が表示されるので、数値を入力します。

memo
option [Alt] や shift [Shift] キーを押しながら描画するときは、マウスを離すまでキーを押し続けましょう。

| option [Alt] | 描きはじめの位置(クリックした位置)を図形の中心にする |
|---|---|
| shift [Shift] | 図形を正多角形/円にする<br>ラインツールの場合、垂直/水平/45°線を描画する |
| space | 描画中に図形を移動する |

03 描画中(ドラッグ中)に使うキー

04 長方形ツールのオプションバー（楕円形ツール、三角形ツールも内容はほぼ同じ）

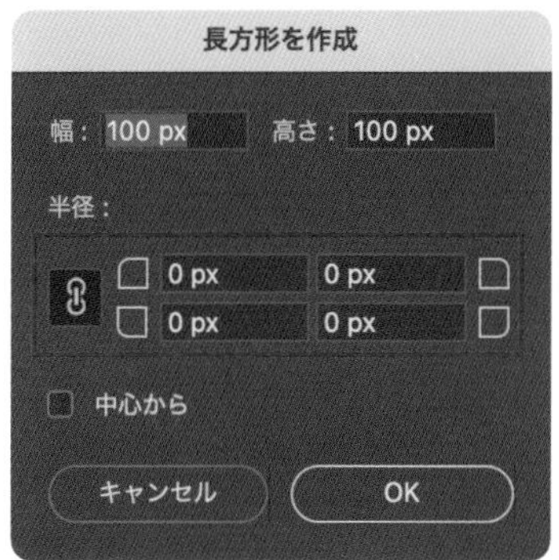


角丸の半径を設定できる

05 「長方形を作成」ダイアログ

## ○ 多角形ツール

操作方法は長方形ツールや楕円形ツールと同じですが、多角形ツールでは、頂点の数（角数）を入力する欄も表示されます 06。さらに多角形ツールは、カンバス上をクリックすると表示されるダイアログを使って星形を描くこともできます 07。

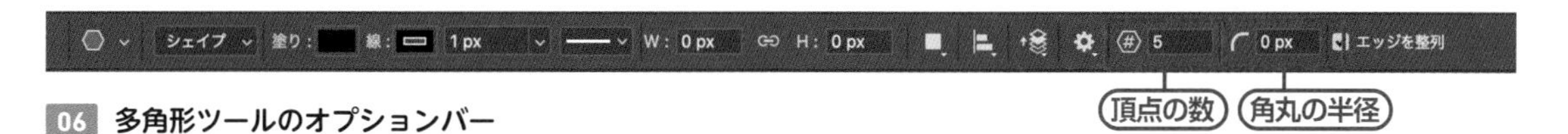


06 多角形ツールのオプションバー

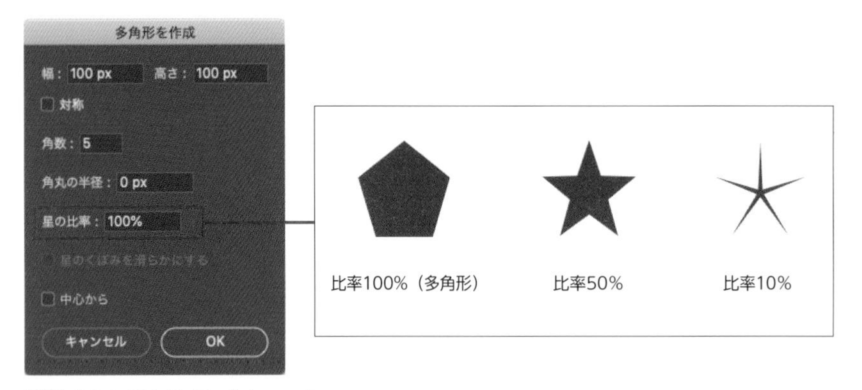


07 「多角形を作成」ダイアログ

### ○ ラインツール

直線を描くツールです。shift [Shift] キーを押しながらドラッグすることで、垂直線、水平線、45°線を描画できます。

### ○ カスタムシェイプツール

用意された図形をスタンプのような感覚で配置できます。オプションバー 08 の［シェイプ］にて木や花などの図形を選択し、カンバス上をクリックまたはドラッグします。

**memo**

カスタムシェイプツールは、過去のバージョンではさらに多くのシェイプが用意されていました。Photoshop 2024でも従来のシェイプを使いたい場合は、メニュー→"ウィンドウ"→"シェイプ"でシェイプパネルを開き、パネル右上のメニューから"従来のシェイプとその他"をクリックすることでよび出すことができます。

08 カスタムシェイプツールのオプションバー

## 描画したあとの移動と変形

図形ツールで描画したあとは、移動ツールにもち替えます。移動ツールでシェイプの位置を動かすことはもちろん、メニュー→"編集"→"自由変形"（⌘［Ctrl］＋T）を選ぶと現れる「**バウンディングボックス**」という小さな四角形をドラッグすることで、図形の縦横比を保ったまま拡大・縮小できます。

比を崩したい場合は、ドラッグ中にshift［Shift］キーを押します。また、バウンディングボックスから少し離れたところにカーソルをもっていくとカーソルが回転用に変わり 09 、ドラッグすることで図形を回転させることもできます。回転中にshift［Shift］キーを押すと、15°刻みに回転することができます。

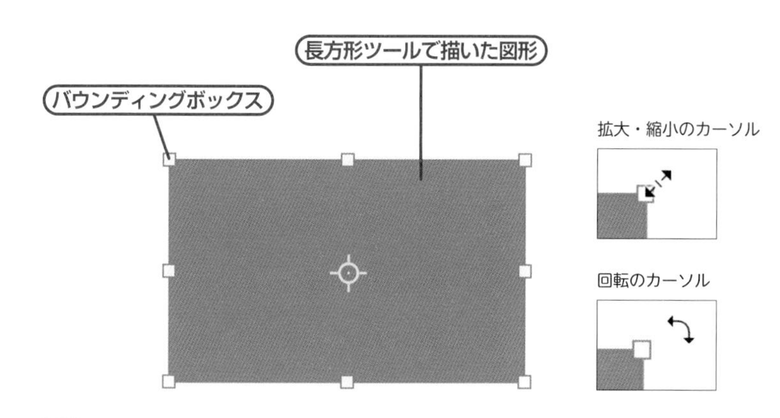


09 バウンディングボックスを使った自由変形

memo

従来のバージョンでの自由変形は、比を崩した状態での変形が基本で、比を崩したくないときだけshift［Shift］キーを押す仕様でした。現在は逆の操作となっていますが、この仕様が扱いづらい場合は、メニュー→"Photoshop 2024"→"設定..."→"一般.."（Windowsでは"編集"→"環境設定"→"一般..."）で、［オプション］にある［従来の自由変形を使用］にチェックを入れましょう。

POINT

移動ツールのオプションバーで［自動選択］にチェックを入れておくと、移動したい図形のレイヤーをあらかじめ選択しておかなくても、動かしたい図形の塗りの部分（色のついた部分）でクリック＆ドラッグすることで移動できます。

## ペンツールを使った図形の描画

ペンツールの使い方は、**Lesson3-05**（104〜110ページ）を参照してください。**Lesson3-05**では写真の切り抜きのためにパスを作成するため、オプションバーの設定が［パス］になっていますが（105ページ 03 ）、描くものを［パス］ではなく［シェイプ］に設定しておくと、描いたものはシェイプレイヤーとなり、レイヤーパネル上に追加されます。

memo

設定がパスのまま描いてしまった場合は、レイヤーパネルには残らず、パスパネルに追加されます。

# シェイプ内テキストとシェイプに沿ったテキスト

Lesson5 > 5-04

シェイプの形にテキストを流し込んだり、シェイプの輪郭に沿わせたテキストを書いたりしてみましょう。同じツールであってもカーソルの位置によって機能が変わってくるため、よく理解しましょう。

## 完成形の確認

Photoshopでは、シェイプの中にテキストを流し込んだり、シェイプの輪郭に沿ったテキストを作成することができます 01。

まずは簡単な図形を描き、その中にテキストを書いてみましょう。

秋　　　　　の
初の空は一片の雲　　もなく晴て、佳い
景色である。青年二人は日光の直射を松の大木
の蔭によけて、山芝の上に寝転んで、一人は遠く
相模灘を眺め、一人は読書している。場所は伊
豆と相模の国境にある某温泉である。渓流の
音が遠く聞ゆるけれど、二人の耳には
入らない。甲の心は書中に奪
われ、乙は何事か深く
思考に沈んでい
る。

01 作例　国木田独歩『恋を恋する人』より

## シェイプ内テキストを作成する

### ハートを描く

長方形ツールを使ってハートを描いてみましょう。長方形ツールで画面をクリックし、表示される「長方形を形成」ダイアログに 02 のように入力して[OK]を押します。色は何でもかまいません。

[幅]：432px
[高さ]：720px
[角丸の半径]：216px（上部のみ）

02 長方形の設定と結果

> **memo**
> ここではカンバスサイズを1,000px四方にしてあります。

移動ツールに切り替え、option［Alt］キーを押しながら描画した図形をドラッグして複製を作成します。自由変形（⌘［Ctrl］+T）を使って、複製したほうの図形を時計回りに90度回転し、2つの図形の左下がピッタリ重なるように配置します 03。

レイヤーパネルで2つの図形を選択して右クリックし、表示されるメニューから“シェイプを結合”を選択すると、2つの図形が1つの図形に結合されます 04。あとは自由変形（⌘［Ctrl］＋Tキー）を使って、shift［Shift］キーを押しながら45度回転させれば、ハートの完成です。

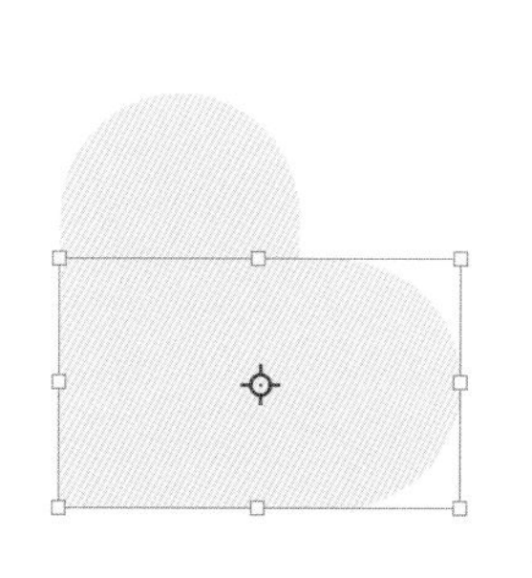

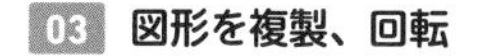

03 図形を複製、回転

04 シェイプの結合

05 回転してハートの完成

## シェイプの形にテキストを入力する

ハートを選択した状態で横書き文字ツールに切り替えます。まずはオプションバーで文字の設定を行います 06。

通常、文字ツールのカーソルには点線の四角形が表示されていますが、選択したシェイプの中にカーソルを持ってくると、円形に変わります 07。この状態でクリックして文字を入力すると、シェイプの範囲にだけ文字が流れ込むようになります 08。入力が終わった後にハートのシェイプを削除してもテキストレイヤーはハートの形を保っているため、シェイプが不要なら削除してかまいません 09。

> **memo**
> 作例ではテキストの入力後にトラッキングを40に設定し、ちょうどハートの中に文字が収まるように調整しました。

T ヒラギノ角ゴシック W4 36 px aa 強く

06 横書き文字ツールのオプションバー。設定は入力後に変えてもよい。

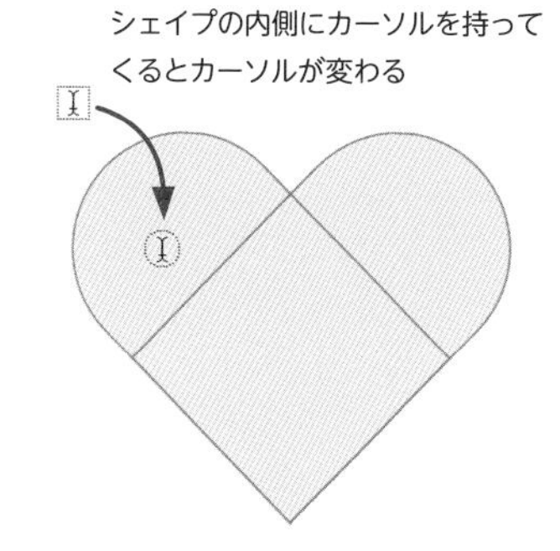


07 文字ツールのカーソルの変化

秋　の
初の空は一片の雲　もなく晴て、佳い
景色である。青年二人は日光の直射を松の大木
の蔭によけて、山芝の上に寝転んで、一人は遠く
相模灘を眺め、一人は読書している。場所は伊
豆と相模の国境にある某温泉である。渓流の
音が遠く聞ゆるけれど、二人の耳には
入らない。甲の心は書中に奪
われ、乙は何事か深く
思考に沈んでい
る。

08 完成

秋　の
初の空は一片の雲　もなく晴て、佳い
景色である。青年二人は日光の直射を松の大木
の蔭によけて、山芝の上に寝転んで、一人は遠く
相模灘を眺め、一人は読書している。場所は伊
豆と相模の国境にある某温泉である。渓流の
音が遠く聞ゆるけれど、二人の耳には
入らない。甲の心は書中に奪
われ、乙は何事か深く
思考に沈んでい
る。

09 シェイプを削除したところ

## シェイプに沿ったテキストを書く

### 星を描く

多角形ツールを用いて星を描いてみましょう。多角形ツールのオプションバーで 10 のように設定し、カンバス上でshift［Shift］キーを押しながらドラッグします。色は何色でもかまいません 11。

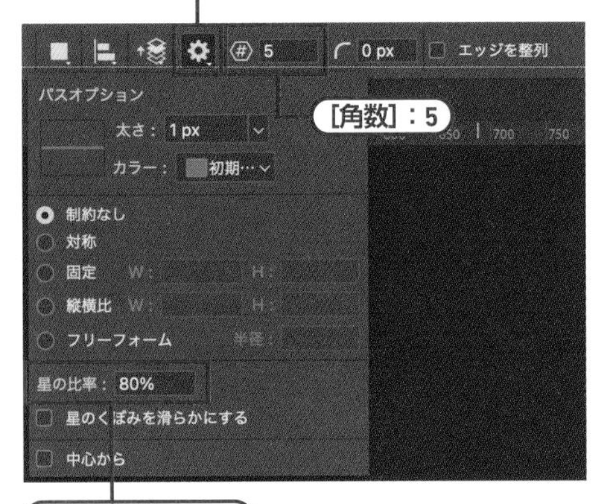


10 多角形ツールのオプションバー

11 ドラッグして星を描画

### テキストの入力と位置の調整

星レイヤーを選択した状態で横書き文字ツールに持ち替え、オプションバーで文字揃えを「左揃え」に設定します 12。

星の左側の頂点からテキストを打ち始めたいので、カーソルを近くに持っていきます。選択しているシェイプのパス上にカーソルが重なるとカーソルの形が波線に変わるので 13、カーソルが変わった状態でクリックすると、そこからテキストを入力することができます 14。テキストを一度入力したら星のシェイプは不要になりますので、削除しても問題ありません。

作例ではフォントをGill SansのSemiBold、［サイズ］を50pxに設定

左揃えにする

12 横書き文字ツールのオプションバー

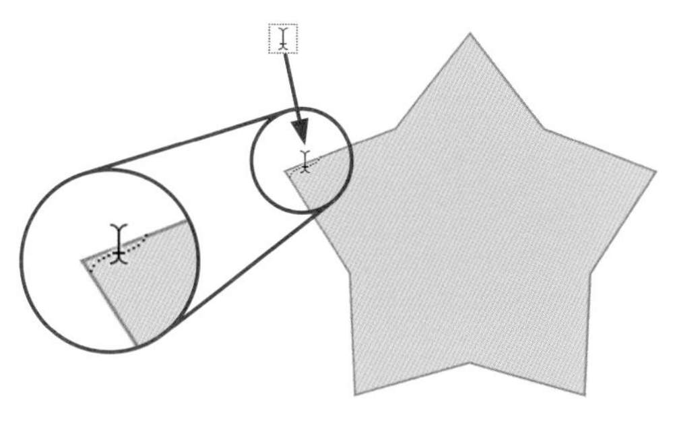

13 パス上にカーソルを置くと波線に変わる

14 テキストの入力

## 文字揃えとテキスト開始位置の変更

文字揃えの設定は必ずテキストを入力する前に行ってください。各文字揃えでのテキストの配置は 15 のようになります。

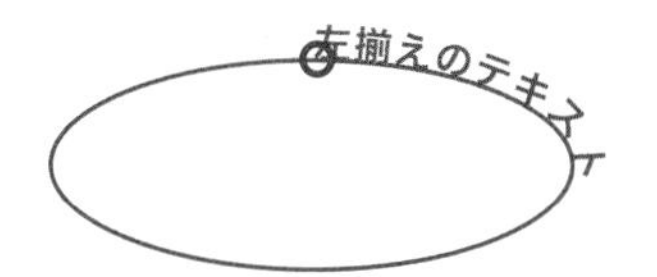


クリックした位置がテキストの
開始位置になる

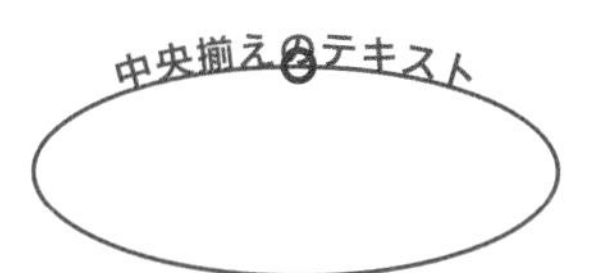


クリックした位置を中心に
テキストが配置される

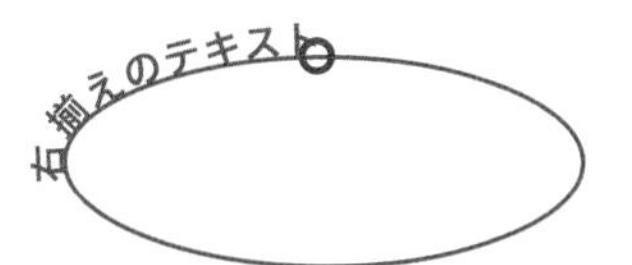


クリックした位置がテキストの
終了位置になる

15 文字揃えの違い

**memo**

文字揃えはあとからでも変更できますが、一度作成したあとに文字揃えを変更すると、テキストの位置が大きく動いてしまい、テキストの位置調整が大変になります。必ず最初に文字揃えを設定するようにしましょう。

テキストの開始位置を変更したい場合は、テキストレイヤーを選択した状態で、パス選択ツールに切り替えます。テキストの開始位置の近くにカーソルを持っていくと、カーソルが のように変わるので、この状態でドラッグすると、テキストの開始位置が動いていきます 16。

トラッキングなどで文字間を調整して、シェイプ全体をぐるっと囲むように文字を入力すると、デザインに使える素敵なあしらいの完成です 17。

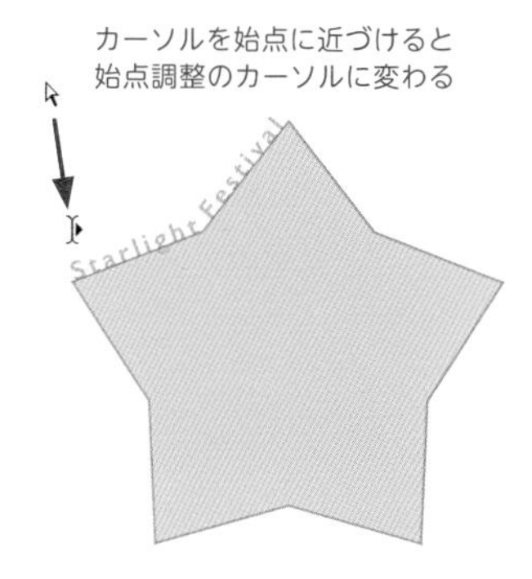


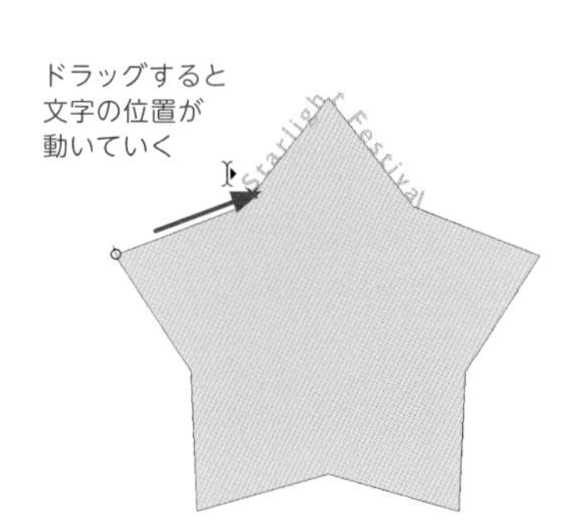


16 開始位置を動かすカーソル

17 完成

# 作品制作に挑戦！③ 文字主体のバナー

Lesson5 > 5-05

テキストだけで構成されるバナーは少なくありません。一見「普通に文字をおいただけ」のように見えますが、そこには情報を伝えやすくするための細かいデザインが詰まっています。

## 完成形の確認と事前準備

ほぼテキストだけでデザインされたバナーを作っていきます 01 。一見テキストを並べただけのように見えますが、カーニングや文字サイズなど、細かく設定しています。しっかりと文字をデザインできるようになっていきましょう。

01 完成形

### フォントとガイドの用意

今回はAdobe Fonts からフォントを追加して使用します。事前に下記のフォントを追加しておきましょう 02 。

119〜120ページ、Lesson3-06参照。

- AB-lineboard_bold
- ニタラゴルイカ
- Obvia（Bold）
- URW DIN（Light、Medium）

Obvia Bold

The quick brown fox jumps over the lazy dog

</> フォントを追加

02 フォントを検索し、[フォントを追加]をクリック

フォントの準備ができたら素材「5-05-1.psd」を開いてください。写真だけが背景レイヤーとして配置されています。まずはガイドを引いていきましょう。メニュー→“表示”→“ガイド”→“新規ガイドレイアウトを作成”を選択します。表示されるダイアログで、[列]と[行]の[数]をともに「2」、[マージン]の[上][下][左][右]をすべて「60px」に設定し、[OK]を押します 03 。



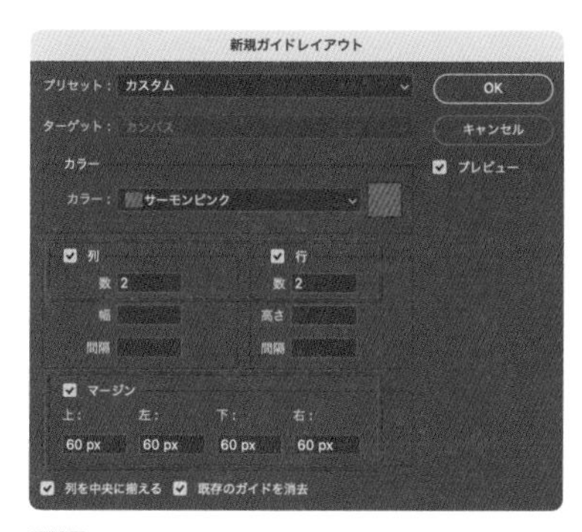

03 新規ガイドレイアウト

memo
ここでは、シアンのガイドの色と写真の海の色が重なって見にくかったため、ガイドの色をサーモンピンクに変更しています。自分の見やすい色に設定しましょう。

## アーチ型の文字を作る

### アーチ型文字の配置

ガイドが引けたら制作に入っていきます。最初にアーチ型のテキストを作成しましょう。

まず、楕円形ツールでバナーの半分より少し大きいくらいの幅の楕円を描きます 04 。横書き文字ツールに切り替えて、オプションバーで 05 のように設定し、楕円の上中央をクリックして配布素材「5-05-2.txt」からパス上にテキストを流し込みます。入力後、「夏」の文字だけ選択して、プロパティパネルなどで色を薄い黄色に変えておきましょう 06 。テキストが入ったら楕円形は削除または非表示にします。

memo
楕円は思っている以上に平たくしたほうがきれいなアーチになります。

04 楕円

AB-lineboard_bold　-　48 px　強く

05 オプションバーの設定

06 テキストの流し込み

> memo
> 作例で使っている黄色のカラーコードは#fff47cです。また、作例では事前にトラッキングが100に設定されています。

## 位置を整える

作成したら中央揃えにしましょう。移動ツールに切り替えて、レイヤーパネルでテキストレイヤーと背景レイヤーを選択してオプションバーで[水平方向中央揃え]をクリックします。

垂直方向の位置は、上辺のガイドに近づけておきます 07。

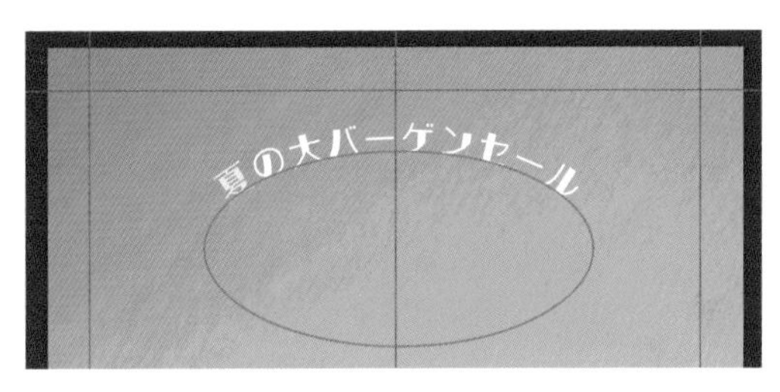


07 テキストレイヤーの位置調整

### 文字を作り込んでいく

横書き文字ツールに切り替えて、文字パネルを開いておきます。「の」を選択し、文字パネル を使って垂直・水平比率ともに80%くらいに縮小、2箇所の「ー」(長音記号)を選択し、水平比率を80%に縮小します。このように助詞や長音記号などは少し小さくすることでバランスよく見えます 08。

168ページ、**Lesson5-01**参照。

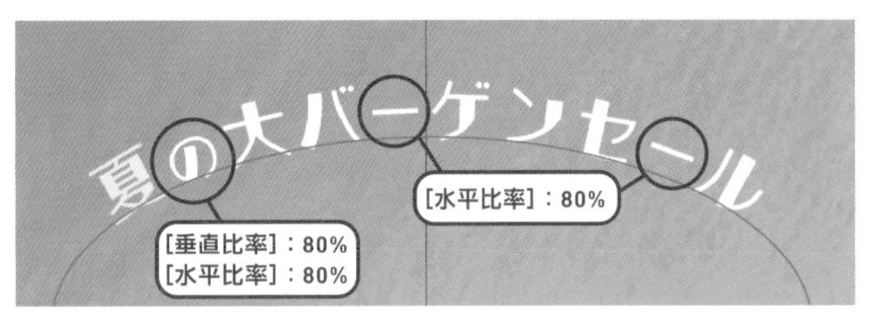


08 テキストの比率の設定

さらに、長音記号の前後は文字間が開いて見えやすいので、カーニング して詰めていきましょう。

169ページ、**Lesson5-01**参照。

詰めたい箇所にカーソルを入れてoption[Alt]キーを押しながら左右キーで1箇所ずつ調整します。このときカーニングの数値はあまり考えず、見た目でバランスがいいと思えるくらいに調整しましょう。何度かやっているうちにバランス感覚は養われていきます。これでテキストレイヤー1つ目の完成です 09。

カーニング前

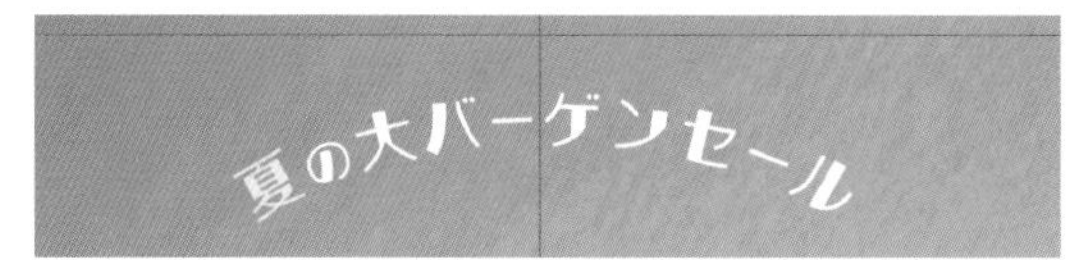


カーニング後

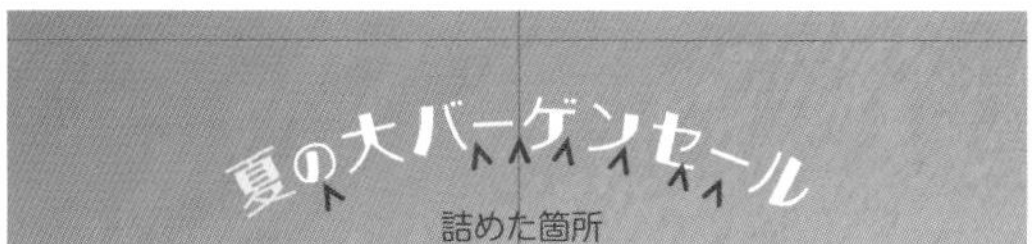


（目視でバランスを見ながら詰めて調整する）

**09 カーニングで文字間を整える**

## メインの文字をつくる

### テキストは 3 つに分けて作成

メインテキストは「今年こそHAWAIIへ!」です。ここでは「今年こそ」「HAWAII」「へ!」と3つのテキストレイヤーに分けて作成していきます。それぞれ 10 のように書式を設定して入力します 11。

> **memo**
> 和文(日本語)で使っているニタラゴルイカというフォントは、「!」の形が半角と全角で大きく異なります。今回は半角のほうを使用します。

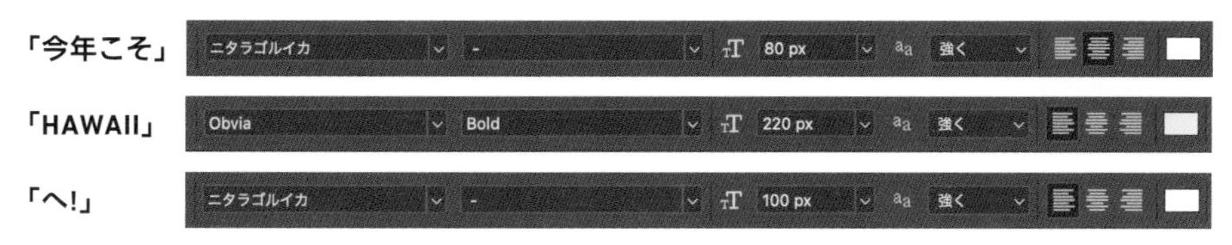


オプションバーの内容を変更するときは必ずどのレイヤーに反映されるか確認しよう

**10 オプションバー**

**11 メインテキストを入力**

### カーニングで文字間を調整する

3つのテキストレイヤーが作成できたら、カーニングをして文字を詰めていきましょう。作例では一番大きな「HAWAII」レイヤーのみカーニングを設定しています。特にAとWの隙間が広く見えやすいのでそのあたりのバランスを見ながら整えていきましょう 12。

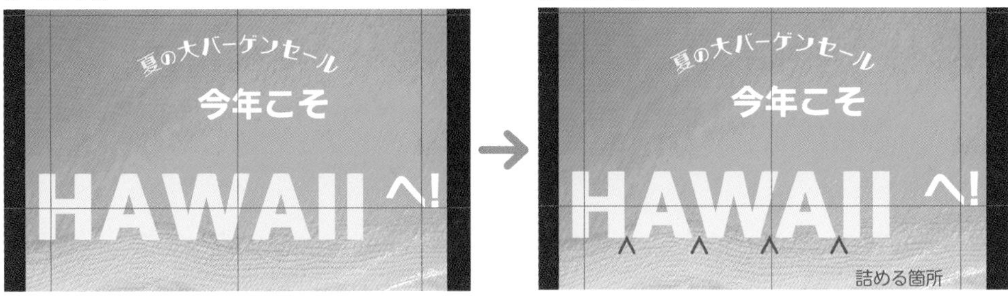


**12** カーニングで文字間を詰める

### 位置を整える

移動ツールに切り替え、位置を **13** のように調整して、メインテキストの完成です。

**13** 位置を整える

> **memo**
> ガイドをしっかり活用しつつ、「今年こそ」の上下の余白は均等にするより、少し下を狭くしたほうがアーチとのバランスがよく見えます。

## シェイプとテキストを重ねる

### シェイプの作成

つづいて「1万円キャッシュバックキャンペーン実施中!!」の部分を作成していきます。完成形 **01** を見ると、角丸長方形の上にテキストが重なっています。まずは角丸長方形から作っていきましょう。

長方形ツールを選択し、[塗り]を白、[線]をなしに設定し、画面上をクリックします。[長方形] ダイアログが表示されるので、**14** のように設定し、角丸長方形を描きます。描けたらレイヤーパネルで不透明度を80%に下げて、背景がうっすら見えるようにします **15**。

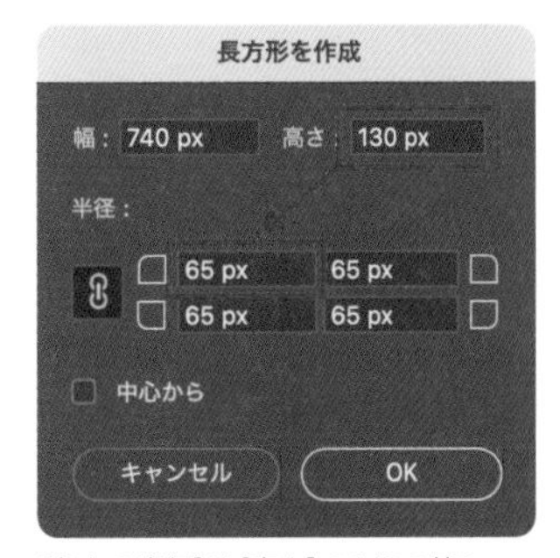


[角丸の半径]は[高さ]の1/2の値に設定する

**14** 角丸長方形の作成

色は白にしておく

**15** レイヤーパネル

## 角丸長方形上にテキストを配置

角丸長方形上にテキストを配置しますが、テキストカーソルを角丸長方形の中に入れると、シェイプ内テキストを作成するカーソルになってしまうので 16 、シェイプとテキストを重ねる場合はいったんシェイプの外側でテキストを入力して、あとで移動ツールで重ねるようにします。

テキストレイヤーは「1万円」「キャッシュバックキャンペーン実施中!!」の2つに分けて作成します。 17 のように書式を設定して入力します 18 。

シェイプを選択したままテキストを入力しようとするとシェイプ内テキストになってしまう

**16 シェイプ内テキストになってしまう**

「1万円」

「キャッシュバック～」

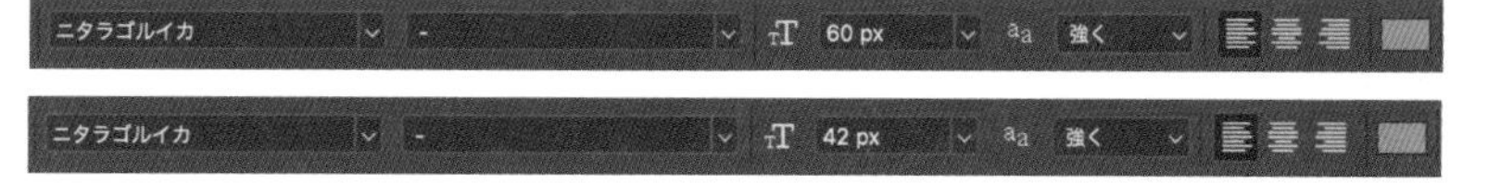


薄い赤(#ff7e7e)

**17 テキストの書式設定**

**18 いったんシェイプの外で入力（あとで角丸長方形上に重ねる）**

シェイプと文字を重ねる前にシェイプの位置を調整しましょう。レイヤーパネルでシェイプと背景レイヤーを選択し、移動ツールのオプションバーで水平方向中央揃えにします。「今年こそ」と「HAWAII」の間の余白と同じくらいを開けておきます 19 。

同じくらいの余白

**19 シェイプの位置を整える**

## シェイプとテキストを重ねる

移動ツールを使って、テキストをシェイプの上に重ねてみましょう 20。テキストはまだ何もデザインしていないので、少し収まりが悪いですね。順番に整えていきましょう。

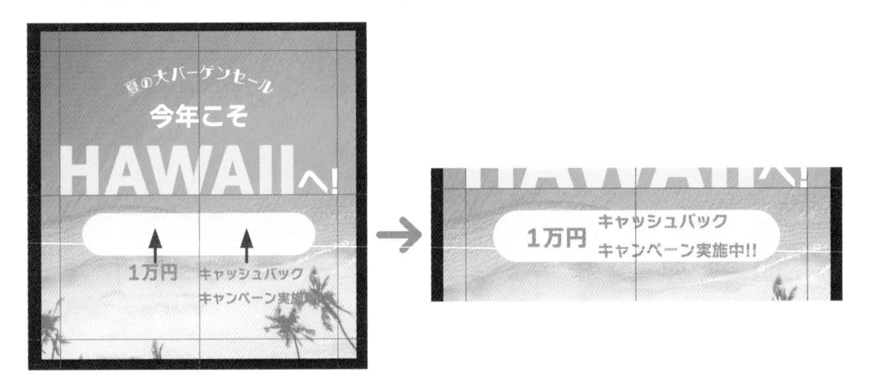


20 シェイプとテキストを重ねる

## 文字の調整

まず「1万円」の「1」だけ選択してフォントを「URW DIN Medium」に変更し、水平・垂直比率をどちらも230%にします。続いて文字のベースラインがずれたので「万円」のほうを選択し、ベースラインシフトを＋15にします。「1」と「万」の間が広く見えるので、カーニングでしっかり詰めましょう 21。

> memo
> 日本語は和文フォント、英数字は欧文フォントを使いましょう。

調整前

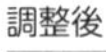

21 「1万円」の文字組み

続いて「キャッシュバック～」のほうですが、ニタラゴルイカというフォントは、小さい文字(拗音と促音)が少し大きめに設計されており、今回のようにたくさん登場する場合は多少読みにくさを感じます。そのため、拗音・促音の水平・垂直比率をすべて90%に調整しましょう。

長音記号は「バーゲンセール」と同様、水平比率のみ80%にします。文字の大きさを整えたら、カーニングをして文字間を詰めていきます。行送りは「自動」では少し広いので、作例では54pxに設定しています 22。

> memo
> キャ・キュ・キョなど、一音節で読み、小さく書き表されるものを拗音(ようおん)と呼びます。また、「けっか(結果)」「アップル」など、かな表記では「っ」「ッ」で表されるものを促音(そくおん)と呼びます。

調整前

キャッシュバック
キャンペーン実施中!!

→

調整後

キャッシュバック
キャンペーン実施中!!

**22** 「キャッシュバック～」の文字組み

テキストのデザインが完了したら、移動ツールでテキストをもう一度きれいに配置しましょう。上下と左右の余白が均等になるように、また、2つのレイヤーのベースラインがきちんと揃うように配置します **23**。

**23** シェイプとテキストの完成

## キャンペーン期間の掲載

### テキストの設定と配置

最後にキャンペーン期間部分を作っていきます。ここもテキストレイヤーは2つに分けましょう。それぞれ **24** のように書式を設定して、入力します **25**。

「キャンペーン期間」　ニタラゴルイカ　-　30 px　強く

「6.15-7.1」　URW DIN　Medium　70 px　強く

グレー（#555555）

**24** テキストの設定

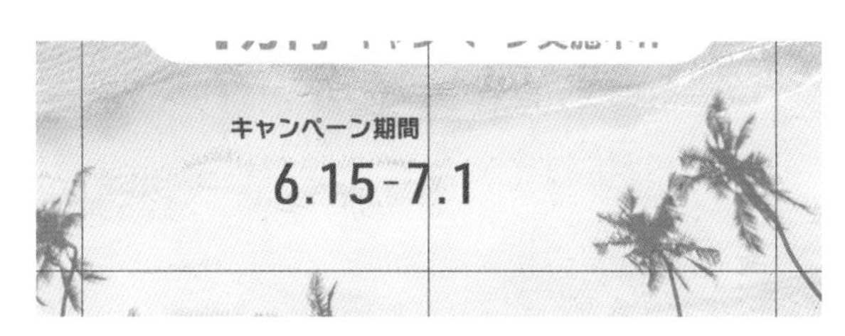


**25** テキストの配置

## 文字の調整

さきほどの「キャッシュバックキャンペーン」と同じように、「キャンペーン期間」も拗音と長音記号の比率を縮小して調整しましょう。拗音と長音記号の前後もカーニングして調整します。全体的に詰まりすぎている感じがするので、最後に全体のトラッキングを少しだけ広げます 26。

> **memo**
> 拗音・促音と長音記号の比率変更は、必須なわけではありません。使う場面や、使うフォントによってバランスを見極めましょう。

キャンペーン期間 → キャンペーン期間

小さく　短く

カーニング位置　全体のトラッキング40

**26 「キャンペーン期間」の調整**

ピリオド「.」や数字の「1」は、前後のアキが広くなっています。しっかり詰めましょう。また、最後の「1」の右側もギリギリまで詰めることで、文字の中央揃えがよりきれいになります 27。

6.15-7.1 → 6.15-7.1

長く

カーニング位置

**27 日付のカーニング**

## 文字を整列して完成

レイヤーパネルで「キャンペーン期間」「6.15-7.1」2つのレイヤーと、背景レイヤーを選択し、移動ツールのオプションバーで水平方向中央揃えにします。下辺のガイドからの距離を、上辺のガイドと「夏の大バーゲンセール」との距離と同じくらいにします。全体を見て位置やカーニングなど改めて微調整をしたら完成です 28。

**28 完成**

Lesson 6

# ブラシと
# レイヤースタイル

ここでは、幅広い表現が可能になるブラシツールのさまざまな設定方法を学んでいきましょう。また、レイヤーを立体的に見せたり影を加えたりするレイヤースタイル（レイヤー効果）という機能も詳しく見ていきます。

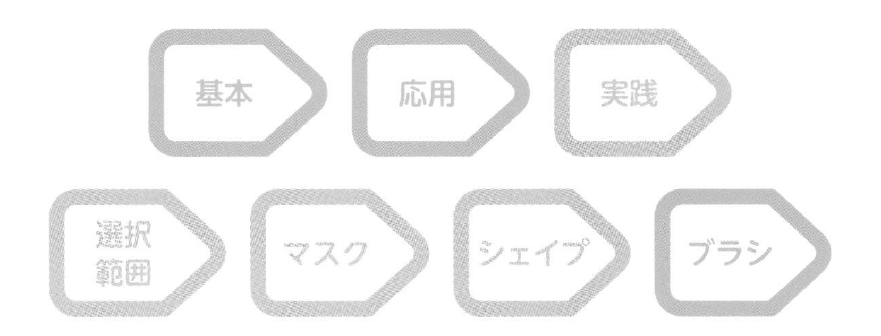

# ブラシのカスタマイズ

**THEME テーマ** Photoshopのブラシは、色や形状だけでなく、スプレーのように散布させたり、ブラシの間隔を広げたりといった高度な設定ができます。多彩な表現ができるようになりましょう。

## ブラシ設定パネル

Lesson2-08のブラシツールでの基本設定では、オプションバーを使ったブラシの大きさや形、不透明度などの設定について学びました。「**ブラシ設定パネル**」を使うと、ブラシの間隔を広げる、散布ブラシにするなど、**ブラシをより自由にカスタマイズできます**。ブラシ設定パネルは、ブラシツールを選択してオプションバーから呼び出すか、メニュー→"ウィンドウ"→"ブラシ設定"で開けます。

79ページ、Lesson2-08参照。

ブラシで描くストロークは先端形状の連続でできているため、ブラシの「間隔」を詰めたり広げたりすることで、ストロークをなめらかにしたり点線にしたりできます。また、「散布」の設定をすると、先端の形を散りばめたようなストロークを描くことができます。

**WORD ストローク**
直訳すると「線」。ここではブラシの筆跡のこと。

ブラシ設定パネルは、左側が設定項目、右側が項目に対してそれぞれ設定をするエリアとなっています 01。

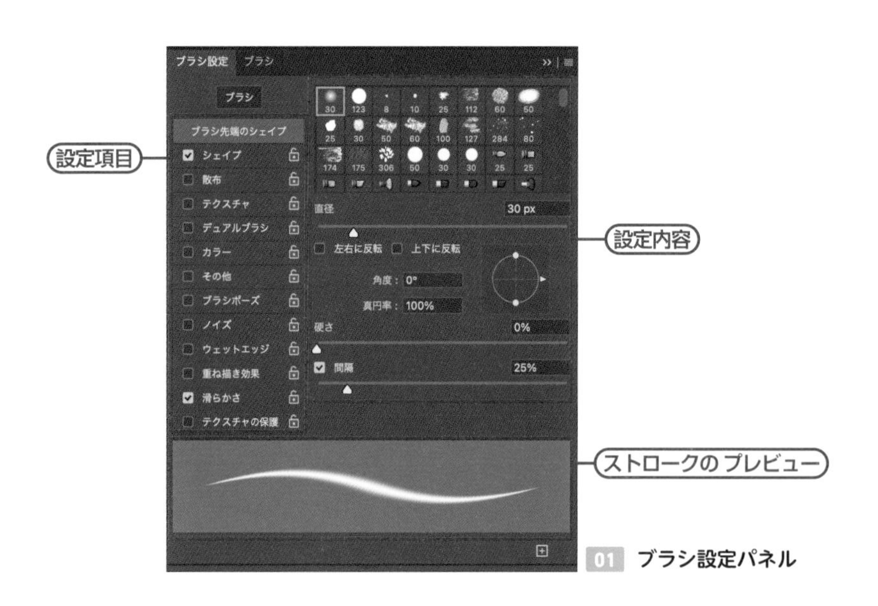


01 ブラシ設定パネル

## 間隔を広げて水玉のストロークを描く

ブラシツールを選択し、オプションバーで［直径：80px］［硬さ：100%］に設定して描画すると 02 、 03 のAのようになります。デフォルトではブラシの間隔が25%になっており、ストロークが少しもこもこして見えます。

間隔を調整するには、ブラシ設定パネルを開きます。左側のリストにある［ブラシ先端のシェイプ］の設定内容で、［間隔］を調整していきます 04 。デフォルトの［25%］からスライダーを動かし、最小の［1%］にすると最もなめらかなストロークになり（ 03 のB）、［100%］以上にすると、水玉のようなストロークになります（ 03 のC）。

ブラシで描画中（ドラッグ中）にshift［Shift］キーを押すと、直線を描くことができます。

02 直径と硬さ

※違いがわかりやすいように、ここでは直径80px、硬さ100%のブラシを用いています

03 ブラシの間隔の違い

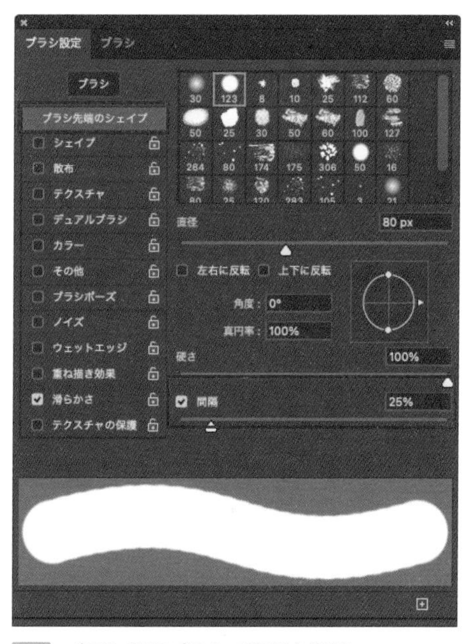


04 ブラシ設定パネルで間隔を調整

## 散布ブラシでキラキラを描こう

キラキラと星が散りばめられたようなストロークを描きたい場合は、星型のブラシに散布の設定を行います。

### ① 星形のブラシを選ぶ

オプションバーでブラシプリセットピッカーを開き、［レガシーブラシ］→［初期設定ブラシ］を開いて、初期設定ブラシの中央あたりにある［星形（70 pixel）］というブラシを選びます 05 。

79ページ、**Lesson2-08**参照。

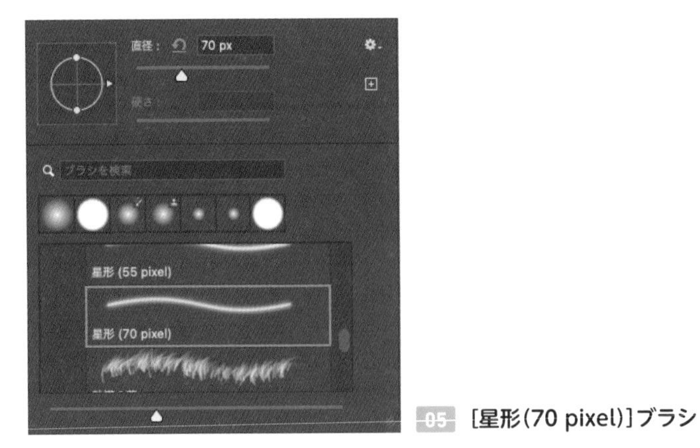


05 [星形(70 pixel)]ブラシ

**POINT**

レガシーブラシが見当たらない場合は、パネル右上の歯車アイコン→"レガシーブラシ"をクリックします。

## ② ブラシをカスタマイズする

ブラシ設定パネルを開き、水玉ブラシと同じ要領で、[間隔：40%]にします 06 。続いて [散布] をクリックし、スライダーを [100%] に調整すると 07 のBのようになります。

なお、ペンタブレットなどを使う場合は、[コントロール：筆圧] に設定すると、筆圧の強さで散布具合を調整することができます。さらに、設定項目の [シェイプ] で、[サイズのジッター] を大きくすると、星形のサイズにばらつきが出て、 07 のCのようによりキラキラした雰囲気になります。同様に、[角度のジッター] や [真円率のジッター] を調整してみてもいいでしょう。

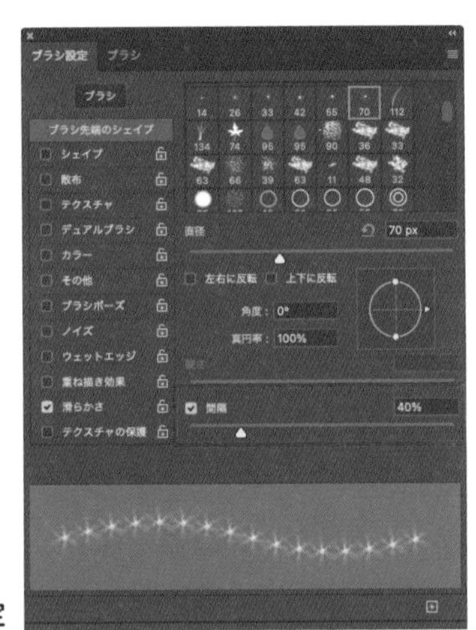


06 [間隔：40%]に設定

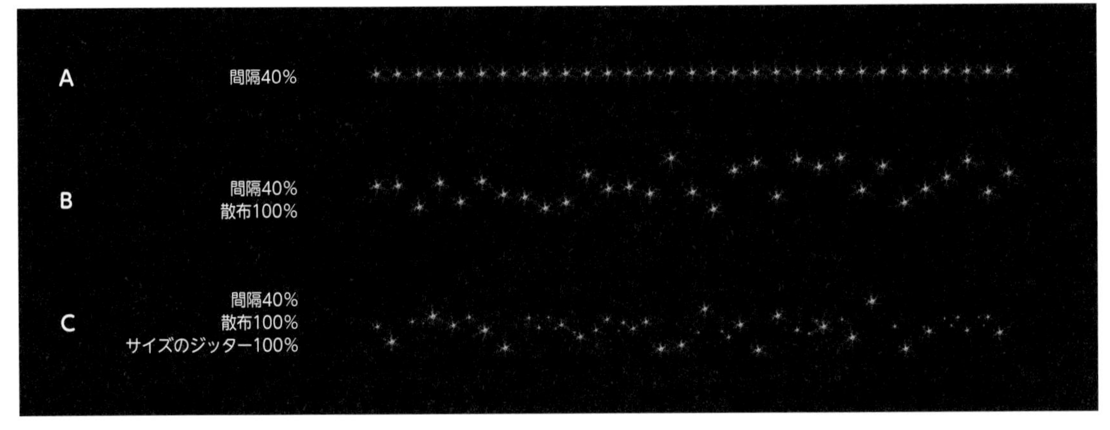


07 ブラシのさまざまな調整

**memo**

ジッター (jitter) は、英語で不安感やゆらぎを意味する言葉です。ブラシの設定では、サイズや角度、真円率にゆらぎ (ばらつき) をもたせるための設定を表します。

# デュアルブラシでかすれたブラシを作ろう

Lesson6 > 6-02

ブラシツールをもう少し深掘りして、デュアルブラシを使ってかすれた文字を書いてみましょう。

## デュアルブラシとは

ブラシ設定パネルでの設定項目の一つです。通常のブラシのストロークの中を別のブラシで塗りつぶすことができる設定です。例えば 01 のようなものが作れます。

ハード円ブラシ × 円スケッチボールペンブラシ
かすれたブラシ

ハード円ブラシ × 星(大)ブラシ
星でできたブラシ

01 デュアルブラシの例

## かすれたブラシを作ろう

素材画像「6-02-1.psd」を開いてください。背景レイヤーに直接描き込んでしまわないよう、まずは新規レイヤーを追加しておきます 02 。

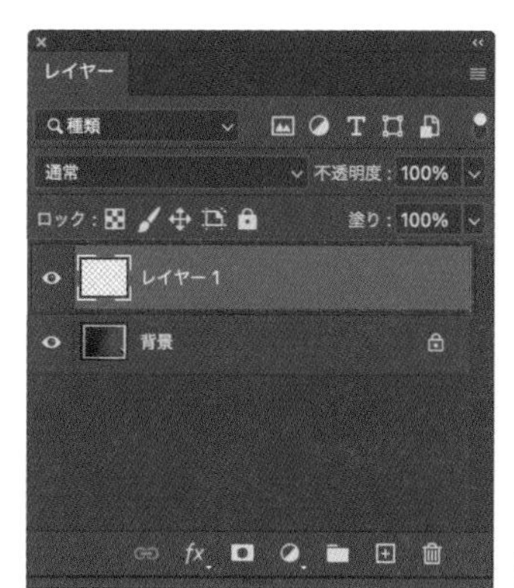


02 新規レイヤーを追加

## 1つ目のブラシの設定

レイヤーを追加できたらブラシツールに切り替え、土台となるブラシを設定します。ストロークの形となるため、シンプルな円のブラシがいいでしょう。

作例では［直径］を「50px」、［硬さ］を「100%」、［ハード円ブラシ］、色は白に設定しています。また、ブラシ設定パネルを開いて［間隔］を「1%」にし、ストロークの形を滑らかにします 03。ここまでは通常のブラシを使うときと同じですね 04。

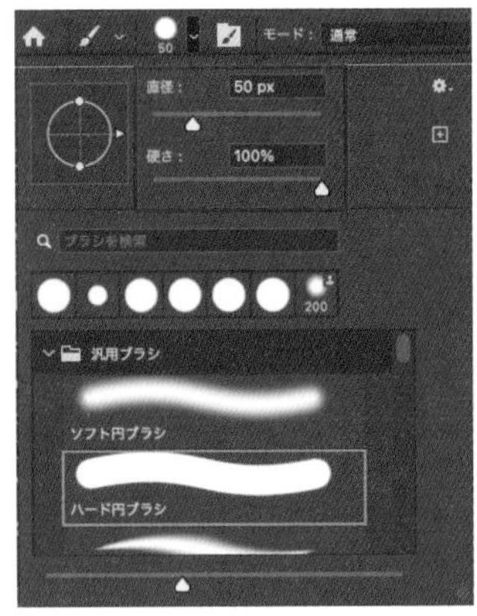


03 ブラシの設定

04 試し書き

> **memo**
> ブラシで書いたものを消すときは⌘［Ctrl］+Zキーで戻るか、⌘［Ctrl］+Aキーですべてを選択してからdelete［Delete］キーを押します。選択範囲の解除は⌘［Ctrl］+Dキーです。少しづつショートカットキーを覚えていきましょう。

## 2つ目のブラシの設定

ブラシ設定パネルの設定項目で［デュアルブラシ］の文字の部分をクリックします。設定内容が切り替わったら、まずは［描画モード］を［乗算］にしておきましょう。　続いてブラシの形を選びます。今回はかすれたブラシにしたいので、円スケッチボールペンというブラシを選びます。［直径］は土台ブラシより大きめの「100px」、［間隔］は少し開ける程度に「10%」、［散布］を「100%」にします 05。プレビューのところを見ると、これだけでかすれたブラシができ上がっています。

数値を変えるとかすれ方も変わってくるので、設定しながら好きなかすれ具合を探してみてください 06。

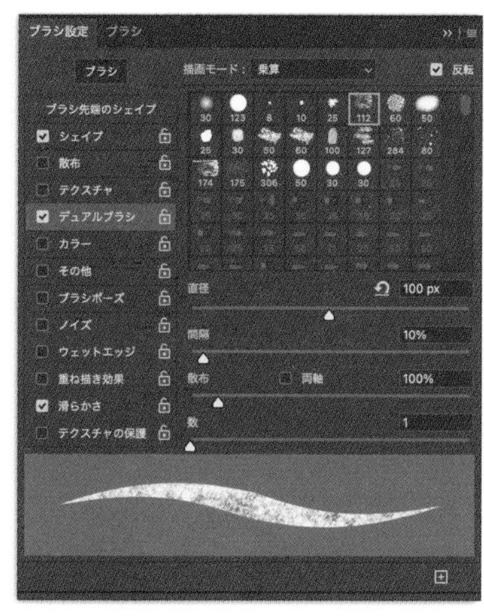


05 かすれブラシの設定

06 試し書き

かすれたブラシを使って、フリーハンドで文字やイラストなどを描くと、実際にチョークで黒板に描いたような仕上がりになります。デュアルブラシの形や設定によって、かすれ方や質感が変わってくるので、いろいろなブラシを作って試してみましょう 07 。

07 完成

**memo**

きれいな文字を書きたい場合は、テキストレイヤーを上からなぞるのがおすすめ。また、ブラシツールのオプションバーで［滑らかさ］を「50%」程度に上げてゆっくり描くときれいなストロークが描けます。

## 設定のリセット

ブラシの設定は、次にブラシを使うときにも記憶されています。ブラシの設定をリセットしたくなったら、ブラシツールのオプションバーでブラシアイコンをクリック→歯車アイコンをクリック→［ツールを初期化］を選択します 08 。

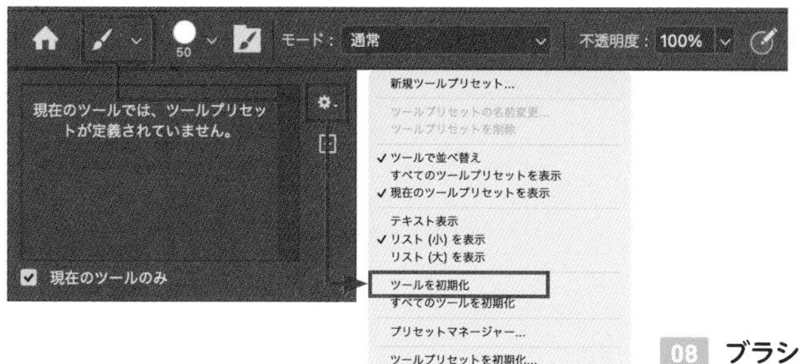


08 ブラシの設定をリセット

# レイヤースタイルで影や境界線をつける

Lesson6 > 6-03

「レイヤースタイル」を使うと、手軽に境界線や影をつけることができます。
レイヤースタイルを使って、平面のレイヤーに立体的な効果をかけてみましょう。

## レイヤースタイルとは

「**レイヤースタイル**」は、**レイヤーに境界線や影を追加したり、色やパターンを重ねたりといった加工が手軽にできる機能です**。レイヤースタイルの設定画面である「レイヤースタイル」ダイアログ 01 を開くには、3通りの方法があります。

memo
レイヤースタイルでの設定はスマートオブジェクトでなくてもあとから何度でも編集し直しができます。

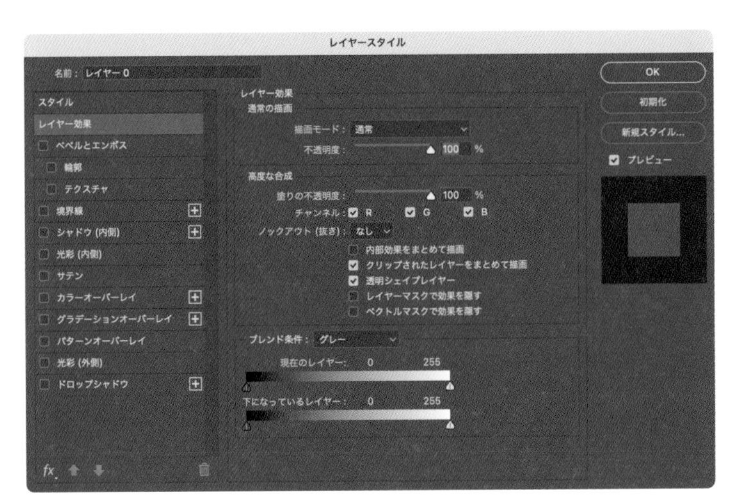


01 「レイヤースタイル」ダイアログ

1つ目は、レイヤーパネルで対象レイヤーを選択した状態で、メニュー→“レイヤー”→“レイヤースタイル”からスタイル項目を選択する方法 02 。2つ目は同じくレイヤーを選択した状態でレイヤーパネル下部の fx（[レイヤースタイルを追加] ボタン）をクリックし、スタイル項目を選択する方法 03 。3つ目が最も簡単で、レイヤーパネルで該当のレイヤーをダブルクリックします 04 。

memo
レイヤーパネルでレイヤーをダブルクリックして開く場合は、レイヤー名をダブルクリックしてしまうとレイヤー名の編集になってしまうので、該当レイヤーの余白部分をダブルクリックします。

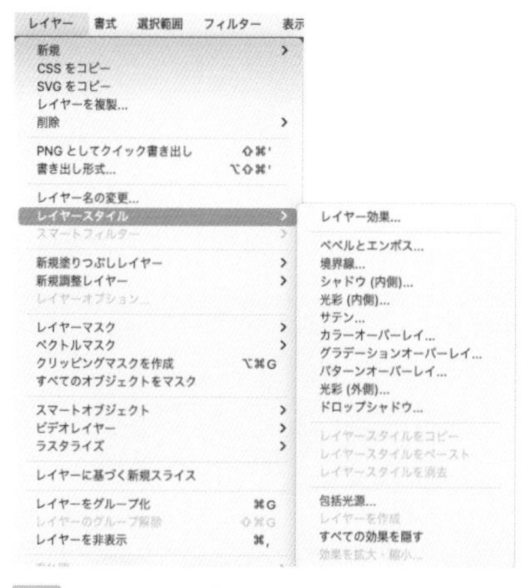


02 メニュー→“レイヤー”→“レイヤースタイル”からスタイル項目を選択

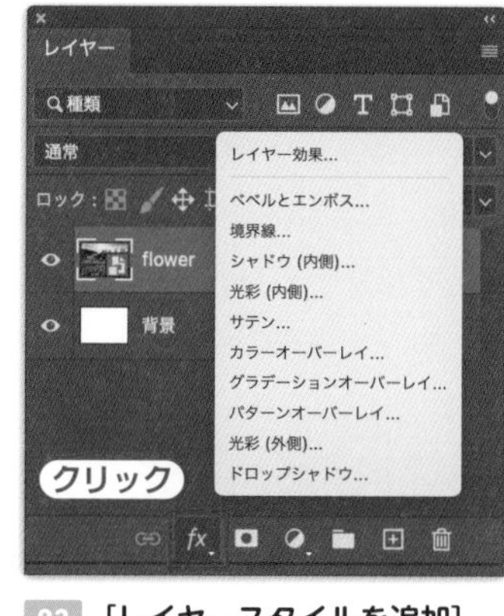


03 ［レイヤースタイルを追加］ボタンをクリック

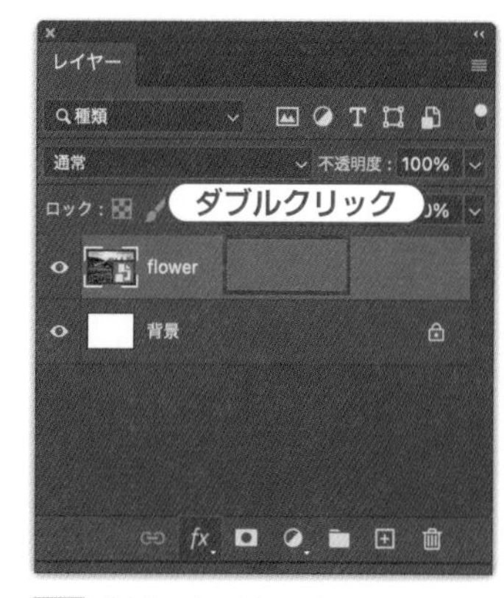


04 対象のレイヤーをダブルクリック

## 写真にフレームと影をつけよう

素材画像「6-03-1.psd」を開くと、中心に「flower」というスマートオブジェクトレイヤーがあります。レイヤースタイルを使って、簡単なフレームと影をつけてみましょう。

> **memo**
> 「レイヤースタイル」ダイアログの左側に並んでいるスタイルの表示項目数が少ない場合は、ダイアログの左下にある fx ボタンから［すべての効果を表示］を選択すると表示できます 05 。

### ①シャドウ（内側）の作成

まず、レイヤーパネルで「flower」レイヤーをダブルクリックし、「レイヤースタイル」ダイアログを開きます。スタイルの中から［シャドウ（内側）］をクリックして、写真の内側60pxに影をつけていきます 05 06 。この影は、フレームと写真のあいだの影のような役割となります。

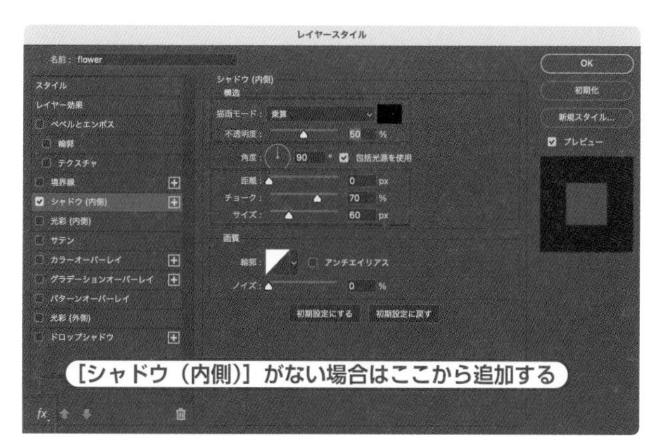


05 シャドウ(内側)の設定

［描画モード：乗算］、［不透明度：50%］
［距離：0］、［チョーク：70%］、［サイズ：60px］

> **memo**
> ［チョーク］というのはその幅の中で影のいちばん濃い部分が何%を占めるかという数値です。0%に近いほどやわらかいグラデーションの影になり、チョークが100%だと、ベタ塗りになります。

06 シャドウ(内側)が作成された

## ②［境界線］の追加

次に、「レイヤースタイル」ダイアログで［境界線］をクリックします。色は明るめの茶色、［サイズ］は「40px」、［位置］は「内側」に設定します 07 。60pxのシャドウ（内側）の上に40pxの境界線が追加された状態です。これで写真のフレームを作ることができました 08 。

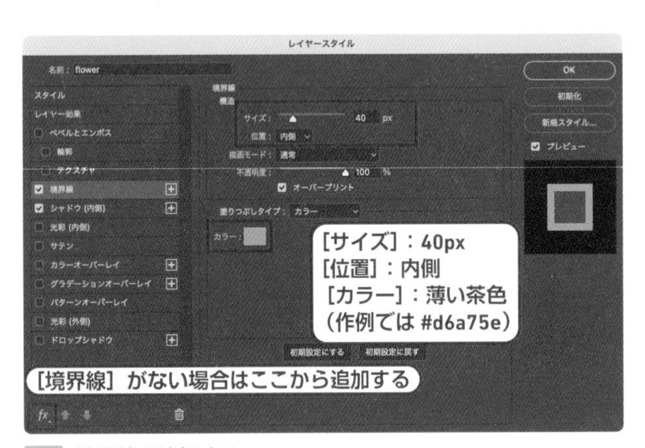


07 境界線を追加する

08 境界線が追加された

## ③ 影をつける

最後に［ドロップシャドウ］をクリックし、影の設定をします 09 。

影は、色のほかに角度、距離、サイズを指定します。角度と距離を付けることで光の向きを作ります。角度が何度であっても、距離が0であれば正面から光が当たったような影ができます 10 。

［サイズ］は影の幅ですが、［スプレッド］というのはその幅の中で影のいちばん濃い部分が何%を占めるかという数値です。0%に近いほどやわらかいグラデーションの影になり、スプレッドが100%だと、ベタ塗りになります。

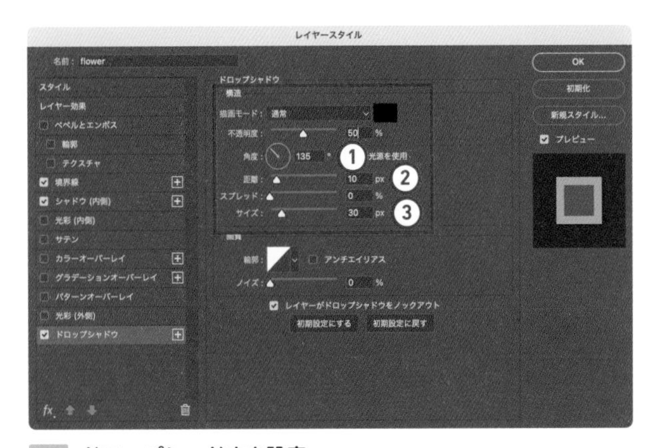


09 ドロップシャドウを設定

10 フレームに影がついた

### ④ パターンを使って質感を足す

ベタ塗りのフレームは、無機質な雰囲気になってしまうので、パターンを使った境界線をもう1つ足して、質感を与えてみましょう。

まずは、使うパターンの読み込みを行います。メニュー→“ウィンドウ”→“パターン”をクリックし、パターンパネルを開きます 11 。デフォルトでは「木」「草」「水」の3カテゴリのパターンしか入っていないため、右上の≡ボタンから「従来のパターンとその他」をクリックします。これでたくさんのパターンが使えるようになります 12 。追加できたらパターンパネルは閉じておきましょう。

**memo**

2019年頃のバージョンまでは、このようなパターンの追加をせずともデフォルトでたくさんのパターンが用意されていたのですが、現在のバージョンでは一度このような追加作業が必要となりました。少し面倒ですが、一度やっておくと追加されたままになるので、ここで追加しておきましょう。

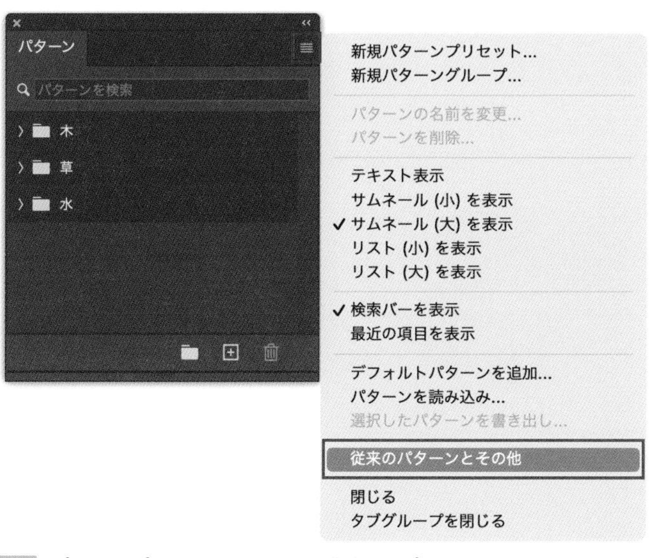


**11 パターンパネルのメニューから“従来のパターンとその他”を選択**

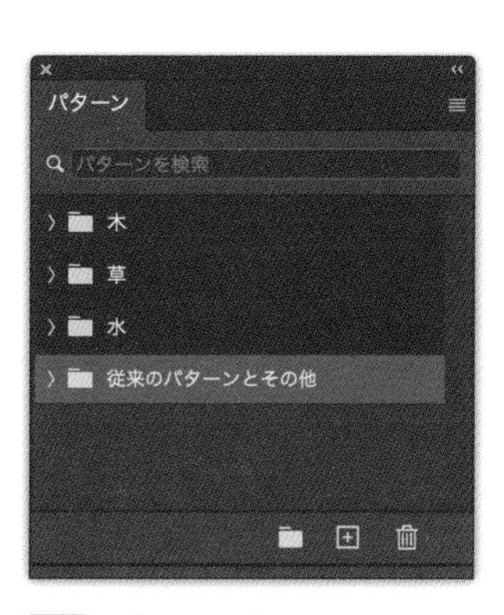


**12 パターンが追加された**

続いてもう一度「レイヤースタイル」ダイアログを開き、スタイルの[境界線]についている[+]ボタンをクリックし、境界線を1つ追加します。[境界線]という項目が2つ並ぶうち上のほうをクリックし、[サイズ]は40pxのまま、[塗りつぶしタイプ：パターン]にします。パターンのプレビューをクリックし、先程追加した「従来のパターンとその他」の中から「従来のパターン」→「従来のデフォルトパターン」とたどり、「灰色のみかげ石」というパターンを選択します（サムネールにカーソルを乗せると、各パターンの名前が表示されます）。

このままだと、白黒のパターン画像がそのまま境界線に適用されてしまい、ベージュの色が見えなくなってしいました。[描画モード]を[乗算]にし、[オーバープリント]にチェックを入れます。これは、下のベージュの境界線と色をブレンドさせるための設定です。乗算にするとパターンのうち白い部分は無視され、黒い部分が下のベージュを濃くします 13 。これにより、元のベージュの境界線に質感だけをプラスすることができました 14 。

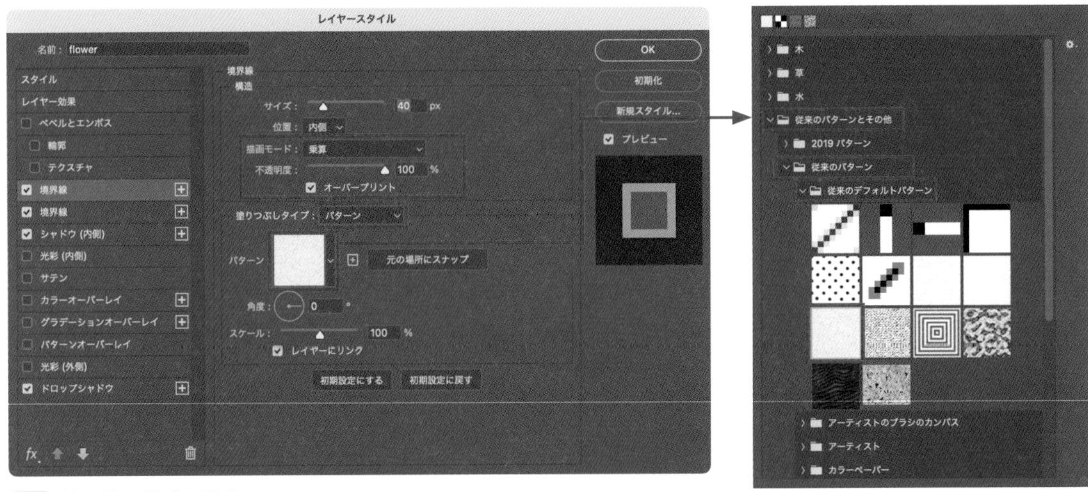


13 境界線に質感を足す

14 ベージュの境界線に質感が加わった

## スタイルを保存

ここまで作ったフレームと影のスタイルは、**保存することでほかのレイヤーにもワンクリックで再現することができます**。

スタイルを保存するには、「レイヤースタイル」ダイアログの右側にある［新規スタイル...］をクリックします。保存したスタイルを呼び出すには、「レイヤースタイル」ダイアログの左側のリストのうち、いちばん上の［スタイル］をクリックします。保存したスタイルのサムネールをクリックすることでスタイルを適用できます 15。

memo

Photoshopにはデフォルトでさまざまなスタイルが登録されています。ネットでもたくさんのスタイルが配布されているので、活用してみましょう。

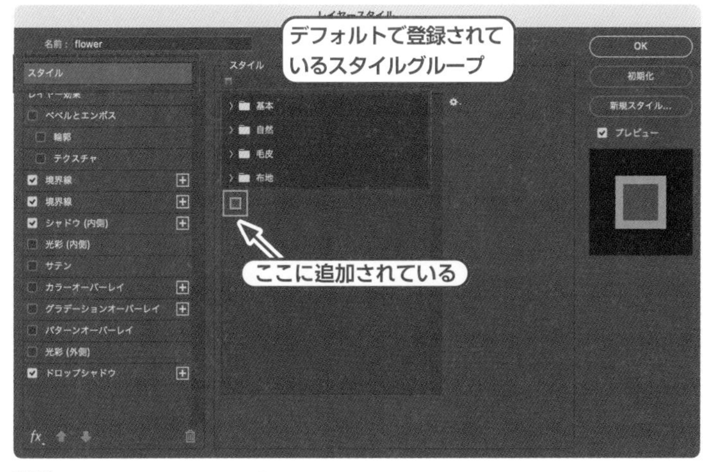


15 スタイルの保存と呼び出し

## レイヤースタイルの重なり

レイヤースタイルは、該当レイヤーの上に重なっていきます。「レイヤースタイル」ダイアログの左側にあるリストの順番で重なります 16 。

memo
レイヤースタイルの［ドロップシャドウ］と［光彩(外側)］のみ、レイヤーの下に重なります。

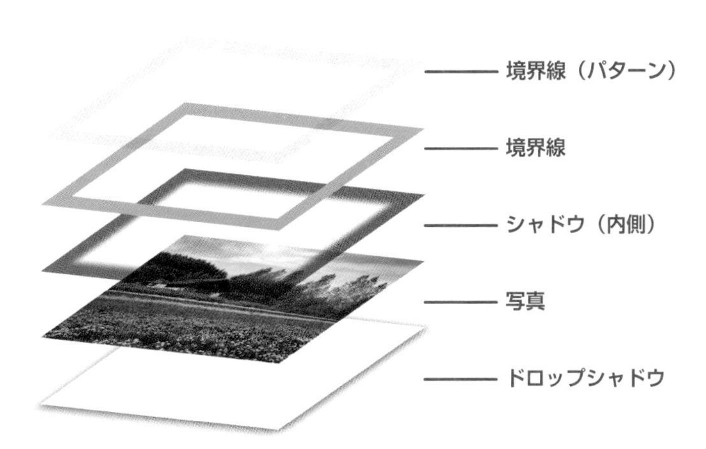


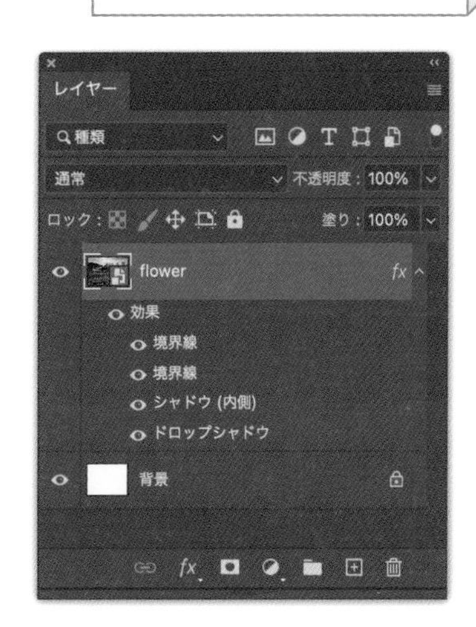


16 レイヤースタイルの重なり順

# 文字をメタリックにする

Lesson6 > 6-04

THEME テーマ
レイヤースタイルをかけ合わせて文字を加工し、メタリックな表現をしてみましょう。
この加工はテキスト以外のシェイプなどにも応用できます。

## レイヤースタイルによる文字加工

レイヤースタイルの合わせ技で文字を加工していきます 01 。実際に金属でできているような立体感を出すため、最後に「ベベル」という加工を行います。**テキストレイヤーにレイヤースタイルを適用すると、あとから文字を変更してもスタイルは適用されたまま**になります。

01 完成形

### ① ベースとなる文字を入力する

新規ファイルを作成します。カンバスは[アートとイラスト]→[1000ピクセルグリッド]を選びます。

ツールバーから横書き文字ツールを選び、オプションバーもしくは文字パネルを使って下記のような設定にし 02 、「GOLD」と入力しましょう 03 。

- フォント：太めのゴシック体（ここではArial Blackを使用）
- サイズ：200px
- 色：黒（#000000）

文字パネル

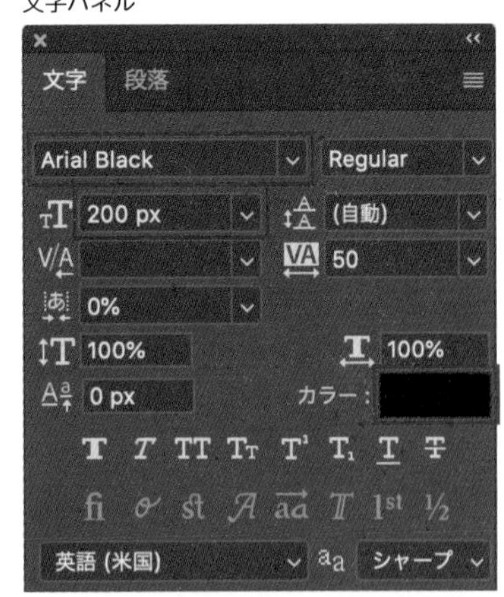


オプションバー

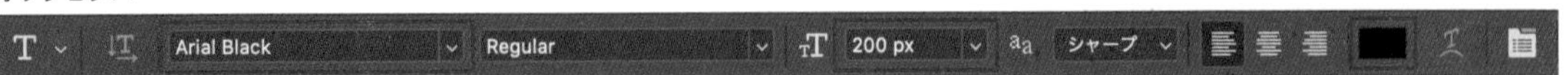


02 ベースとなる文字の設定

GOLD

※ここでは色を黒にしていますが、このあとの手順で上から色(グラデーション)をのせるので、この時点では何色でもOKです

03 文字を入力

### ② [グラデーションオーバーレイ] を追加する

レイヤーパネルで、テキストレイヤーをダブルクリックし、「レイヤースタイル」ダイアログ を開きます。[グラデーションオーバーレイ]にチェックを入れ、文字にグラデーションをのせます(04 A)。

グラデーションの色が表示されている部分をクリックし、「グラデーションエディター」を開きます(04 B)。さまざまなグラデーションのプリセットが用意されていますが、今回はゴールドのグラデーションをオリジナルで作ります。

グラデーションの帯のすぐ下にカーソルをあて、(指カーソル)になったところでクリックし、スライダーを2つ追加します。各スライダーをクリックして色と位置を図のように設定しましょう。スライダーを増やしすぎた場合は、delete [Delete] キーを押すかマウスでスライダーを下へドラッグすることで削除できます。

memo
基本の横書き文字ツールの使い方は73ページ、**Lesson2-07** および168ページ、**Lesson5-01** 参照。Arial BlackがPCに搭載されていない場合は、太めのゴシック体を使いましょう。またフォントサイズの単位は、メニュー→“Photoshop 2024”→“設定”→“単位・定規...”(Windowsではメニュー→“編集”→“環境設定”→“単位・定規...”)で開く「環境設定」ダイアログで変更できます。

198ページ、**Lesson6-03**参照。

memo
「オーバーレイ (overlay)」は、英語で「〜の上におく、上塗りする」という意味です。

memo
作ったグラデーションをプリセットに保存したい場合は、グラデーションエディターでグラデーション名を入力し[新規グラデーション]をクリックします。

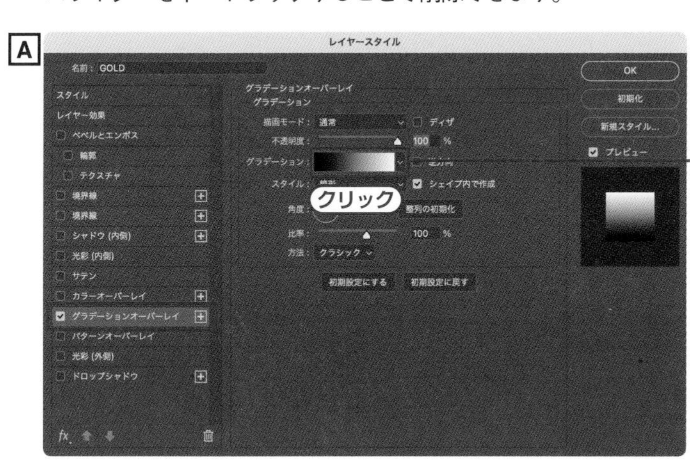


GOLD

スライダーの設定
①[カラー]:#c9a849、[位置]:0%
②[カラー]:#fff492、[位置]:47%
③[カラー]:#ffffc1、[位置]:53%
④[カラー]:#fad56a、[位置]:100%

04 レイヤースタイルで[グラデーションオーバレイ]を追加

### ③ [光彩（外側）] を追加する

［ドロップシャドウ］のように、レイヤーの外側にふわっとした色を追加します。[ドロップシャドウ]は角度と距離を使って奥行き感を生みますが、[光彩(外側)]は、レイヤーの周りに均等に色がつく機能です。

今回光彩を使うのは、最後に設定するベベルの前準備となります。05 のように設定しましょう。ここで設定する光彩のサイズ[10px]は、文字が立体的になったときに、ハイライトやシャドウが入る部分になります。

**memo**

わかりにくい場合は、いったんこのまま進め、完成後にレイヤーパネルで光彩（外側）だけ非表示にして何が違うのか確認してみましょう。レイヤーパネルで目のアイコンをクリックすることで表示／非表示を切り替えられます。

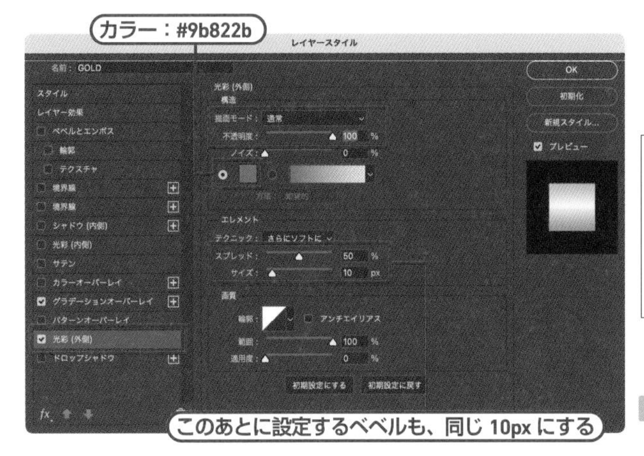

05 レイヤースタイルで[光彩(外側)]を追加

## 「ベベル」とは

続きを行う前に、オブジェクトを立体的に見せる「**ベベル**」について知っておきましょう。ベベル（bevel）とは、英語で「斜面」という意味です。Photoshopのベベルには「**ベベル(内側)**」と「**ベベル(外側)**」があり、効果はそれぞれ 06 のようになります。**ベベル（内側）はオブジェクトを削って斜面を作り出し、ベベル（外側）はオブジェクトを削らないように斜面を追加します**。今回のようにテキストにベベルを作る場合は、ベベル(外側)が向いていることがわかります。

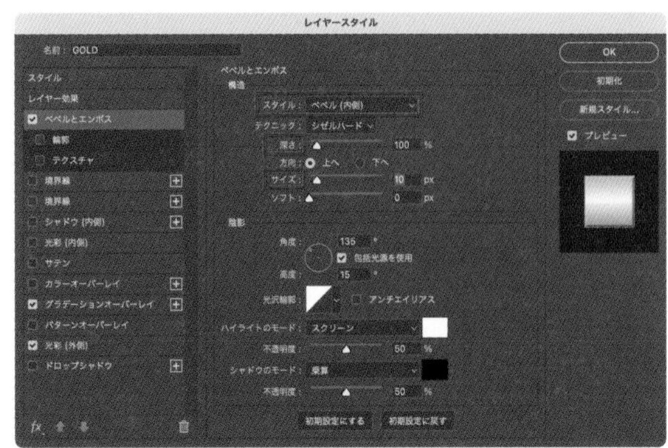

※ここでは違いがわかりやすいように、[テクニック]を[シゼルハード]としています

元のオブジェクト　ベベル(内側)　ベベル(外側)

断面

オブジェクトの内側を削って斜面を作ります。細いフォントや図形には不向き

オブジェクトの外側に斜面を追加します。ベベルサイズを大きくすると外側に広がる

06 ベベルの違い

### ④ [ベベルとエンボス] を追加する

作業に戻りましょう。文字レイヤーのレイヤースタイルに [ベベルとエンボス]を追加し、07のように設定します。まず、上段の[構造]でベベルの形を作っていきます。[テクニック] を [滑らかに] にすると、06のような硬い質感ではなく文字の表面と斜面がなめらかになります。ベベルの[サイズ]は光彩(外側)のサイズと同じ[10px]にし、光彩の上にちょうど斜面が覆いかぶさるようにします。

下段の [陰影] では、光の当て方や明るいところ (ハイライト)、暗いところ(シャドウ)の設定をします。光源の[角度] と[高度] を変えるとハイライトやシャドウの具合が変わります。[高度] が [0] だと光源はオブジェクトの真横に位置し、[90] だと真上に位置します08。

ハイライトとシャドウの色は、グラデーションオーバーレイで使った黄土色から派生したカラーを設定しています。ハイライトを [スクリーン]、シャドウを [乗算] にすることで、光彩 (外側) の色と重なってブレンドされます。

[光沢輪郭] は、デフォルトの状態だと光が当たったときにできる基本の陰影の形となりますが、プルダウンから [リング] を選択すると、ツヤが出てより金属っぽさが増します。

**memo**

[光沢輪郭] の感覚をつかむのは難しいですが、輪郭の形を変えると印象を変えることができます。いろいろな光沢輪郭を試してみましょう。

07 レイヤースタイルで[ベベルとエンボス]を追加

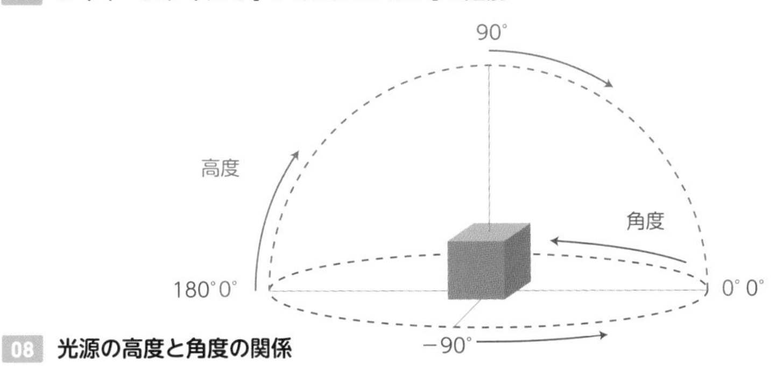


08 光源の高度と角度の関係

### ⑤ 完成

ここまでの設定ができたら完成です。文字に効果を付けただけなので、文字の編集も可能です。さらに、ブラシ◯などで飾るとよりキラキラ感を追加することができます。09 では背景を紺色に塗りつぶし、テキストの上にブラシでキラキラを追加しています。

79ページ、**Lesson2-08**および192ページ、**Lesson6-01**参照。

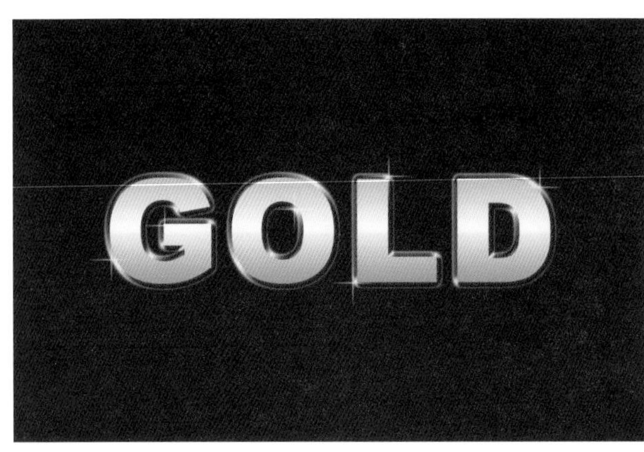


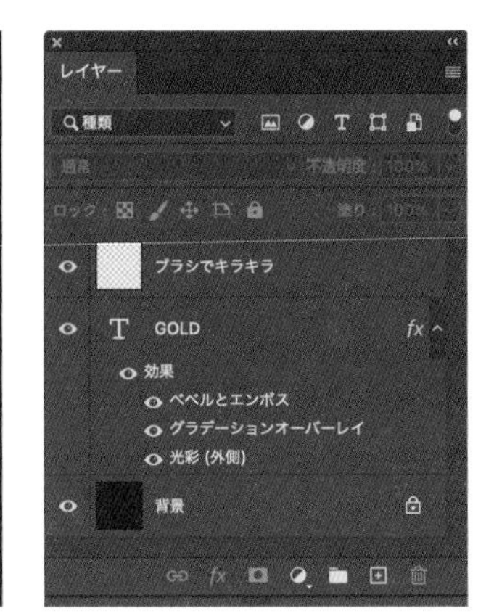


背景塗りつぶしカラー：#2c3162
使用ブラシ：[レガシーブラシ]→[クロスハッチ4]
ブラシカラー：#fffca
角度：45°

**09 完成プラスアルファ**

# 作品制作に挑戦！④ レイヤースタイルの活用

Lesson6 > 6-05

レイヤースタイルだけでもさまざまな表現ができます。ここではレイヤースタイルを使って背景やテキストを装飾していきましょう。

## 完成形の確認と新規ファイルの作成

まずは完成形の確認です。ここでは 01 の画像を作成します。背景中央にあるグラデーションのぷっくりとした絵の具のようなオブジェクトは、ブラシとレイヤースタイルだけでつくることができます。

それでは「新規ドキュメント」ウィンドウを立ち上げ、[幅] [高さ] ともに1,000pxで[解像度]は72ppiのカンバスを用意してください 02。

memo

[新規ドキュメント] ウィンドウを開くショートカットキーは⌘[Ctrl] +Nです。

01 完成形

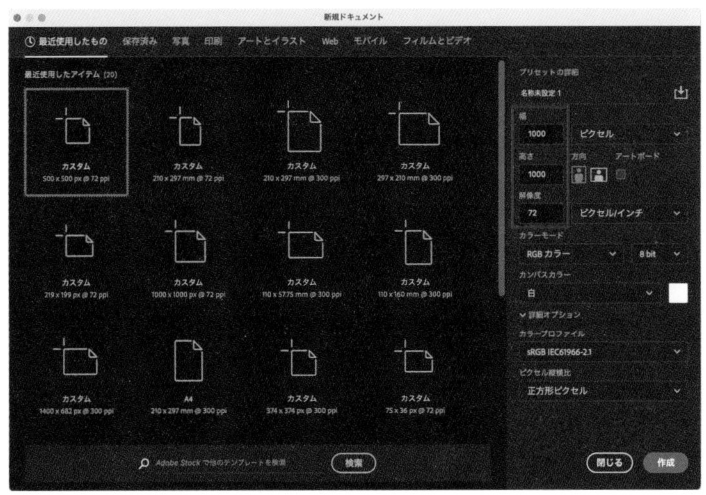


[幅]：1000px
[高さ]：1000px
[解像度]：72ppi

02 「新規ドキュメント」ウィンドウ

## 背景の作成

### べた塗りレイヤーとパターンオーバーレイ

べた塗りレイヤーを追加しましょう。レイヤーパネル下端の アイコンをクリックし、一番上にある“べた塗り”をクリックします 03 。色を選ぶカラーピッカーが出てきますので、薄い黄色を選びます 04 (作例では#ffeb9c)。[OK] をクリックするとべた塗りレイヤーが追加されました 05 。

memo
べた塗りレイヤーの色は、サムネールをダブルクリックすると何度でも変更できます。

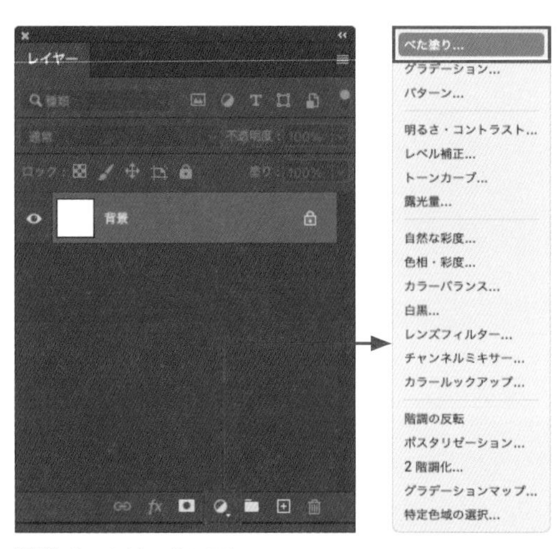


03 “べた塗り”を選択

04 べた塗りのカラーピッカー

05 レイヤーパネル

次に、べた塗りにパターンオーバーレイを適用しましょう。レイヤーをダブルクリックし、レイヤースタイルを開きます。

[パターンオーバーレイ] をクリックし、ドット柄のパターンを選びます。[従来のパターンとその他] → [従来のパターン] → [従来のデフォルトパターン] の中に「ドット1」というパターンが入っていますのでクリックします。ドットが小さいので、比率を250%まで上げます。最後に描画モードを「ソフトライト」に変更すると、

memo
[従来のパターンとその他] フォルダがない場合は201ページの方法で追加しておきましょう。

黄色のドット柄に変わります 06 。

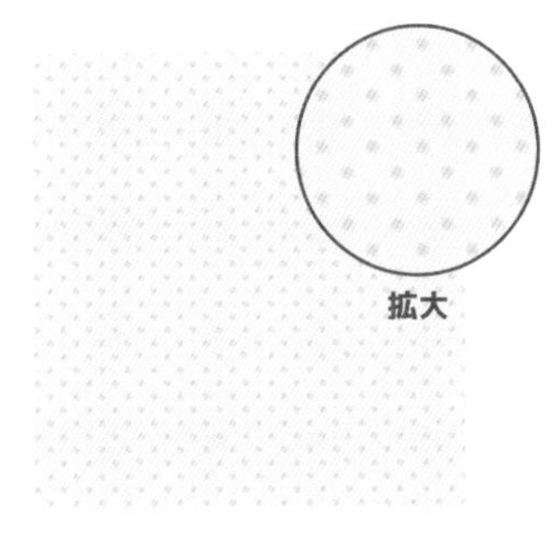


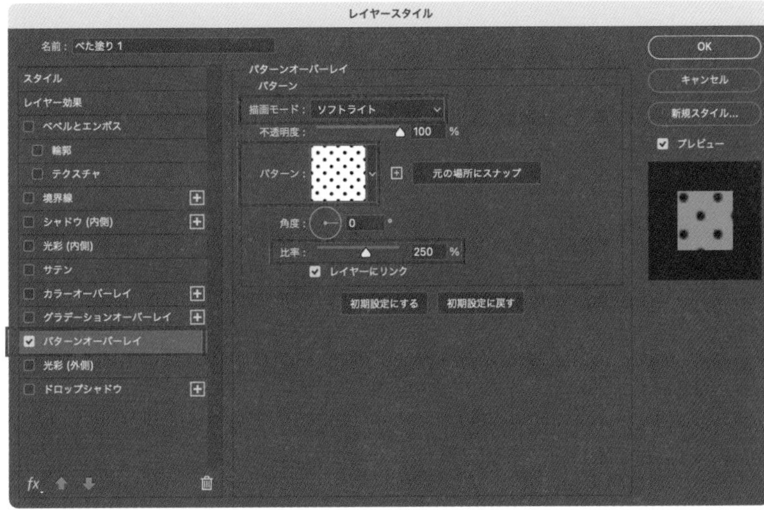


06 最背面となるドット柄

## ブラシで絵の具の形を描く

新規レイヤーを追加し、名前を「絵の具」としておきます。ブラシツールに切り替え、サイズは100〜150pxくらい、硬さ100%のブラシで絵の具の形をつくりましょう 07 。

このとき、オプションバーでなめらかさを50%程度に上げてゆっくり描くときれいに描くことができます。色はあとでレイヤースタイルで重ねがけするので、何色でもかまいません。

描けたらこのあと間違って書き込むことのないように「絵の具」レイヤーをスマートオブジェクトに変換しておきます 08 。

また、「絵の具」レイヤーはカンバスの中央に配置したいので、一度⌘［Ctrl］＋Aキーでカンバス全体を選択し、移動ツールのオプションバーにて上下左右ともに中央配置にしておきましょう。選択範囲の解除は⌘［Ctrl］＋Dキーです。

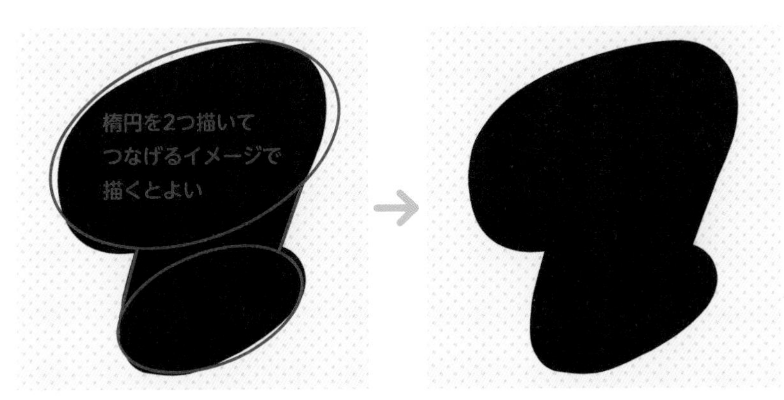


07 ブラシでベースを描く

08 レイヤーパネル

## [グラデーション]で絵の具っぽく

「絵の具」レイヤーの[レイヤースタイル]を立ち上げます。まずは[グラデーションオーバーレイ]をクリックし、色をつけていきましょう。[グラデーション]をクリックし、[虹色]フォルダにある[虹色_15]を選びます。次にブラシで描いた形に合うような角度をつけましょう。作例では[角度]を「135」度にしています 09。

> **memo**
> グラデーションの色名は、サムネールにカーソルを乗せて少し待つと表示されます。

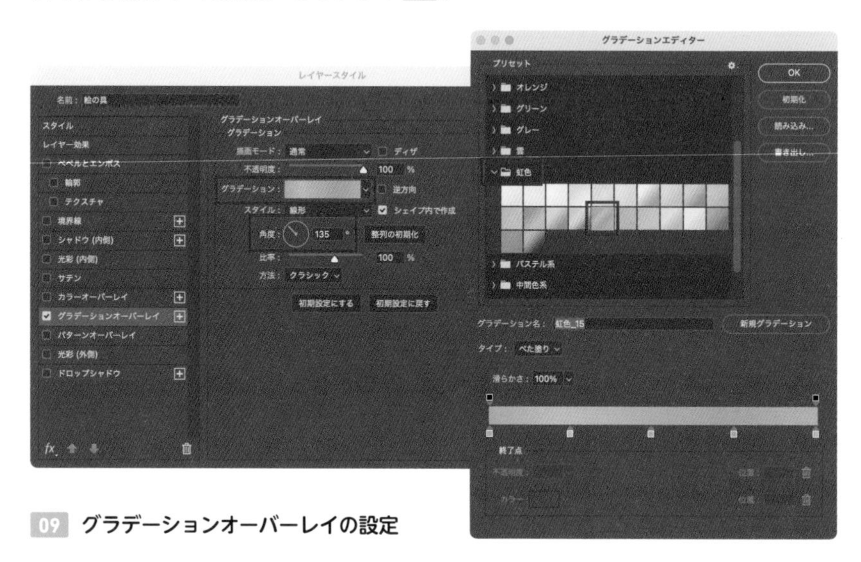

09 グラデーションオーバーレイの設定

## [ベベルとエンボス]で立体感を出す

続いて[ベベルとエンボス]をクリックし、立体感を作っていきましょう。10 のように設定していくと、立体感とツヤ感が出てきます。最後の[シャドウのモード]の色については、背景の黄色をスポイトで吸って、それを暗くした色を使用しています。真っ黒でなく黄色味を帯びさせることで、ほんのりつく影が背景の黄色となじみやすくなります。

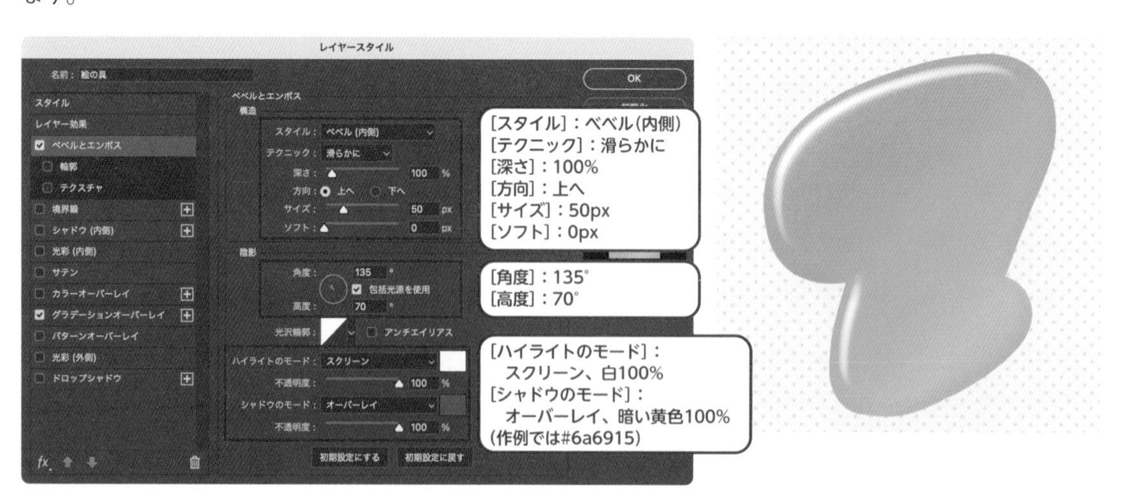


10 ベベルとエンボスの設定

### ［ドロップシャドウ］で背景となじませる

最後に［レイヤースタイル］の［ドロップシャドウ］を選択します。ほんのり影を落とすことで黄色の背景となじませていきましょう。色は先程のベベルとエンボスのシャドウで使った色を不透明度30%で設定します。角度もベベルとエンボスに合わせて135°にします。サイズなどを調整し、設定ができたら［OK］をクリックします 11 。

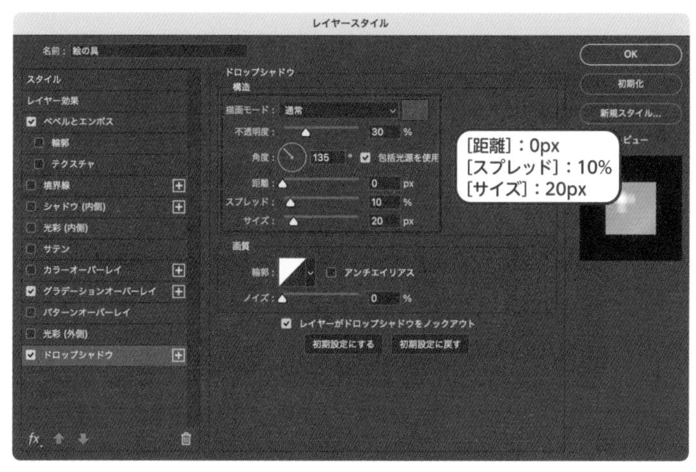

11 ドロップシャドウの設定

## 切り抜き写真の配置

### 絵の具の写真

素材「6-05-1.psd」をドラッグアンドドロップで直接カンバスへ配置させます。サイズを調整し、左上に配置します。このとき、見切れている青い絵の具が左端にくるように画像を反転させておきましょう。やり方は、メニュー→"編集"→"変形"→"水平方向に反転"をクリックです 12 。

**memo**
少し角度をつけて配置すると動きが出ます。このあとに配置するもうひとつの写真やテキストとのバランスを見ながらサイズは都度調整しましょう。

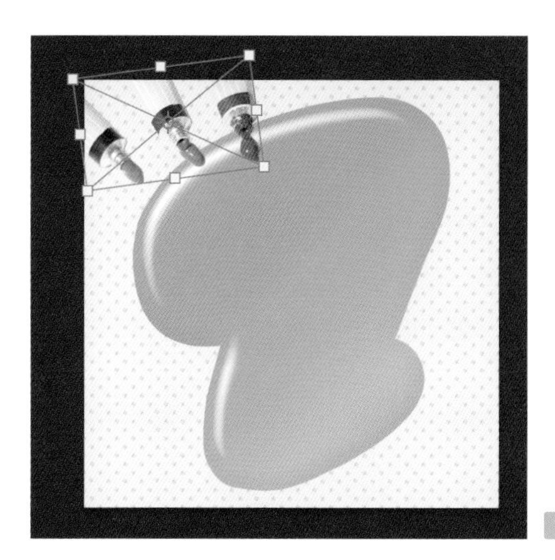

12 絵の具の写真の配置

### 手の写真

素材「6-05-2.psd」もドラッグアンドドロップで直接カンバスへ配置します。サイズを調整して右下に配置しましょう。手に持っているハケが「絵の具」レイヤーに重なるとペイントしているようになりますね 13 。

2つの写真が配置できたらグループ化します。

次に、このグループに[レイヤースタイル]で[ドロップシャドウ]を設定します。先ほど「絵の具」レイヤーで設定した[ドロップシャドウ]の内容が残っているので、そのまま使います。これでバナーの土台が完成です 14 。

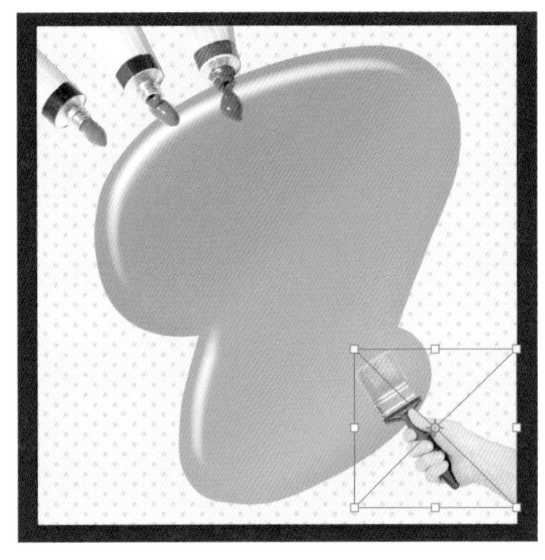

13 手の写真の配置

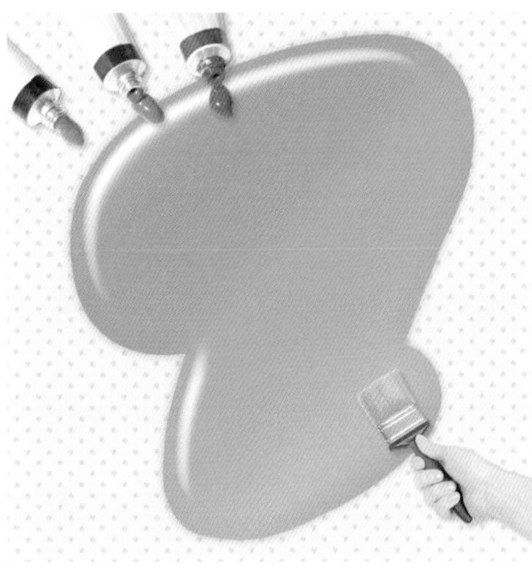


14 グループに対してドロップシャドウ

## タイトルテキストの配置

### テキストの入力と色の変更

移動ツールでカンバスの外をクリックして、いったんすべてのレイヤーの選択を解除します。

次に横書き文字ツールに切り替えて、[サイズ] 180px、[中央揃え] で、「こども絵画」と入力、改行して「コンクール」と入力しましょう。

フォントは、ひらがなとカタカナ部分は「めもわーる　しかく」、漢字部分は「VDL ロゴJrブラック」にします。

カーニングを調整したあと、横書き文字ツールのまま1文字ずつ選択し、色も変えていきましょう。作例では[スウォッチ]パネルを使い、[明]フォルダに入っている色から4色を選んでいます 15 。

> **memo**
> 「めもわーる　しかく」は漢字が収録されていないフォントのため、別なフォントと組み合わせる必要があります。ここで使用している2つのフォントはAdobe Fontsから入手できます。

> **memo**
> スウォッチパネルがない場合はメニュー→"ウィンドウ"→"スウォッチ"をクリックして開きます。

漢字だけフォントをVDL ロゴJrブラックに変える

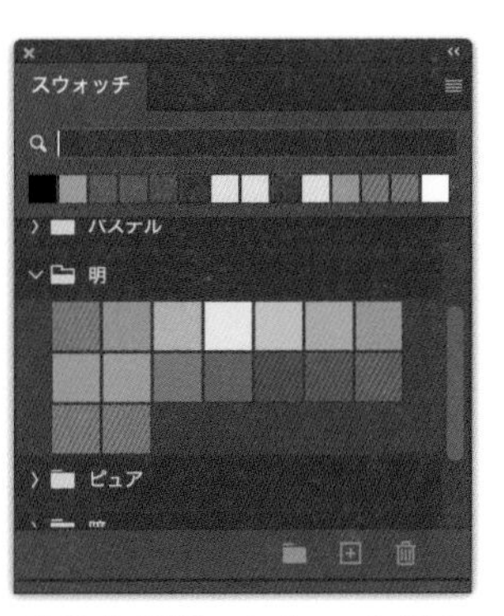


1文字づつ選択し、スウォッチパネルから色を選ぶ

**15 タイトルテキストの設定**

### レイヤースタイルで境界線をつける

このままだと読みにくいので、テキストレイヤーに境界線をつけていきましょう。

[レイヤースタイル] を開き、[境界線] を選択します。テキストに境界線をつける場合、[位置] を内側や中央にしてしまうとテキストが潰れて読みにくくなってしまうため、必ず外側にしましょう。作例では10pxの白い境界線を外側につけています 16 。

設定ができたら[OK]を押します。テキストレイヤーは水平方向中央に配置したいので、一度⌘[Ctrl]＋Aでカンバス全体を選択し、移動ツールのオプションバーにて水平方向中央揃えにしておきましょう 17 。選択範囲の解除は⌘[Ctrl]＋Dです。

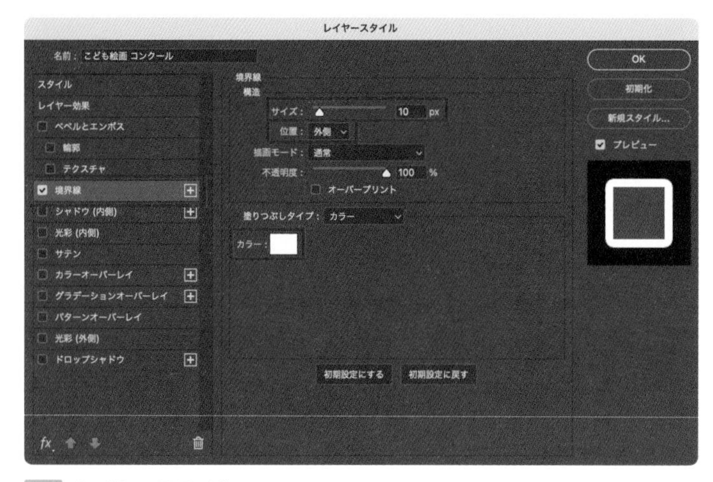


16 レイヤースタイル

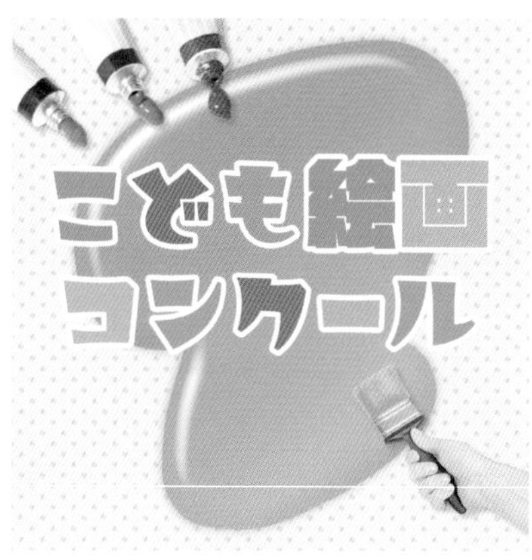


17 ここまでの途中経過

## 日付けとテーマの作成

### 日付けの作成

日付けの背景となる円を楕円形ツールで描きましょう。色はピンク(文字で使った色が好ましい)、サイズは直径320px程度です。

描いた円を移動ツールでカンバスの左下隅ぴったりに移動してから、右に20px、上に20px動かします。最後にレイヤーパネルで「楕円形 1」レイヤーの不透明度を90%に変更します。

次にテキストを入力します。円の上で入力するとエリア内文字になってしまうため、いったん円の外側で入力します。テキストの設定は 18 のとおりで、「9/15」で改行して「まで」と入力します。「まで」だけあとから文字サイズを50pxに小さくします。

テキストが完成したら移動ツールで円の中央に移動しましょう。

**memo**

移動ツールでは矢印キーを使って1pxずつレイヤーを動かすことができます。またshift［Shift］キーを押しながら矢印キーを押すと、10pxずつ動かすことができます。

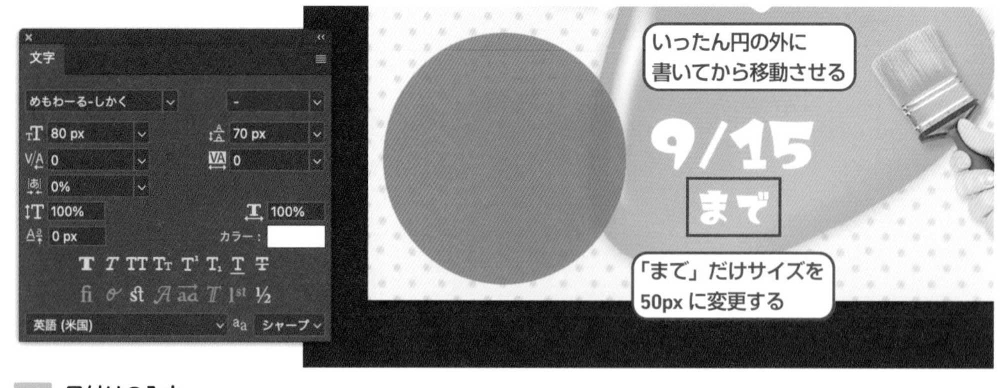


18 日付けの入力

## テーマの作成

最後にテーマを書きます。すべてのレイヤーの選択を解除してから、横書き文字ツールで 19 のように設定し、「テーマ：」で改行して「将来の夢」と入力します。「テーマ：」だけあとから50pxに小さくします。

［レイヤースタイル］を開き、タイトルテキストと同じ要領で水色の境界線（文字で使った色が好ましい）を外側10pxに付けます 20 。

テキストの位置はピンクの円と手の写真のちょうど間に収まるようにします。収まらない場合は手の写真のサイズや位置を調整してください。全体のバランスを整えたら完成です 21 22 。

> **memo**
> ここで使っているフォント「M+ 2c」もAdobe Fontsからインストールしておきましょう。

19 テキストの設定

20 テーマの作成

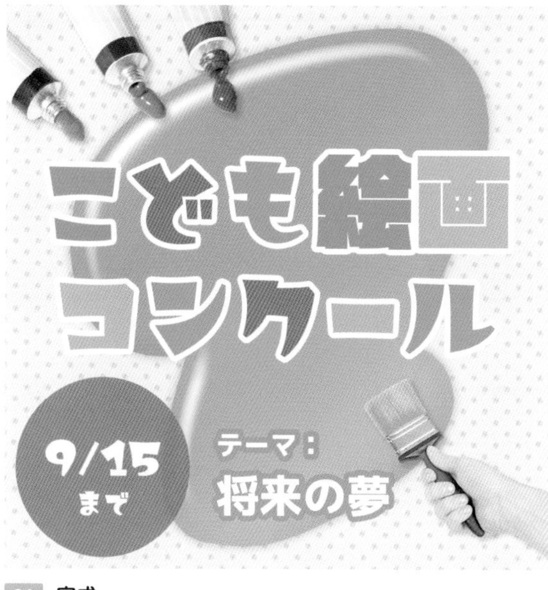


21 完成

22 レイヤーパネル

# 画像解像度ってなに？

「解像度（かいぞうど）」という言葉を聞いたことがあるかもしれません。「解像度が高い＝高画質」というイメージもあるでしょう。ただし、それは必ずしも正しいとは言い切れません。

Photoshopで扱うラスターデータ（→15ページ、**Column**参照）は、小さな点（ピクセル）の集まりでできています。このピクセルには「1ピクセル＝〇mm」というような決まった大きさがありません。スマートフォンで写真を拡大縮小するとピクセルの粒の大きさは変わりますよね。画像解像度とは、この大きさの変わるピクセルを「1インチ（2.54cm）あたりにいくつ入れるか」という密度のことをいい、単位にはppi（ピクセル・パー・インチ）を使います。1インチにたくさんのピクセルを敷き詰めるほどピクセルは小さくなるので高精細な表現が可能となります。ただしその分たくさんのピクセルを必要とします **01** 。画像のピクセル総数は減らすことはできても増やすことは難しいため、写真であれば撮影時に大きなサイズで撮っておくことが重要となります。

また、印刷物とデジタルで適切な解像度は違います。画面上で見る用のデジタルデータでは72ppi、印刷データでは300〜350ppiが適切とされています。解像度は高いほど高品質というわけではなく、用途に合わせてこの適性解像度を設定することが大切です。

**01 解像度とピクセルの関係**

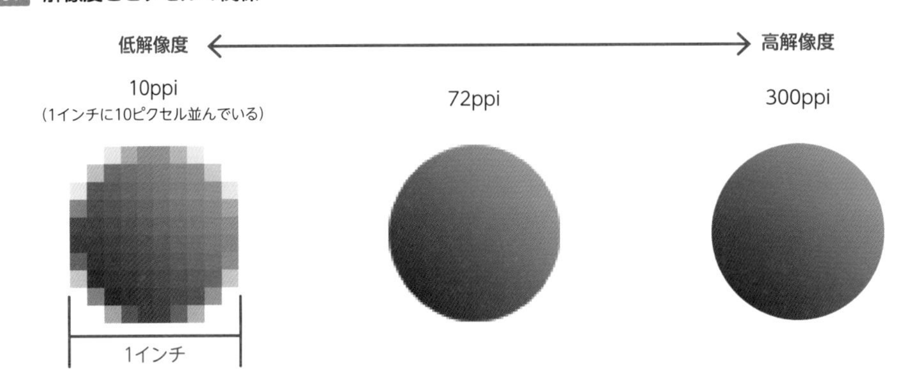


Photoshopでは、あらかじめ新規ドキュメントウィンドウで解像度が設定できるほか、作品の制作中にもメニュー→“イメージ”→“画像解像度”から「画像解像度」ダイアログを開いて、解像度を変更できます **02** 。ただし制作中に解像度を上げると画像全体が小さくなるか粗くなってしまうので、「画像解像度」ダイアログは解像度を下げるときに使うと考えておきましょう。

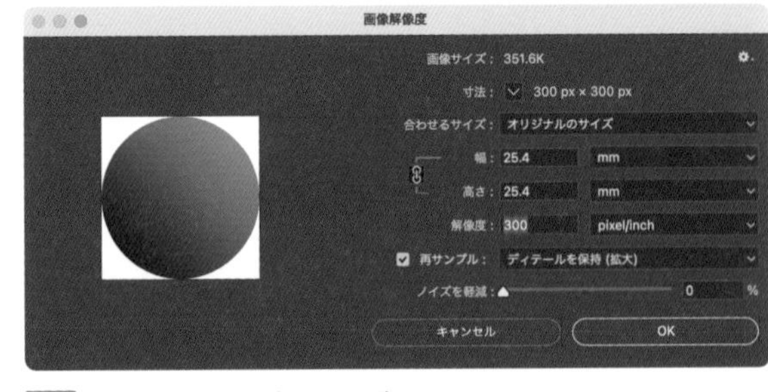


**02 「画像解像度」ダイアログ**

Lesson 7

# フィルターを使ったテクニック

Photoshopには、ぼかしを加えたり、イラスト風に加工したりするものをはじめ、さまざまなフィルターが用意されています。AIを使ったPhotoshop独自のフィルターなども試してみましょう。

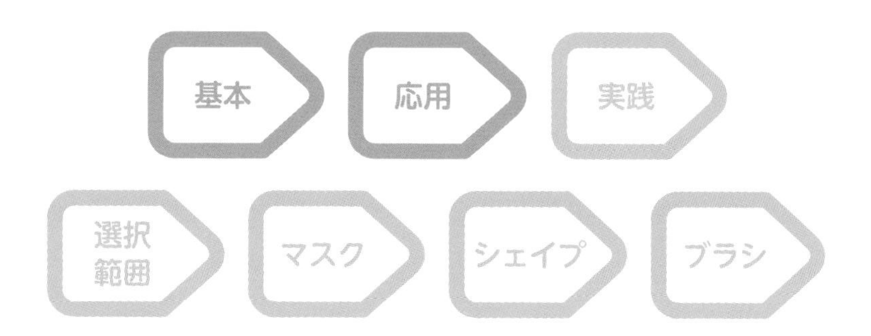

# ぼかしフィルターで写真の全体や一部をぼかす

Lesson7 > 7-01

いろいろな場面で必要になる写真の「ぼかし」。Photohopにはいろいろなぼかし表現があるので、目的に合ったぼかしを使えるようになりましょう。

## ぼかし(ガウス)

一般的な「ぼかし」は、「ガウスぼかし」と呼ばれます。ぼかしたいレイヤーを選択して、メニュー→“フィルター”→“ぼかし”→“ぼかし(ガウス)”でぼかし具合を設定し、適用することができます 01 02。

このとき、あらかじめレイヤーをスマートオブジェクトしておくと、ぼかしが「スマートフィルター」という形で適用され 03、ぼかし具合やぼかし範囲を、あとから何度でも調整することができます。

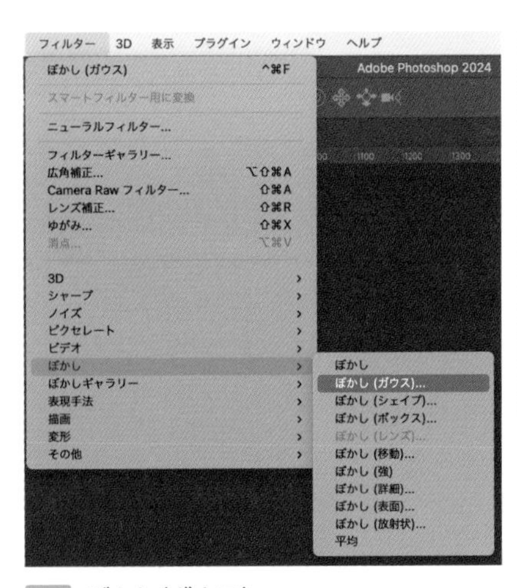


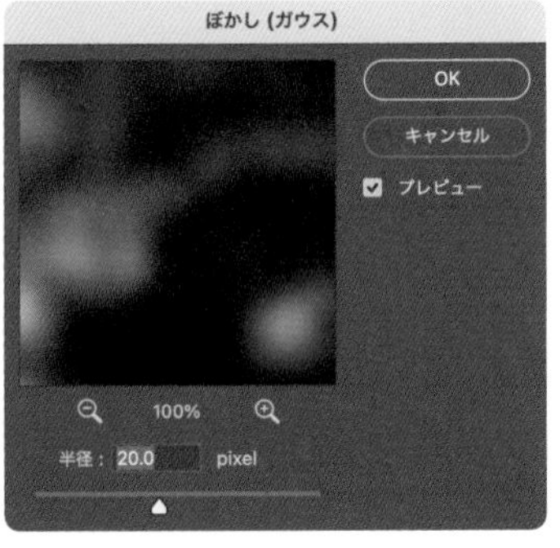


01 ぼかし(ガウス)

02 ぼかし(ガウス)を半径20pxに設定した状態

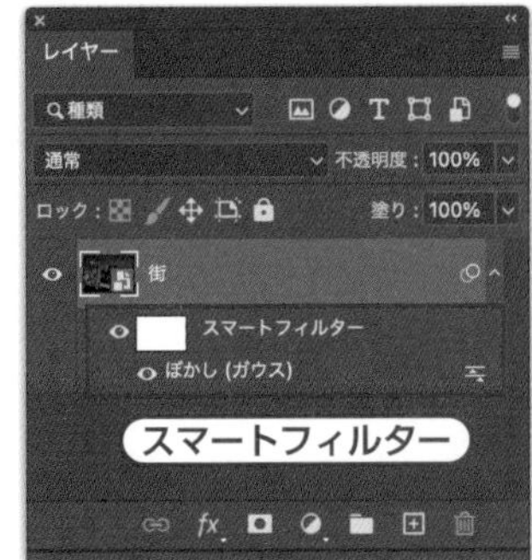


03 レイヤーパネル

　また、あらかじめ選択範囲を作ってから同様の操作を行うと、選択範囲内だけをぼかすことができます 04 。その場合、「スマートフィルター」部分にマスクが設定されます 05 。このマスクはレイヤーマスクと同じようにブラシなどで編集ができます。

**memo**

写真の一部をぼかす機能は、映り込んでしまった人の顔をぼかしたいときなどに便利です。

04 写真の一部をぼかす

05 レイヤーパネル

## いろいろなぼかし

### ぼかし（移動）

　手ぶれ風の効果を与えたいときや、躍動感を出すときに使えるぼかしです。メニュー→“フィルター”→“ぼかし”→“ぼかし（移動）”で角度とぼかす距離を設定し適用することができます 06 07 。

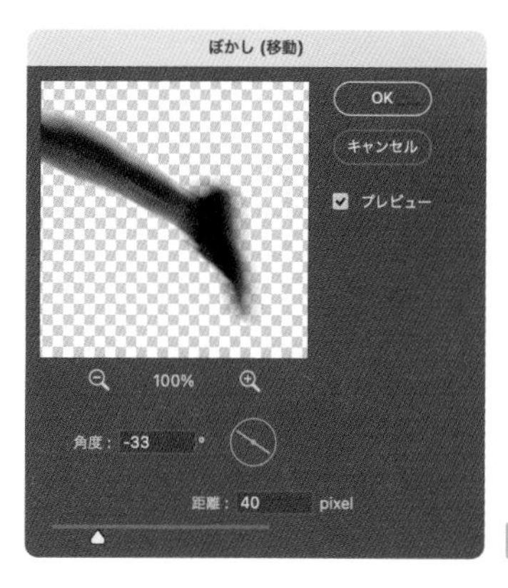


06 ぼかし（移動）

07 画像の一部をぼかすと躍動感を出せる

## ぼかし（表面）

メニュー→“フィルター”→“ぼかし”→“ぼかし（表面）で、[半径] と [しきい値] を設定して適用できます 08。ぼかし（ガウス）と似ていますが、[しきい値] を上げることで幻想的なぼかしを表現できます 09。

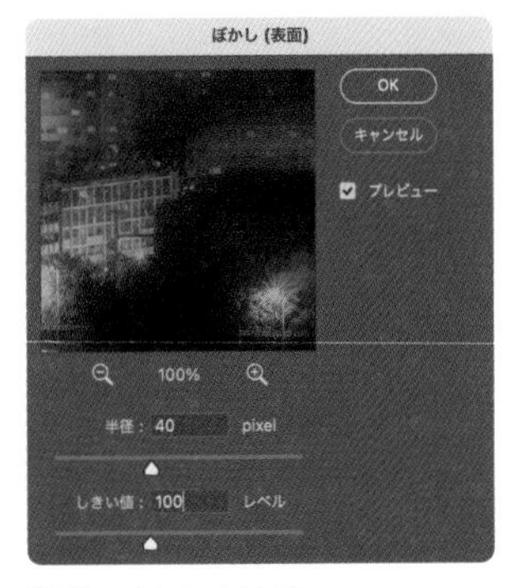


08 ぼかし(表面)

09 半径としきい値の関係で幻想的な雰囲気に仕上がる

ここで紹介した以外にもメニュー→“フィルター”→“ぼかし”からいろいろなぼかし表現を適用することができるので、試してみましょう。ぼかしという名前ですが、イラストのような質感になる「ぼかし(詳細)」や、見た目の変わらない「ぼかし（強)」などもあります。また、夜景などをぼかしてピンボケした光の玉をつくる「玉ボケ」という手法についてはLesson7-04（233ページ）で紹介しています。

memo

ぼかし(強)は、見た目をほとんど変えないまま画像の容量を軽くする効果があります。

# フィルターギャラリー

Lesson7 > 7-02

**THEME テーマ** フィルターギャラリーには、たくさんのフィルターが用意されています。写真にいろいろな効果を与えてみましょう。

## フィルターギャラリー

### 使い方

フィルターをかけたいレイヤーを選択しメニュー→“フィルター”→“フィルターギャラリー”をクリックします。フィルターギャラリーのウィンドウが開きますので、かけたいフィルターを選択します 01 。ウィンドウ右側のオプションで数値を設定します。フィルターを重ねがけしたい場合は一番下にある➕マークをクリックしてもう一度フィルターを選びます。

> **memo**
> 通常レイヤーにフィルターギャラリーを適用するとあとから編集ができなくなるため、スマートオブジェクトにしてから適用するのがおすすめです。

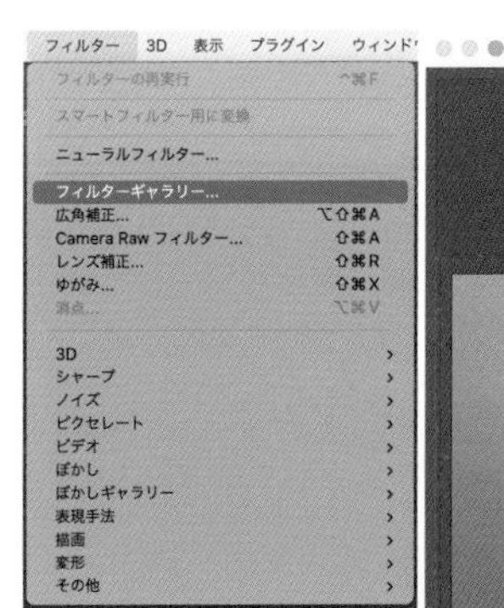


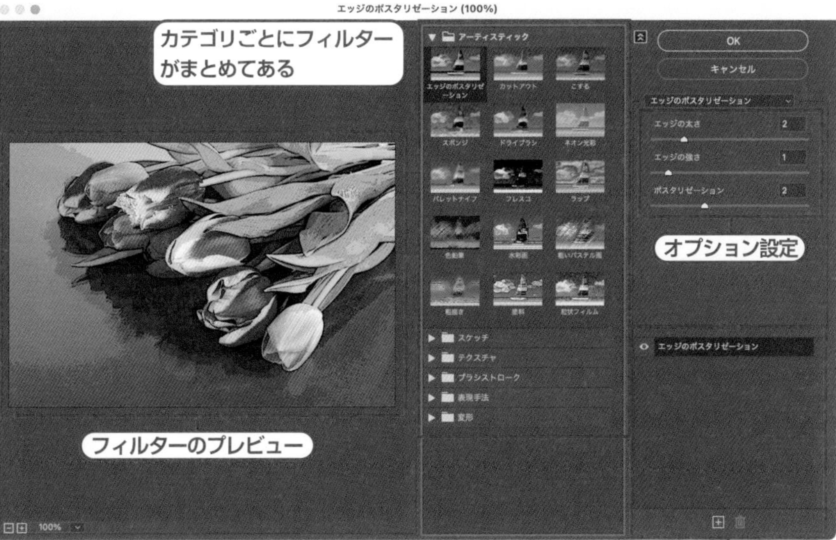


01 フィルターギャラリー

それでは 02 の画像を使っておもなフィルターを紹介していきましょう。

02 元画像

**POINT**

フィルターギャラリーは単体で使い勝手のいいものもありますが、いろいろなフィルターとかけあわせたり描画モードを変えたりして、合成作業の一部として使われることが多いです。

## アーティスティック

**03 エッジのポスタリゼーション**

写真のエッジ(境界線)部分の階調を減らしてイラストチックに見せる

**04 カットアウト**

レベル数などの数値を変更することで写真全体の階調を調整できる

**05 ドライブラシ**

絵の具などの画材で描いたような効果になる

**06 塗料**

塗料で大雑把に塗ったような効果になる。ブラシの種類を変えることで表現も変わる

## スケッチ

07 ぎざぎざのエッジ

画像が2階調になる。このとき塗られる色は、ツールバーの描画色で設定している色になる(ここでは描画色を赤に設定)

08 グラフィックペン

鉛筆などでスケッチしたような質感になる。このとき塗られる色は、ツールバーの描画色で設定している色になる(ここでは描画色を赤に設定)

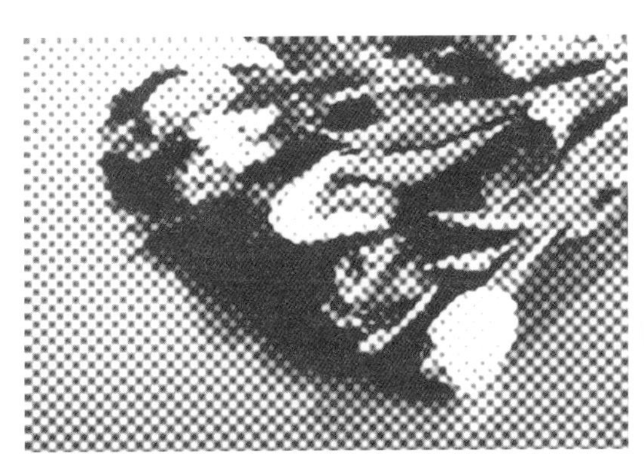

09 ハーフトーンパターン(点)

ハーフトーン画像を作ることができる。ここではパターンタイプを「点」に設定。このとき塗られる色は、ツールバーの描画色で設定している色になる(ここでは描画色を赤に設定)

## テクスチャ

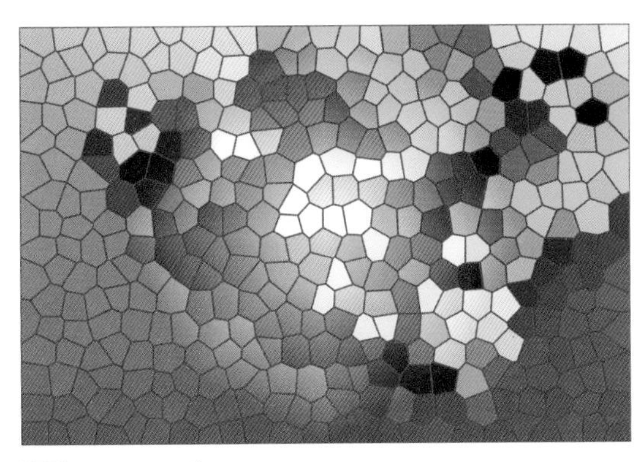

10 ステンドグラス

ステンドグラス風のモザイク効果を得られる。境界線の色は、ツールバーの描画色で設定している色になる(ここでは描画色を赤に設定)。

11 テクスチャライザー（レンガ）

いろいろなテクスチャの上に画像が乗っているかのようなリアルな奥行き感を表現できる。ここではテクスチャをレンガに設定

## ブラシストローク

**12 インク画（外形）**
画像にインクで影を描いたような効果を上乗せできる

**13 はね**
スプレーで描いたような効果になる

## 表現手法

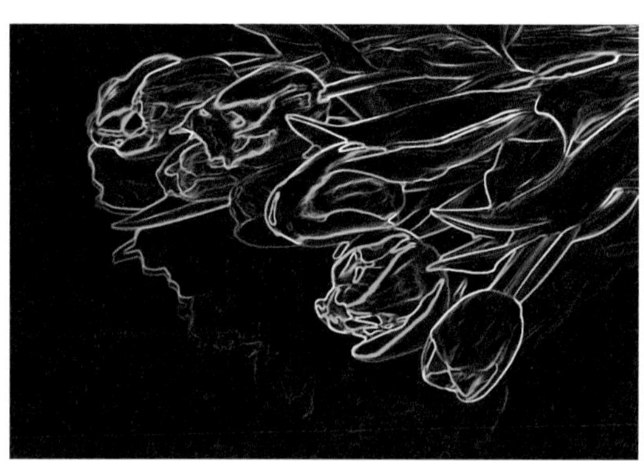

**14 エッジの光彩**
画像のエッジ部分をネオンのように光らせて取り出す

## 変形

**15 ガラス（霜付き）**
ガラス越しに画像を見ているような効果にななる。ここではガラスのテクスチャを「霜付き」に設定

**16 光彩拡散**
画像全体がふんわりと光で飛んでいるような効果になる

# 写真を水彩画風にしてみよう

Lesson7 > 7-03

フィルターギャラリーやそのほかのフィルターを使って、写真を水彩絵の具で描いたイラストのように加工してみましょう。

## 完成形の確認

フルーツジュースの写真を使って、01 のようなイラスト風の加工を行っていきます。完成形の構造としては、02 のように絵の具で塗ったような加工をするレイヤーと、被写体のエッジを線画のように取り出したレイヤーの2枚が重なっています。

memo
誌面で見ると画像が小さくて効果がわかりにくいので、素材と完成形のデータを開いて見比べてみましょう。

01 元画像と完成形

02 構造

## 写真の明るさを調整

### トーンカーブ

まず前準備として、写真をしっかり明るくしていきましょう。「トーンカーブ」調整レイヤーを追加し、03のように調整します。

トーンカーブの一番左下を真上に持ち上げると、写真の中で暗い部分が明るくなり、コントラストが低くなります。

次に、一番右上を左に少しだけずらします。左にずらすほど真っ白なピクセルが増えていきます。最後にカーブの中央あたりを持ち上げて全体をふんわり明るくします。

memo

このように、暗いピクセルをなるべく減らして全体をふんわり明るくしておくと、このあとのフィルターできれいな効果を得やすくなります。

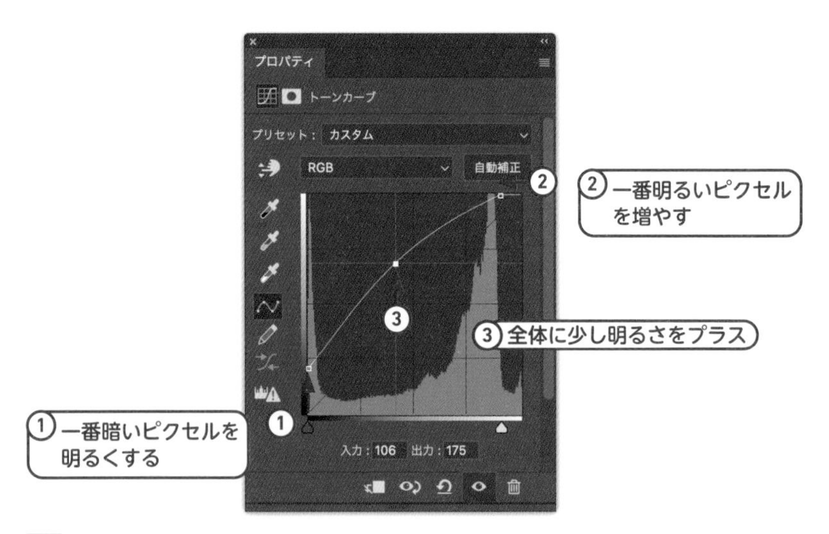


03 トーンカーブ調整レイヤー

### レイヤーの整理

明るさの調整ができたら、「背景」レイヤーを通常レイヤーに変換します。

次に、写真のレイヤーとトーンカーブを合わせてグループ化し（ここではグループ名を「ジュース」としました）、そしてそのグループをスマートオブジェクト化します04。レイヤーパネルが「ジュース」という名前のスマートオブジェクトひとつになりました。

86ページ、Lesson3-01参照

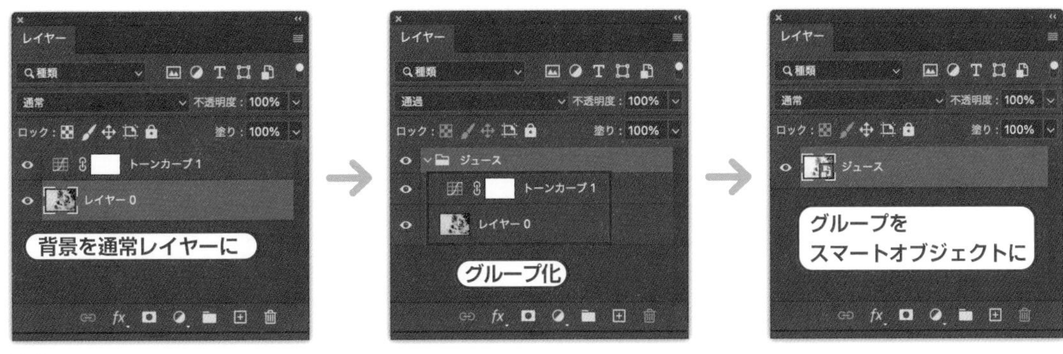


04 レイヤーパネル

## ドライブラシで絵の具の表現を作る

ジュースレイヤーを複製し、上のレイヤーを非表示にしておきます 05。

下のレイヤーを使って、絵の具の表現を作っていきましょう。レイヤーを選んだ状態で、メニュー→“フィルター”→“フィルターギャラリー”を選択します。フィルターの「アーティスティック」カテゴリの中から「ドライブラシ」を選びます。絵の具で塗ったような質感が出せるので、好みの質感になるよう数値を調整し、[OK]を押します 06。

05 レイヤーパネルでレイヤーを複製

06 フィルターギャラリー

## エッジを抽出して線画を作る

### エッジの抽出

非表示にしていた上のジュースレイヤーを表示し、選択します。今度は線画部分を作っていきます。

メニュー→“フィルター”→“フィルターギャラリー”を選択し、「表現手法」カテゴリにある「エッジの光彩」を選びます。

[エッジの幅]は最小の1、[エッジの明るさ]と[滑らかさ]は最大値にします 07 。そうすると、細いネオンのような状態になります。

> **memo**
> 完成形とかけ離れているように見えますが、ここからさらに調整を加えていきます。

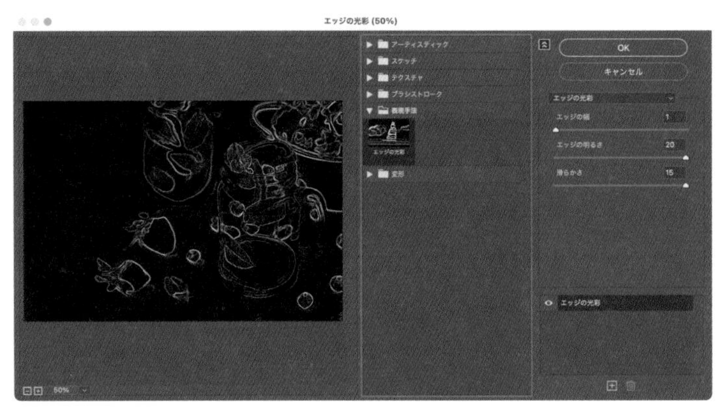


07 エッジの光彩

### エッジの白黒化

現在のネオンのような状態から白黒に変換、不要な線の除去、階調の反転（白黒反転）を行っていきます。これらの作業はすべて「スマートフィルター」としてレイヤーに適用されます。

まず、画像を白黒に変換します。メニュー→“イメージ”→“色調補正”→“白黒”を選びます。「白黒」ダイアログが表示されますが何も変更せず[OK]を押します 08 。これで白1色の線画となりました 09 。

> **memo**
> メニュー→“イメージ”→“色調補正”の中にある項目は、メニュー→“レイヤー”→“新規調整レイヤー”とほぼ同じ内容です。効果は同じですが、調整レイヤーは独立した1つのレイヤーとしてレイヤーパネルに追加できるのに対し、“色調補正”メニューから選ぶ項目は、1枚のレイヤーだけに直接適用できるものとなっています。

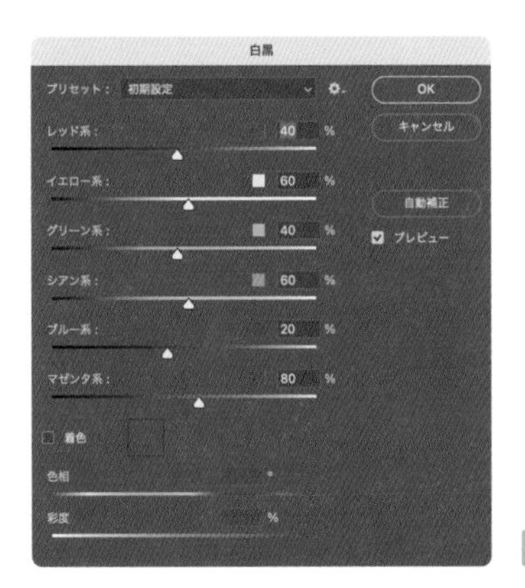


08 「白黒」ダイアログ

レイヤーパネルでは「スマートフィルター」の「フィルターギャラリー」の上に「白黒」が追加されています。

09 白黒の結果

## エッジの調整と色の反転

線の周りについているもやもやを除去して線をはっきりさせましょう。レイヤーを選んだ状態で、メニュー→“イメージ”→“色調補正”→“トーンカーブ”を選びます。カーブの下方にあるつまみを内側にうごかし、コントラストを高めます 10 11 。

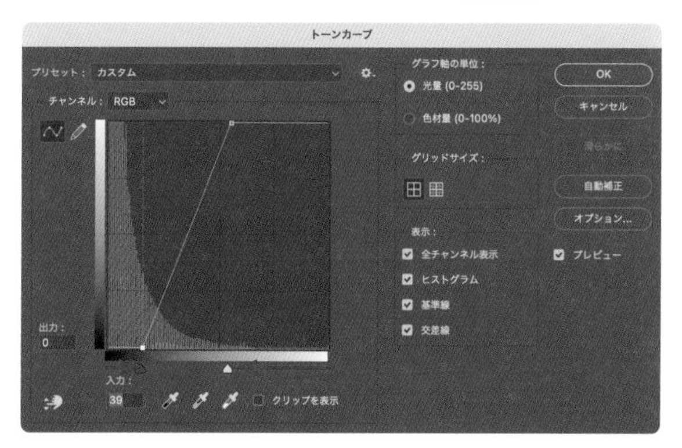


10 トーンカーブ

11 コントラストを高めた結果

次に、色を白黒反転させます。レイヤーを選んだ状態でメニュー→“イメージ”→“色調補正”→“階調の反転”を選びます。階調が反転し、明るかった部分（白）が暗く、暗かった部分（黒）が明るくなりました 12 。これも「スマートフィルター」になっています。最後にこのレイヤーの描画モードを「乗算」に変更しましょう。下のレイヤーと重なり、イラストに線が追加されます。この作例の場合、少し線の主張が強いので、レイヤーの不透明度を落として調整して完成です 13 。

12 階調の反転

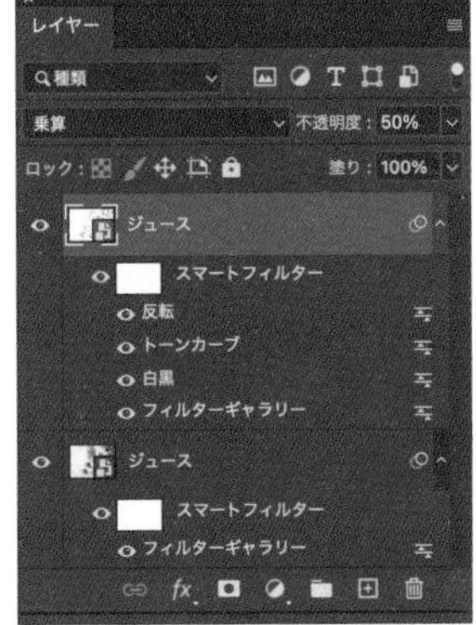


**13** 線画を[描画モード：乗算]にし、[不透明度]を50%に下げた状態

## さらにアナログ感をプラス

このままでも十分完成と言えますが、線画のレイヤーを左や上に10px程度ずらすと、イラストの線と塗りがずれてよりアナログ感が出てかわいい仕上がりになります **14** 。ぜひ試してみてください。

**13** 図のスタイル適用の完成形

線画を左に10px動かした状態

**14** アナログ感をプラス

# 玉ボケ写真を作成する

Lesson7 > 7-04

「ぼかし」フィルターを使って、夜景の写真を幻想的な玉ボケ写真にしたり、ゼロから光の玉を作って合成をしてみましょう。



## 玉ボケとは

高性能なカメラで夜景や木漏れ日をぼかして撮影すると、幻想的な光のボケを写すことができます。こういった光のボケを「玉ボケ」といいます 01 。玉ボケは、スマートフォンで撮った写真でもPhotoshopを使うことで作り出すことができます。今回は、2パターンの作り方を学んでいきます。

01 玉ボケの例

## 夜景写真から玉ボケを作る

### フィールドぼかし

素材データ「7-04-1.psd」を開きましょう。夜景の写真がスマートオブジェクトの状態で置かれています。レイヤーを選択した状態で、メニュー→“フィルター”→“ぼかしギャラリー”→“フィールドぼかし…”を選択します 02 。「フィールドぼかし」は、写真のあちこちにピンを立てて、ピンごとに違うぼかし具合を設定できるというのが基本の機能なのですが、ここではデフォルトで立っているピン1つだけを使い、写真全体に同じぼかしを加えていきます。

memo

ぼかしフィルター内にある5つのフィルターは重ねがけができますが、どんどん設定がややこしくなるため、使い方に慣れるまではあまりおすすめではありません。

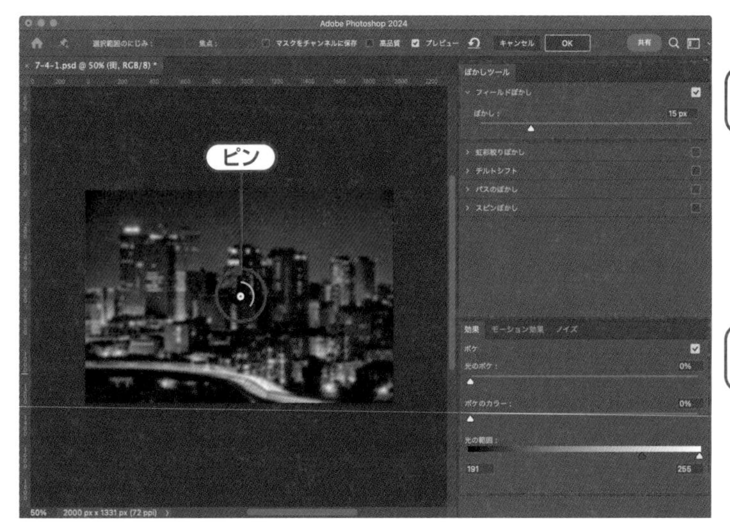


**02** フィールドぼかし

## 玉ボケの調整

フィールドぼかしの使い方としては、ピンを選択し、右側にあるぼかしツールバーでぼかし具合を調整、効果パネルで玉ボケの量や色を調整、とおこなっていきます。**03** のように設定し、オプションバーの［OK］をクリックします。これだけで簡単に玉ボケ写真の完成です **04**。

> **memo**
> 次に紹介する「ぼかし（レンズ）」を使う方法は、少し設定項目が多いですが、写真に対しても有効です。ぜひ試してみましょう。

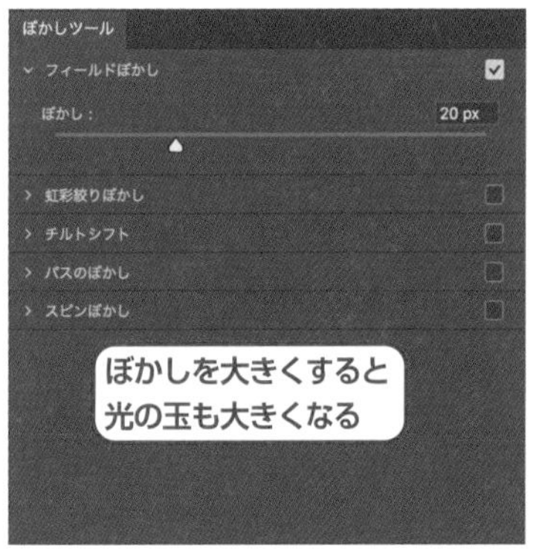


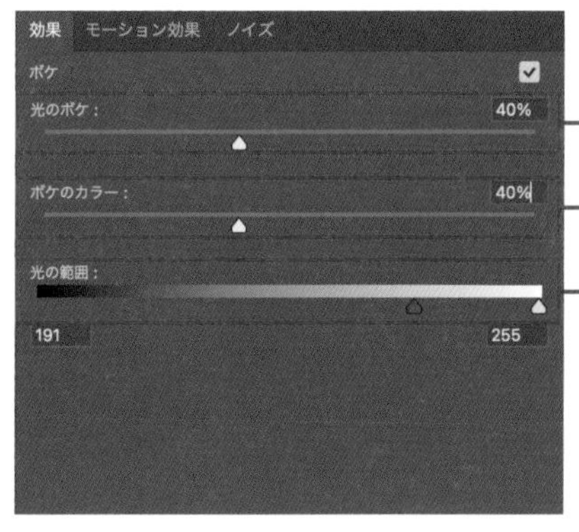


**03** フィールドぼかしの設定

**04** 元写真と完成形

## ゼロから玉ボケを作る

### 素材の用意

素材データ「7-04-2.psd」を開きましょう。05のようなカフェの写真に玉ボケを乗せていきたいと思います。写真自体をぼかすのではなく、写真レイヤーの上に玉ボケレイヤーを作って重ねていきます。

05 素材写真

### ブラシで玉の素を描く

カフェレイヤーの上に新規レイヤーを追加し、塗りつぶしツールで真っ黒に塗りつぶします。その上にブラシでランダムに白い点を描いていきましょう06。小さめの硬いブラシで、なるべく間隔は広く取ります。真っ白だけでなく、明るいオレンジやピンクなどを混ぜてもいいでしょう。その際、彩度はあまり高くならないようにします。作例ではブラシサイズを9px、硬さ100%に設定しています。

点を描いたらレイヤーを複製し、それぞれ「玉ボケ前」「玉ボケ後」という名前にしておいてください。「玉ボケ前」レイヤーは非表示にしておきます07。これから使う「ぼかし（レンズ）」という機能はスマートオブジェクトには使えないため、あとから数値の変更をしたり元に戻すことができません。ここでレイヤーを複製しておくのは、あとからやり直したくなったときの保険です。

memo
ぼかしを追加したときに点が大きくなるので、ここで描く点は小さくしておきます。また、ブラシの大きさをランダムにするとにぎやかな仕上がりになります。

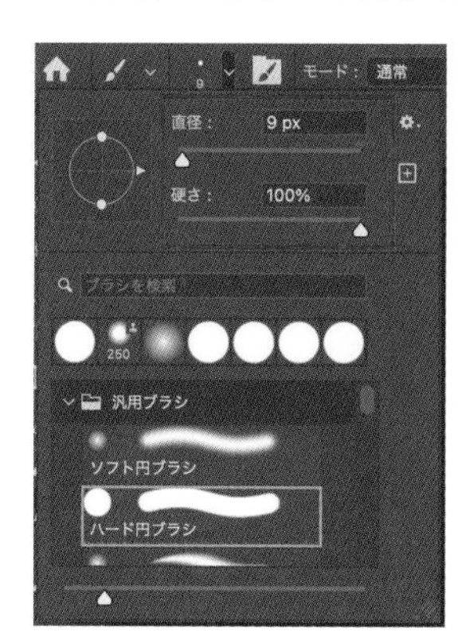

06 ブラシで点を描いていく

小さめ、硬いブラシで好きな形に点を描いていく

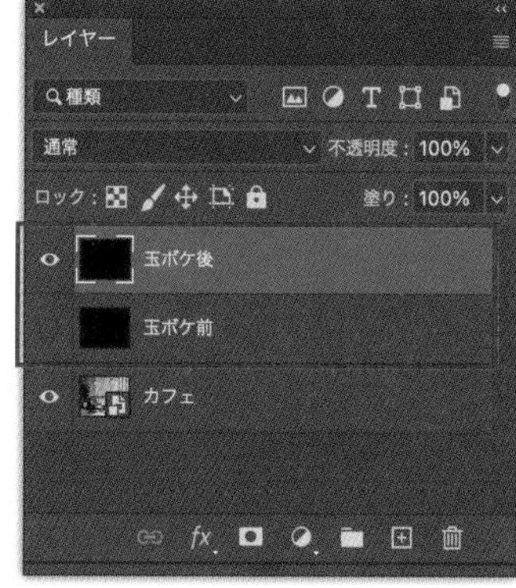


07 レイヤーパネル

## ぼかし（レンズ）

ここまでできたら、ぼかしをかけていきます。夜景写真の例と同じようにフィールドぼかしを使ってももちろんOKですが、ここではもう一つのぼかし方法を使ってみます。「玉ボケ後」レイヤーを選択し、メニュー→“フィルター”→“ぼかし”→“ぼかし(レンズ)”をクリックします。

08 のように設定すると、きれいな玉ボケができ上がります。[絞りの円形度] を0にして、[形状] を六角形などにすると、きらきらかわいいボケにすることもできます。[半径] を大きくすると、玉は大きくなりますが、光が広がる分少し暗くなります。[明るさ] はあとからレイヤーの不透明度で暗くできるため、最大値にしておきましょう。その他、[しきい値] を変えると光り具合が変わるのでいろいろな値を試してみてください。[OK]を押すとぼかし(レンズ)が適用されます。

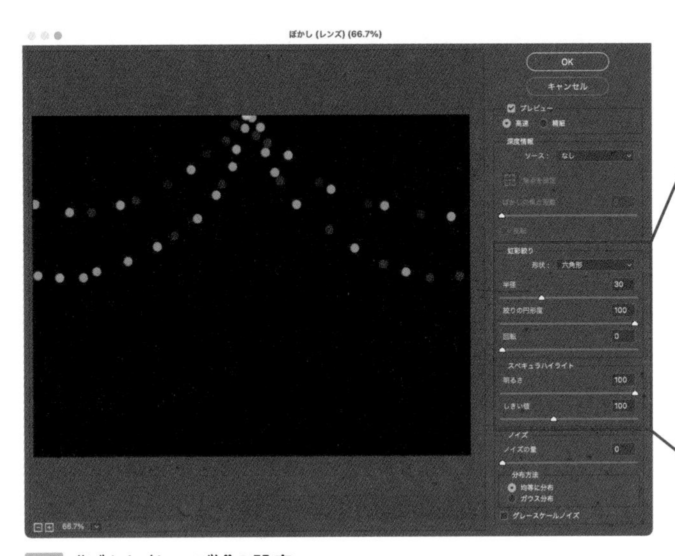


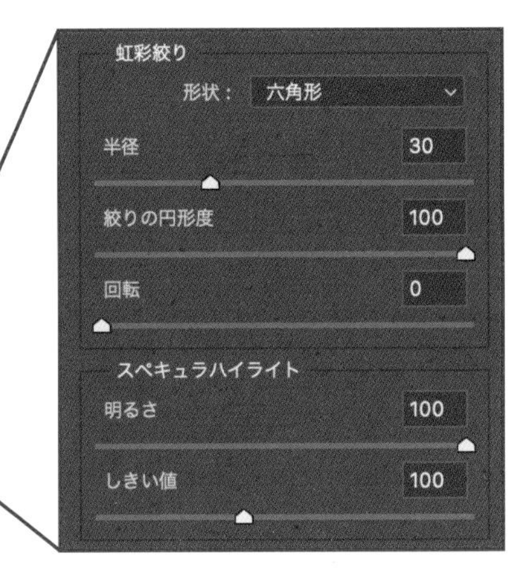


08 **“ぼかし(レンズ)”の設定**

## スクリーンにして完成

「玉ボケ後」レイヤーの描画モードをスクリーンに変更します。すると光の部分だけがカフェレイヤーに乗り、素敵な写真に仕上がりました 09 。

**memo**

ぼかし(レンズ)は、フィールドぼかしより少し設定項目が多かったり、スマートオブジェクトに使えないという点もありますが、フィールドぼかしよりも多彩な表現が可能です。前半の夜景の写真でも試して結果を見比べてみましょう。

[形状]を[六角形]、[絞りの円形度]を「0」にした場合

09 **完成**

# 複雑な編集が簡単にできるニューラルフィルター

Lesson7 > 7-05

Photoshop 2021（2020年10月リリース）から随時機能が増えている「ニューラルフィルター」について、実際に使いながら特徴を学んでいきましょう。

## ニューラルフィルターとは

「**ニューラルフィルター**」は、「Adobe Sensei」（AI）の技術を活用し、Photoshop 2021から導入された次世代のフィルター機能です。**複雑な編集も数ステップの工数に短縮することが可能**となります。また、**非破壊編集**➡**の出力が可能**であるため、いつでも元のデータに復元することができます。

➡ 84ページ、**Lesson3-01**参照。

ニューラルフィルターを使うには、最初にフィルターデータをクラウド上からダウンロードする必要があります。2024年5月現在、正式リリースされているのは「**肌をスムーズに**」「**スタイルの適用**」など7つのフィルターです 01 。

**memo**

ニューラルフィルターには、正式リリース版のほかにベータ版があります。ベータ版はまだテスト段階のフィルターのため、意図しない結果となる場合もあります。
また、待機リストに入っているフィルターは現在利用することはできませんが、［興味があります］と投票することで将来リリースされるかもしれません。

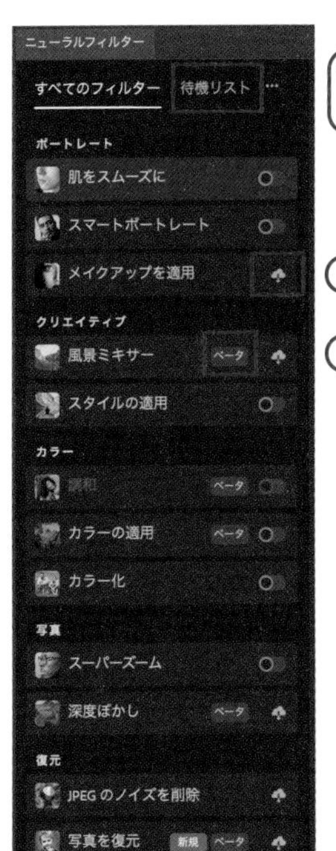


01 フィルター一覧

## 「肌をスムーズに」フィルター

**「肌をスムーズに」**は、Lesson4-01 のような肌の補正作業を、工数を大幅に短縮して行うことができます。顔部分が自動で認識され、[ぼかし] [滑らかさ] のスライダーを直感的に操作するだけで補正を行うことができます。素材画像を利用して実際に効果を試してみましょう。

124ページ参照。

### ① フィルターをオンにする

Photoshopで素材「7-05-1.jpg」を開き、メニュー→“フィルター”→“ニューラルフィルター...”を選びます 02 。「ニューラルフィルター」ワークスペースが表示されますので、[肌をスムーズに] を選択します。フィルター名の右にあるオン／オフボタンがオフになっていたら、オンの状態にしましょう 03 。

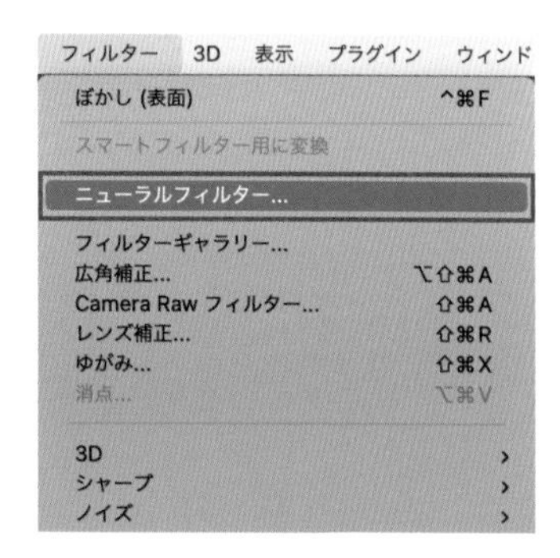


02 “ニューラルフィルター...”を選択

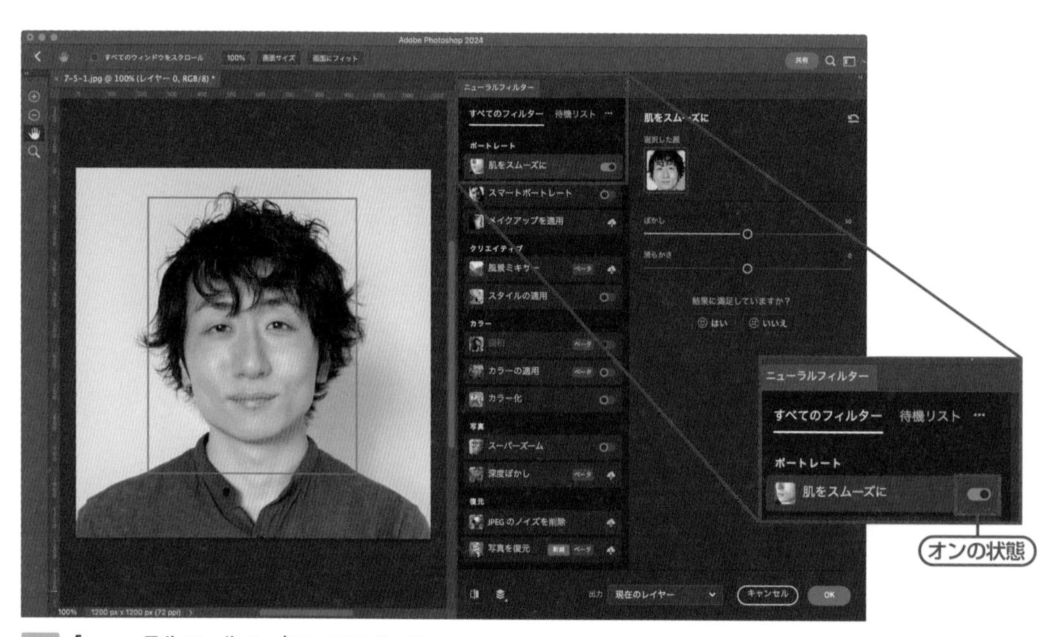


03 「ニューラルフィルター」ワークスペース

### ② 項目を設定する

［ぼかし］［滑らかさ］を設定しましょう。スライダーを操作するだけで、質感が調整できます 04 。

> **memo**
> 「肌をスムーズに」フィルターは、初期状態ではダウンロードされていません。初回の使用時にダウンロードする必要があります。

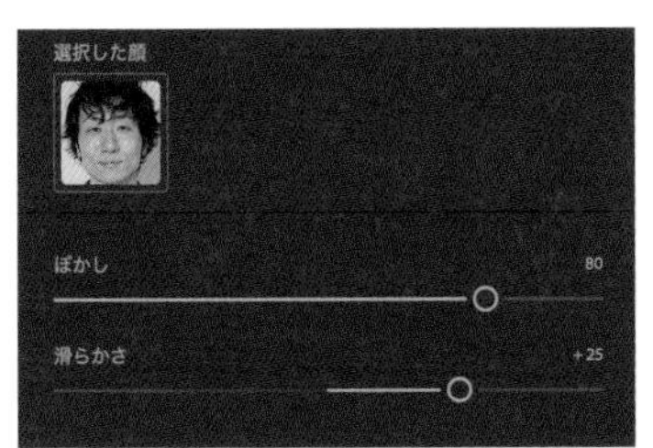


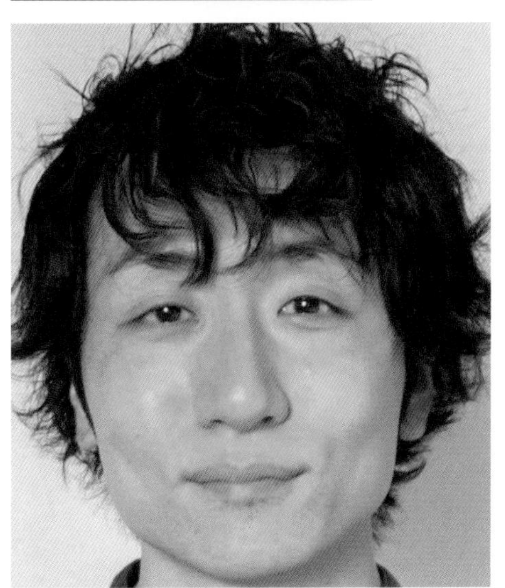

**04 ［ぼかし］［滑らかさ］を設定**
モデル：大久保忠尚（オオクボタダヒサ）

### ③ 出力する

設定が完了したら、右下の［出力］で「スマートフィルター」を選択しましょう 05 。スマートフィルターで出力しておくと、あとで微調整や復元が簡単にできます。

**05 ［出力：スマートフィルター］を選択**

なお、出力方法の種類は下記の通りです。

- **現在のレイヤー**：現在のレイヤーに結果（修正部分）が上書きされます。
- **新規レイヤー**：現在のレイヤーを複製し、結果のみ新規レイヤーに描画します。
- **マスクされた新規レイヤー**：現在のレイヤーを複製し、複製したレイヤーに結果を上書きしてマスクを作成します。
- **スマートフィルター**：現在のレイヤーをスマートオブジェクトとし、スマートフィルターを適用します。
- **新規ドキュメント**：別のPhotoshopファイルとして新規タブで開きます。

この数ステップのみで、肌をきれいにレタッチすることができました。これまでは、顔部分の選択範囲を作成し、複数の工程をかけて美肌レタッチをしていましたが、大幅に制作時間を短縮することが可能となります。とても便利な機能ですね。

## 「スタイルの適用」フィルター

**「スタイルの適用」**は、さまざまなアート風のスタイルを画像に適用できます。数クリックで完成しますので、いろいろ試してみましょう。

memo
「スタイルを適用」フィルターは、初期状態ではダウンロードされていません。初回の使用時にダウンロードする必要があります。

### ① フィルターをオンにする

「肌をスムーズに」と同様、レイヤーを選択した状態でメニュー→“フィルター”→“ニューラルフィルター...”を選びます。[スタイルの適用] を選択し、オン／オフボタンがオフになっていたら、オンの状態にします。

### ② スタイルを選び、各項目を設定する

たくさんの [プリセット] が用意されており、選ぶだけでスタイルが適用されます。その他、[カスタム] を使うと、自分でアップロードした画像のスタイルを適用することもできます 06。

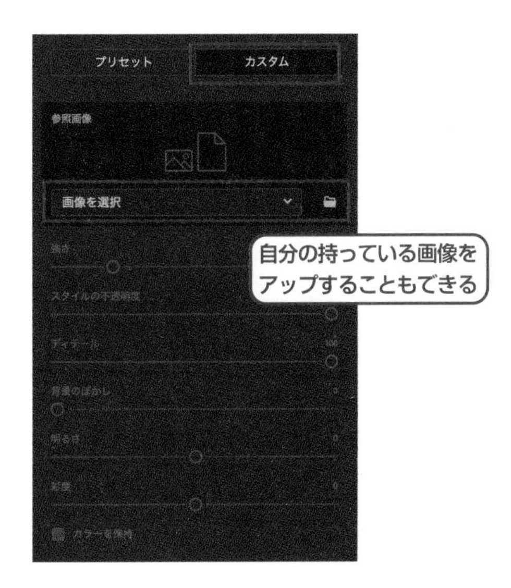


06 スタイルの適用

### ③ 出力する

出力方法は共通です。「スマートフィルター」を選ぶことで復元や調整が簡単になりますので、おすすめします。

## そのほかのニューラルフィルター

その他いくつかのフィルターが公開されています。簡単に紹介していきましょう 07 。なお、一部のフィルターはクラウドで処理されるため、インターネットの接続が必要となります。

07 ニューラルフィルター一覧
待機リストにラインアップされているフィルターはまだ適用することはできません

### 「スマートポートレート」フィルター

**「スマートポートレート」**は、人物画像に新しい要素（感情、髪の毛、年齢、ポーズのディテール）を生成し、調整することができます。感情表現や視線の変更、年齢を重ねることによる見かけの変化もわずか数クリックで設定できます 08 。

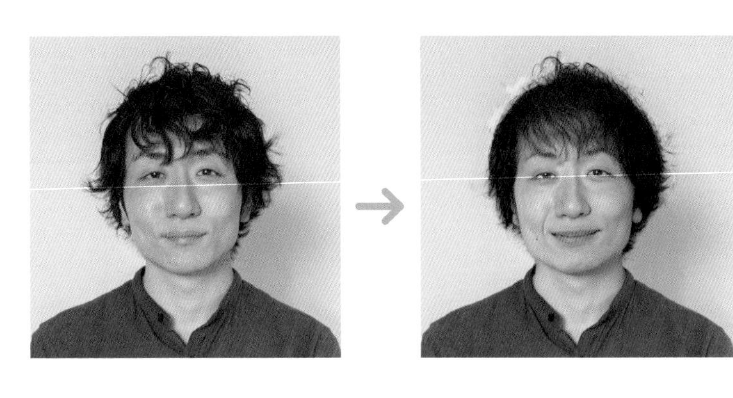

**08 スマートポートレート**
[笑顔：+50]［年齢：+50]

### 「風景ミキサー」フィルター（ベータ版）

こちらはまだベータ版のフィルターですが、写真の風景をがらっと変えられるフィルターとしてベータ版リリース時に、おおいに話題になりました。適用に少し時間がかかりますが、数クリックで風景や季節、時間帯を変えることができます 09 。

元画像

プリセットの
参照画像

［強さ］：100、［夕暮れ］：100、［冬］：100
※その他の設定はすべて0

**09 「風景ミキサー」フィルター（ベータ版）**

## 「カラー化」フィルター

**「カラー化」**は、白黒画像をカラー画像にします 10 。作例は自動適用された初期設定の出力ですが、任意の色調整も可能です。

10 カラー化

## 「メイクアップを適用」フィルター

顔写真に対して、メイクをほどこした別の顔写真をアップすると、そのメイクを再現してくれるフィルターです 11 。

11 メイクアップを適用

## 「写真を復元」フィルター（ベータ版）

ベータ版リリースされたばかりの、解像度が低かったりノイズが乗った古い写真をきれいに復元してくれるフィルターです。作例では自動で適用される出力ですが、ノイズの具合など任意の調整も可能です 12 。

12 写真を復元

# 空の色を別の画像に変える「空を置き換え」

Lesson7 > 7-06

AIを使った「空を置き換え」機能を使って、くもり空を夕焼け空に変更し、写真のイメージを変えてみましょう。

## 「空を置き換え」とは

「**空を置き換え**」は、Adobe Sensei（AI）とマスクを利用した機能で、**画像内の空の部分を別の空の画像に変えることができます**。これまでは、①空以外の選択範囲を作成→②「選択とマスク」で調整してマスクを作成→③空の画像を配置→④色調補正「カラーの適用」でトーン調整、のような流れで空を変更していたのですが、この手順がわずか数クリックで行えるとても便利な機能となります。実際に試してみましょう。

## くもり空を夕焼け空にする

### 画像を開く

素材「7-06-1.psd」を開きます 01 。くもり空が少しさみしいですね。「空を置き換え」で別の空に合成してみます。

01 元画像

### 空の画像を選ぶ

メニュー→“編集”→“空を置き換え...”を選ぶと、「空を置き換え」ダイアログが表示されます。このダイアログで、使用する空の画像や前景の調整をします 02 。[空：]のサムネール画像を選択して、任意の空の写真を選択しましょう。デフォルトでは[青空][壮観][夕暮れ]の3つのグループが用意されていますが、任意の画像を追加して使うこともできます。ここでは、[夕暮れ]から選択しました 03 。

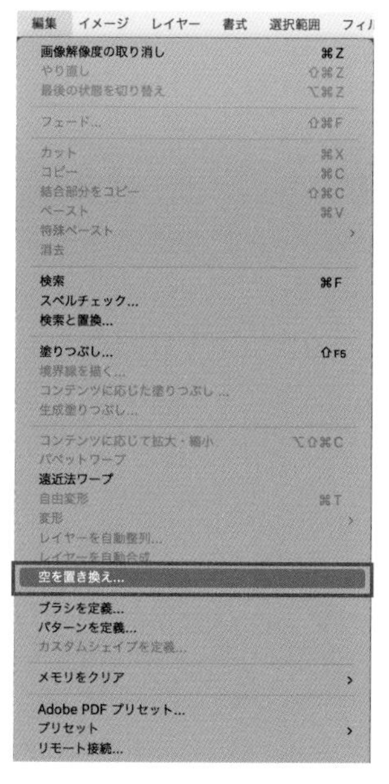


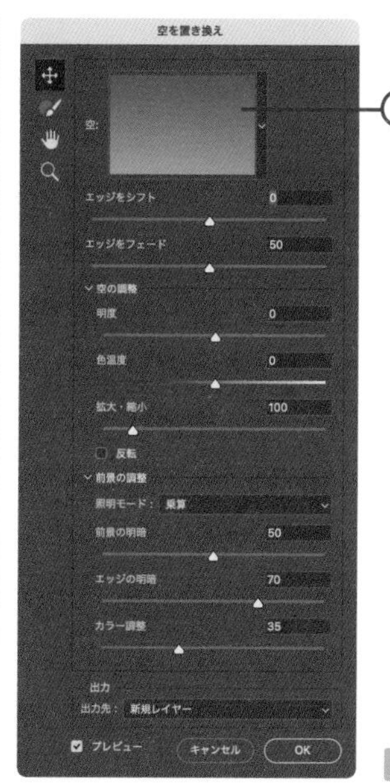


02 “空を置き替え...”を選択し、ダイアログを表示

> **memo**
> [前景の調整] の詳細項目が表示されていない場合は、項目名の左にある[>]をクリックして表示します。

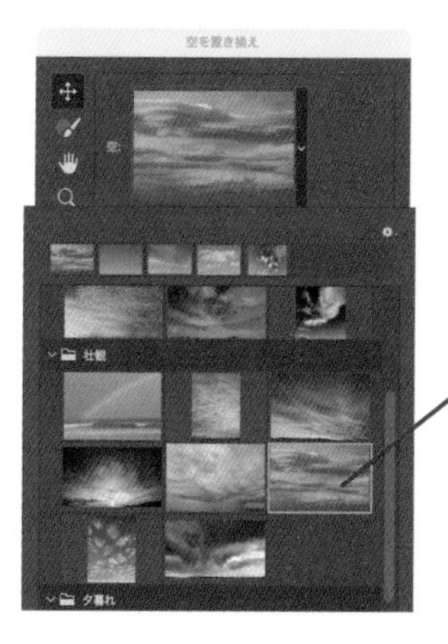

03 使用する画像を選択

## ③ 画像の調整をする

続いて画像の調整を行います。各項目の調整内容は下記の通りです。1つ1つ設定しながら、どのように調整されるかを確認しましょう。

- **エッジをシフト**：空と前景の境界の位置を調整します。境界に違和感がある場合は調整するとよいでしょう。
- **エッジをフェード**：境界に沿って空画像から元写真へのフェード（薄れ具合）、ぼかしを設定します。100にすると薄れ方が強くなり、0の値で境界がくっきりとします。
- **明度**：空の明るさを調整します。

- **色温度**：暖色または寒色寄りに調整します。
- **拡大・縮小**：空の画像を拡大・縮小します。
- **反転**：チェックを入れると、空の画像を水平方向に反転します。
- **照明モード**：調整に使用する描画モードを指定します。[乗算] と[スクリーン]が選べます。
- **前景の明暗**：前景の明暗を調整します。100にするとコントラスト高く、全体的に暗くなります。
- **エッジの明暗**：空と前景のエッジ付近の空の明るさを調整します。0だと明るくなり、100だと暗くなります。
- **カラー調整**：前景と空のトーンを調整する不透明度スライダーです。0の場合は調整されません。
- **出力**：[新規レイヤー]はマスクを含む名前付きレイヤーグループで、[レイヤーを複製] は合成結果を1枚のレイヤーにして出力します。細かい補正などを行いたい場合もあるので、[新規レイヤー]を選ぶとよいでしょう 04。

**04 [出力：新規レイヤー]を選択**
マスク付きレイヤーで書き出されるので、レイヤーごとに補正することができます

ここでは、 05 のように設定しました。[OK] すれば完成です。とても簡単に画像のイメージを変えることができますね。

スマートフィルターではないので、「空を置き換え」ダイアログを使った再編集はできませんが、出力を [新規レイヤー] にしておけば、調整レイヤーなどとして出力されるため、あとからも調整は可能です。

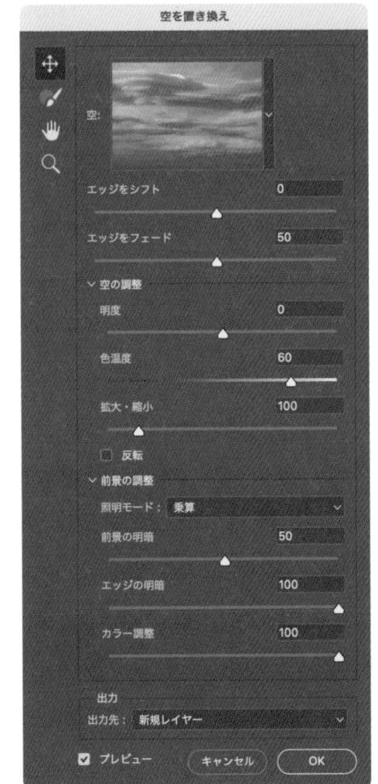

[色温度]を上げて空の赤みを全体に強くし、[カラー調整：100%]にして、前景にも夕焼けの効果がかかるようにしました

**05 画像を調整**

> **memo**
> 「空を置き換えモードのグループ」と元画像をスマートオブジェクトに変換しておけば、もう少し赤を強くしたい、明るくしたいなどの微調整にも簡単に対応できます。

Lesson 8

# 実践：SNSの広告画像を作る

切り抜きや簡単な合成などここまで学んできたことを活かして、SNS上で使うような広告バナーを作成してみましょう。アートボード機能を使って、サイズ違いの2つの画像を作っていきます。

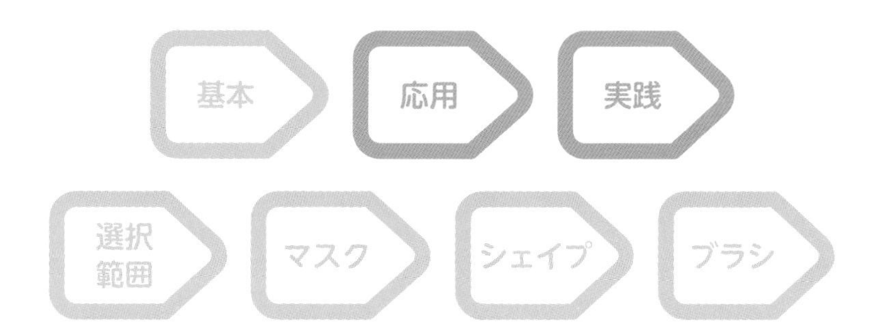

# アートボードの設定と背景の作成

Lesson8

THEME
テーマ

**ヘアオイルの広告画像を作っていきます。1つのファイルの中で2つのアートボードを作り、同じデザインでサイズ違いの広告として展開する方法を見ていきましょう。**

## 完成形と素材の確認

ここで扱う素材はJPGファイルではなく、すべてPSDファイルになっています 01 02。素材のPSDファイルを開いて切り抜きなどの加工を行い、加工したものを、新規作成するアートボードにどんどん貼り付けていく、という手順で進めていきます。JPGファイルから作っていく場合も同じような手法で作成できます。

01 広告画像の完成形

wall.psd

table.psd

flower.psd

bottle.psd

towel.psd

02 使用素材のファイル

## 01 アートボードの準備

それではPhotoshopを開き、[新規ファイル] ボタンをクリックしましょう。「新規ドキュメント」ウィンドウが表示されますので、右側の「プリセットの詳細」で 03 のように入力していきます。まずは1,000ピクセル四方のアートボードを作ります。「アートボード」にチェックを入れるのを忘れないでください。

新規ファイルが作成できたら、アートボード上にまだ何もない状態ですが「ヘアオイルバナー」という名前をつけて、コンピューターにファイルを保存しておきます 04 。

**03 新規ドキュメントウィンドウ**

[幅・高さ：1000ピクセル] [解像度：72] [カラーモード：RGB] [カラープロファイル：作業用RGB]とし、[アートボード]にチェックを入れる

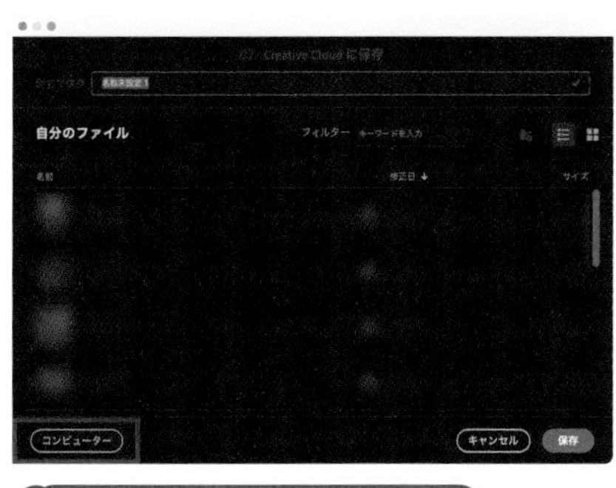


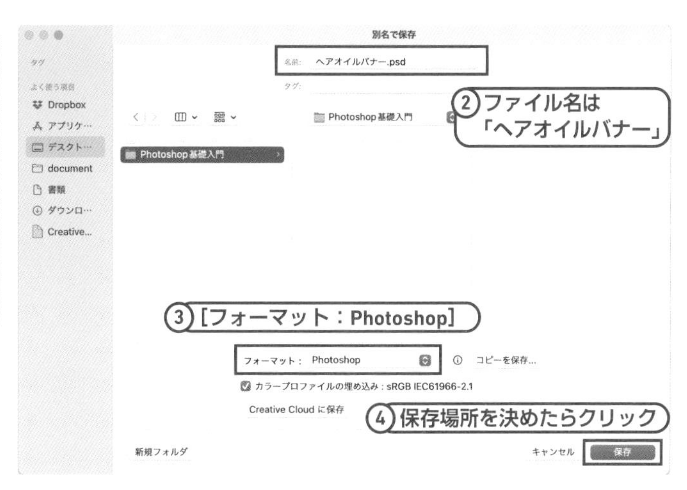


**04 コンピューターにファイルを保存**

## 02 背景の壁に温かみをプラスする

04 で保存した制作用のアートボードはいったんそのまま置いておき、素材画像「wall.psd」を開き、壁を作成していきましょう 05。ファイルを開くと、壁の写真が背景レイヤーとして配置されています。JPGファイルをPhotoshopで開いたときと同じ形ですね。この壁の写真に少し温かみを足していきましょう。

レイヤーパネル下部の◐ボタンから、「べた塗り」レイヤーを追加します。こちらは名前の通り、設定した色で塗りつぶされたレイヤーです。カラーピッカーが表示されるので、茶色（作例では#615139）を選び、OKを押します 06。茶色1色に塗りつぶされるので、べた塗りレイヤーの[不透明度]を「20%」に下げます 07。

05 「wall.psd」をPhotoshopで開く

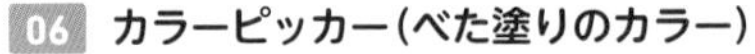

06 カラーピッカー（べた塗りのカラー）

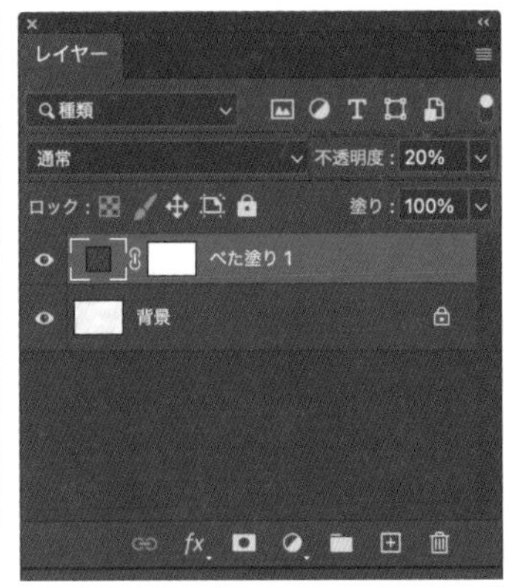


07 背景の壁が完成

## 03 移動してスマートオブジェクト化

壁の画像とべた塗りレイヤーをグループ化し、04 で保存した「ヘアオイルバナー.psd」のアートボードへ移動していきましょう。レイヤーパネルを見ると、壁の写真は背景レイヤーになっているので、鍵をクリックして通常レイヤーに変換します。そして2つのレイヤーを選択し、⌘［Ctrl］＋Gでグループ化します。グループ名は「壁」としておきましょう 08 。

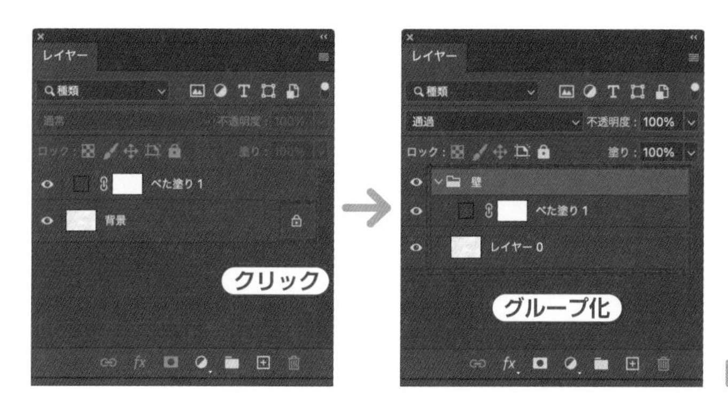


08 レイヤーをグループ化して整理

次に、レイヤーパネル上で「壁」グループをクリックし、「ヘアオイルバナー.psd」のタブまでドラッグします。Photoshopの画面が「ヘアオイルバナー.psd」に切り替わるので、アートボードの中央までそのままドラッグし、ドロップします。これでファイル間の移動ができます 09 。

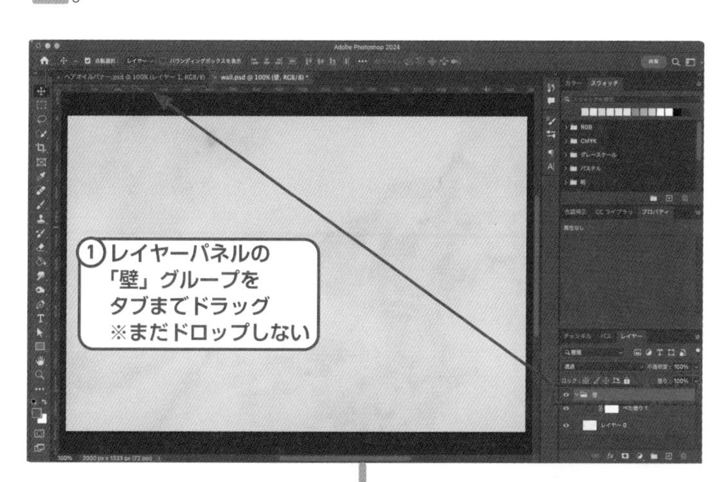


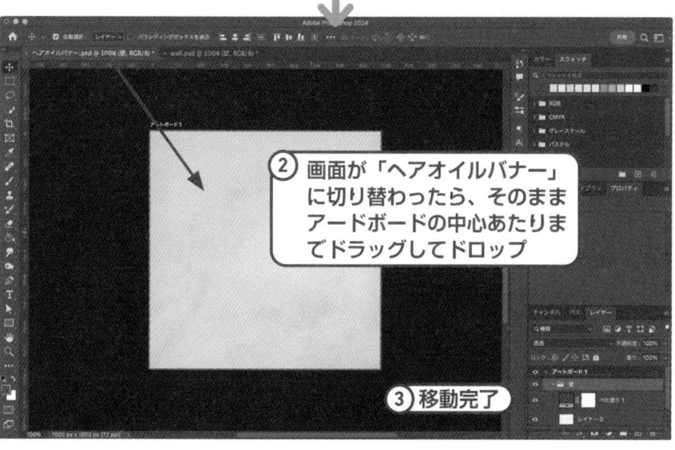


09 ファイル間でレイヤーの移動

移動できたら、レイヤーパネルで「壁」グループを右クリックしてスマートオブジェクトに変換します。模様がきれいに出るようにレイヤーの位置やサイズなどを調整しておきましょう 10。このとき、アートボード作成時に自動的に作られている空白の「レイヤー1」は不要なので削除しておきます。

**memo**
レイヤーの移動を終えたら、「wall.psd」は保存せずに閉じてしまってかまいません。壁の色味などをあとから調整したくなった場合は、レイヤーパネルからスマートオブジェクトレイヤーのサムネールをダブルクリックすることで編集できます。

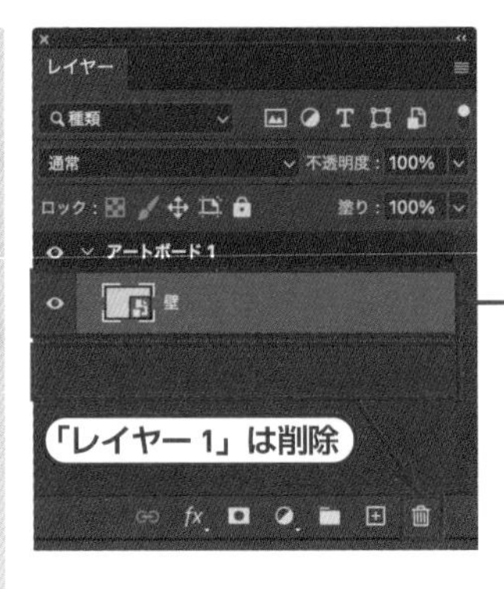


スマートオブジェクト化

10 壁の画像を「ヘアオイルバナー.psd」に配置

## 04 板を白く加工

続いて「table.psd」を開きます 11。写真手前の板を白く加工し、切り抜きをしていきましょう。

11 「table.psd」を開く

写真の色変えについてはLesson3-04で学びましたが、「白」に変えるには少しテクニックが必要です。まずは元画像の写真全体が赤みを帯びているので、青みを足して補正するところからはじめます。ボタンから「カラーバランス」調整レイヤーを追加します。

100ページ参照。

作例では［中間調］を［シアン］に「-27」、［ブルー］に「+22」と調整しました 12。

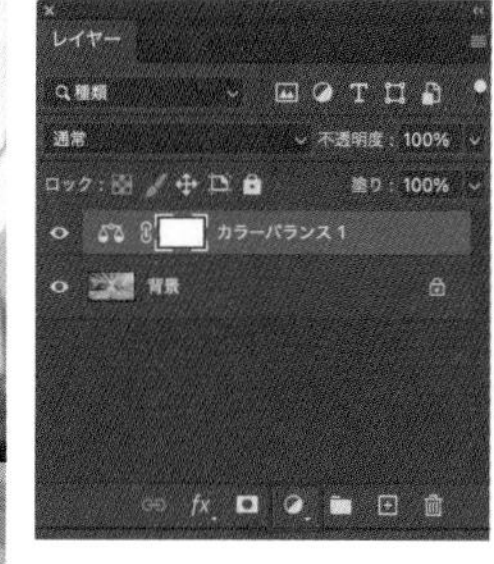

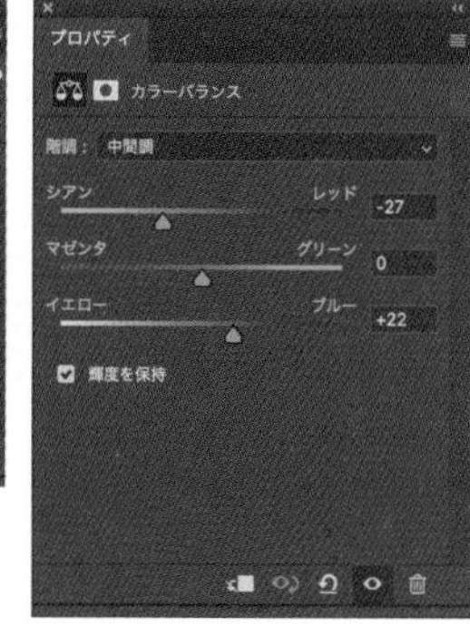

12 赤みの補正

次に◪ボタンから、「トーンカーブ」調整レイヤーを追加します。13のように、コントラストを少し高めて明るくしていきます。コントラストを高めることで、溝の部分がきちんと暗くなり、またこのあとの工程で白黒にしたときに表面のザラザラ感を減らす働きをしてくれます。

**memo**

コントラストと明るさを調整する際、写真の板の部分だけを見るようにしてください。奥に写っている室内の部分は合成に使わないので、室内が明るくなりすぎても問題はありません。

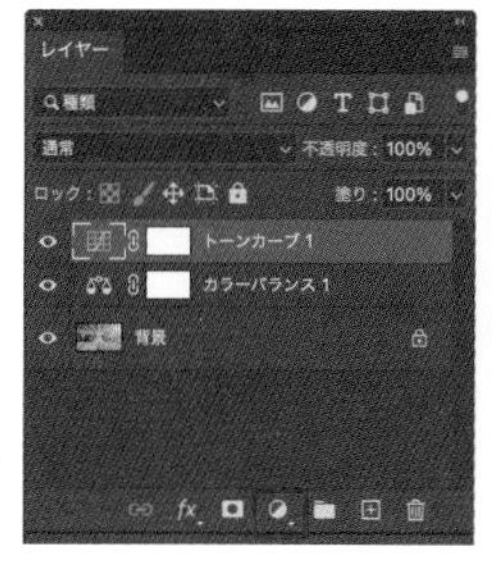

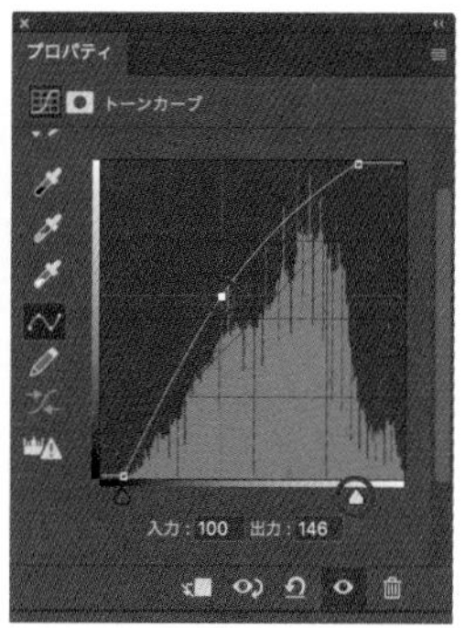

コントラストを高めると溝などの影がはっきりしてくる

13 コントラストを高め、明るくする

次に◪ボタンから、「白黒」調整レイヤーを追加します。追加するだけで全体が白黒になるのですが、これだと完全なモノクロ写真になってしまい、「白い板」には見えません14。そこで、レイヤーパネルで[不透明度]を「80%」に下げ、若干の色味を入れてあげます。

14 「白黒」調整レイヤーを追加しただけの状態

さらにプロパティパネルで［イエロー系］を最大値近くまで上げて、板自体を明るくします。明るすぎると木目も消えてしまうので気をつけましょう 15 。

室内の色味は気にせず、板の部分だけを見る

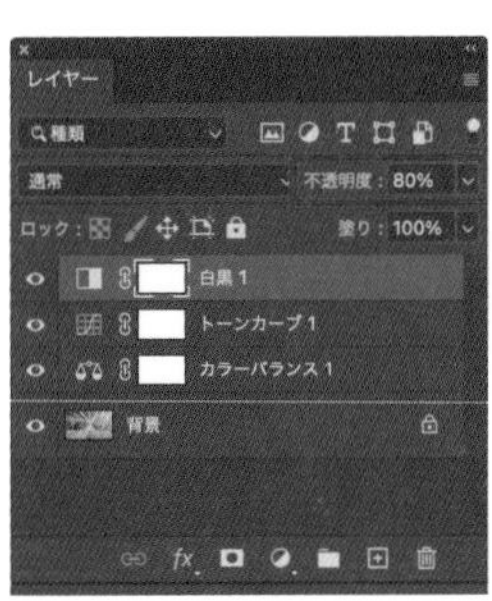


［不透明度：80%］

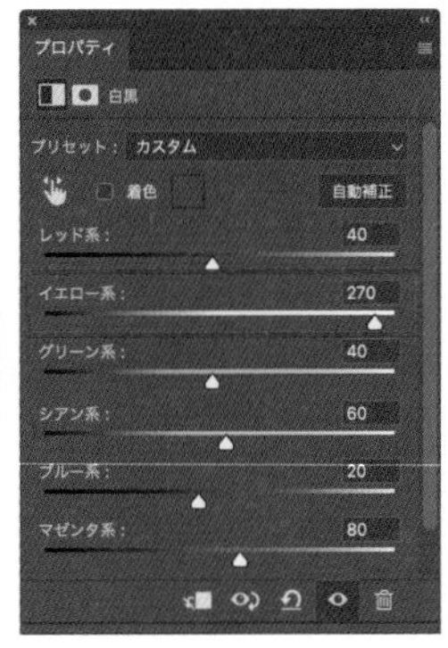


イエロー系の色をしっかり上げる

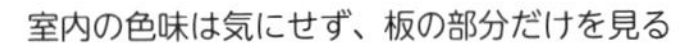

**15 「白黒」の不透明度と色を調整した状態**

memo

「白黒」調整レイヤーを調整しても違和感があれば、トーンカーブをもう一度調整してもいいでしょう。トーンカーブでは明るくしすぎないのがポイントです。

## 05 切り抜きと移動

ここまでできたら、背景レイヤーを通常レイヤーに変換しておきます。板の部分だけを切り抜いていきましょう。長方形選択ツールを使って板全体を選択範囲にし、レイヤーマスクに変換すると切り抜きができます。続いて、3つの調整レイヤーをすべて写真にクリッピングマスクします。最後にすべてのレイヤーをグループ化し、名前を「机」としたら移動の準備完了です 16 。

93ページ、**Lesson3-02**参照。

95ページ、**Lesson3-02**参照。

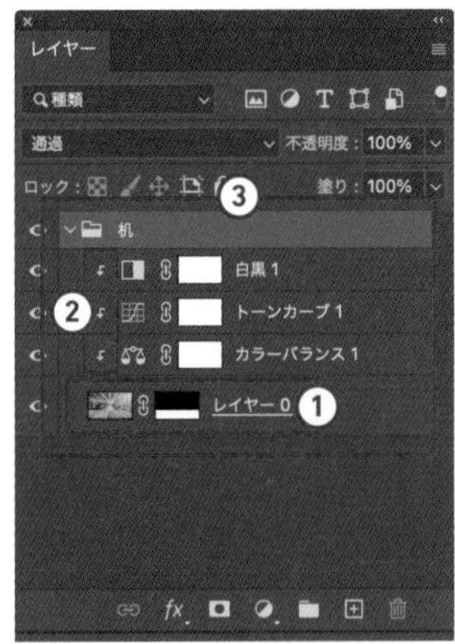


①長方形選択ツールで板を囲み、レイヤーマスクに変換
②調整レイヤーをすべて写真にクリッピングマスク
③グループ化（机）

**16 レイヤーを移動する準備**

「壁」と同様の手順で、グループごと「ヘアオイルバナー.psd」へ移動します。移動後、サイズを変えたりする前にスマートオブジェクトに変換しておきます。変換したのちに位置やサイズを調整します。濃いめの板が中心にくるように配置するとバランスよく見えます。これで机部分が完成しました 17 。「ヘアオイルバナー.psd」を上書き保存して次に進みましょう。

POINT

何かひとつ作業を行うごとに、こまめに保存をする習慣をつけましょう。

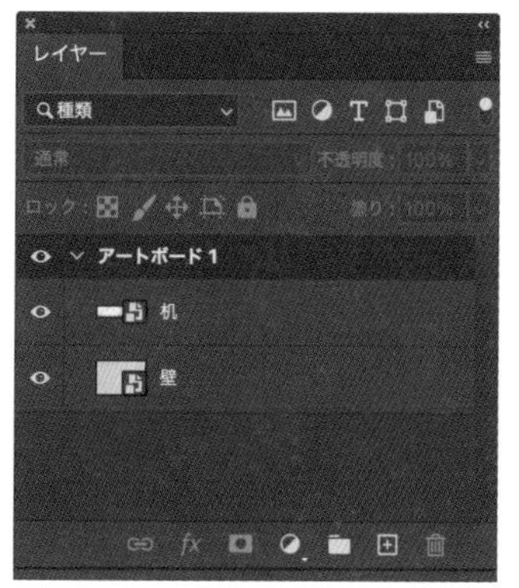


17 ここまでの完成

# タオルと花の画像を配置する

Lesson8

THEME テーマ

**前節で作成した背景に、タオルと花の画像を加えていきます。素材画像を切り抜いたあと、「ヘアオイルバナー.psd」に移動し、影をつけるなどの加工を行います。**

## 01 タオルの切り抜きと移動

素材画像「towel.psd」を開きます 01。

切り抜きをしていきましょう。「クイック選択ツール」を選び、オプションバーの［被写体を選択］ボタンで選択範囲を作ります。きれいにタオル全体が囲めなかった場合は、手作業で選択範囲の追加調整をします。選択範囲ができたらレイヤーマスクに変換し、レイヤー名を「タオル」としておきます 02。

01 素材画像「towel.psd」

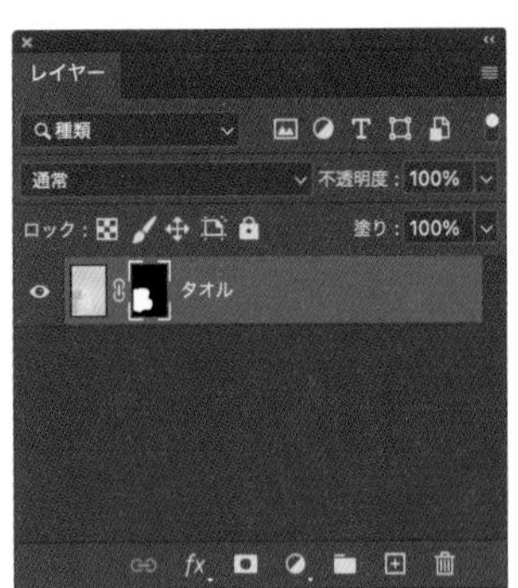


02 タオルの切り抜き

ここでは移動するレイヤーが1枚だけなので、グループ化はしません。このまま「タオル」レイヤーだけを「ヘアオイルバナー.psd」へ移動します。移動したらサイズや位置を変更する前にスマートオブジェクトに変換します。机の左側に置いてあるように配置します 03。

03 机の上に配置

## 02 タオルに影の設定

レイヤーへの影のつけ方は、レイヤースタイルであったりブラシであったりいろいろありますが、今回はもっとも手軽なレイヤースタイルのドロップシャドウを使っていきましょう。タオルレイヤーのレイヤースタイルを開き、[ドロップシャドウ]をクリック。04のように設定します。[角度]を「45°」にすることで、右上から左下に向けて影が落ち、自然なタオルの影に見えます05。

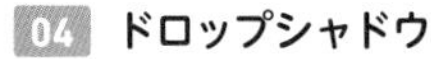

198ページ、Lesson6-03参照。

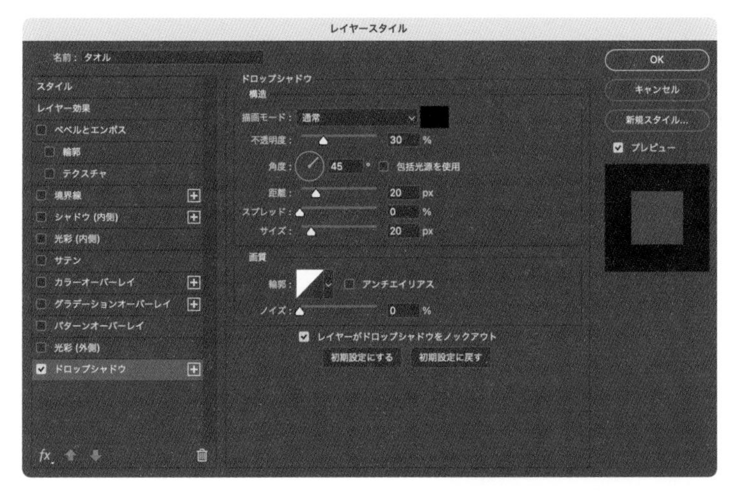


[カラー：黒(#000000)]
[描画モード：通常]（乗算でもOK）
[不透明度：30%]
[角度：45°]
[距離・サイズ：20px]

04 ドロップシャドウ

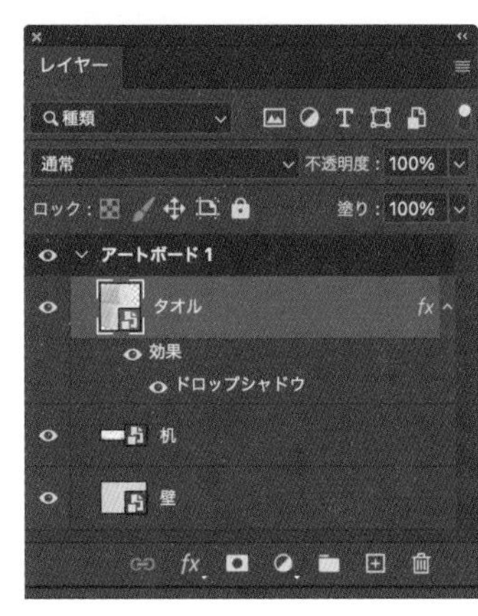


05 タオルの配置が完成

## 03 花の切り抜きと移動

素材画像「flower.psd」を開きます 06 。

タオルと同じ要領で切り抜きをしていきます。「クイック選択ツール」を選び、オプションバーの［被写体を選択］ボタンで選択範囲を作ります。花は一度できれいに囲むことはなかなか難しいので、クイック選択ツールのまま手作業で選択範囲の追加調整をします。このとき、素材の影は選択範囲に含めないようにします。配置したときに見えるのは左から3つ目の花までなので、右半分は調整不要です 07 。

06 素材画像「flower.psd」

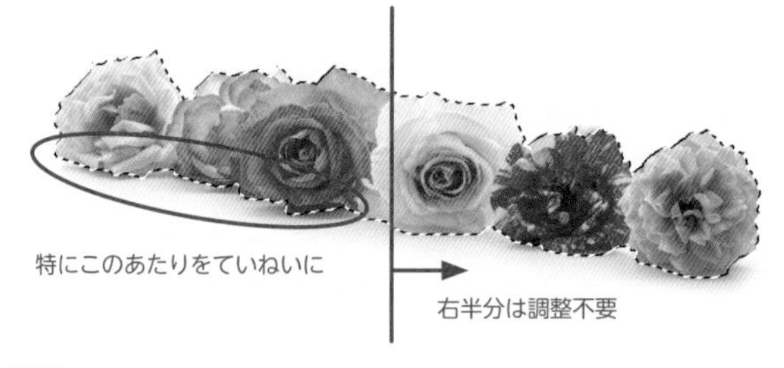


07 花の選択範囲はていねいに作成

選択範囲ができたらタオルと同様にレイヤーマスクに変換し、レイヤー名を「花」にします。ここまで何度かやってきたように、「ヘアオイルバナー.psd」へ移動し、スマートオブジェクトに変換したあとで、配置位置とサイズを調整します 08 。

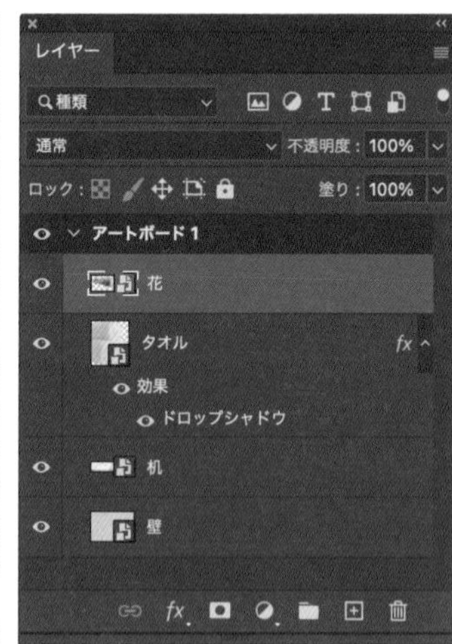


08 机の上に配置

## 04 花に影の設定

次に「ヘアオイルバナー.psd」で花に影をつけます。ここでもレイヤースタイルのドロップシャドウを使っていきましょう。

「花」レイヤーのレイヤースタイルを開き、[ドロップシャドウ] をクリック。ここでは花の色が白い机に反射しているはずなので、暗い赤の影を落とします。マウスカーソルをシャドウのカラーピッカーエリアから外に出すとスポイトツールになるため、花の中心の暗い色を吸って使用します 09。

明るいと感じる場合は、吸ってきた色をさらに暗めに調整しましょう。そのほかの設定は 10 のとおりです。角度は「45°」だと不自然な影のつき方になるので、ここでは「90°」にしています。これで、タオルと花の配置が完成しました 11。保存をして次に進みましょう。

09 スポイトツールで色を吸ってくる

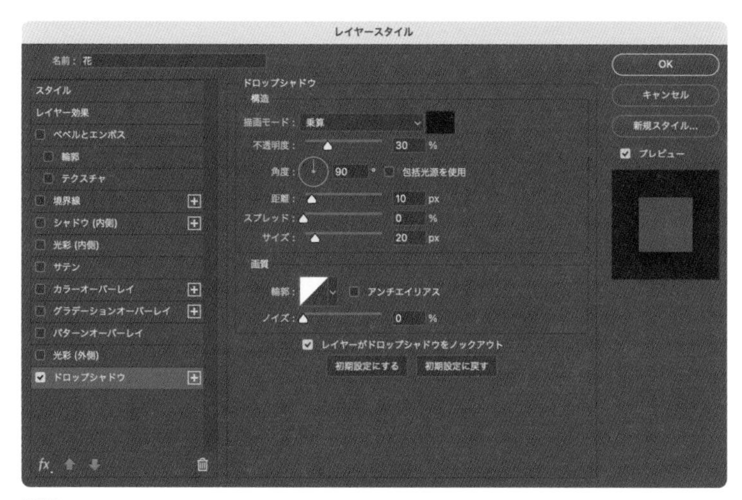


10 ドロップシャドウ

[カラー：暗い赤]（作例では#730001）、[描画モード：乗算][不透明度：30%][角度：90°][距離：10px][サイズ：20px]に設定している

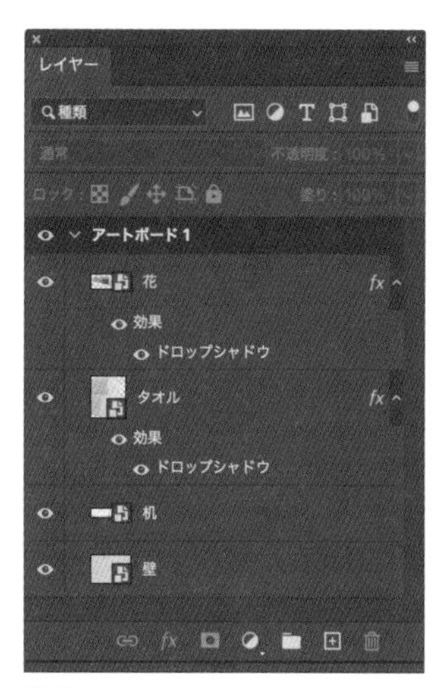


11 ここまでのレイヤーパネル

# ボトルのラベルを合成する

Lesson8

THEME
テーマ

**ボトルのラベル部分に文字を合成してみましょう。大小の文字は横書き文字ツールで作成します。余白のバランスに気を配ると、見た目がきれいに仕上がります。**

## 01 作成手順の確認

まず素材画像「bottle.psd」を開いてください 01 。ボトルが3つ並んでいますが、この中で真ん中のボトルだけを使います。

手順としては、本節でラベル部分を作成して、ボトルに合成します。そして、次節でボトルを切り抜いてロゴといっしょに「ヘアオイルバナー.psd」に移動し、最後に1つのスマートオブジェクトに変換する流れです。

01 素材画像「bottle.psd」

## 02 ラベルのロゴを作成

まず、ボトルラベルの中央より少し上に、長方形ツールで黒線1pxの正方形を作ります 02 。

175ページ、**Lesson5-03**参照。

次に横書き文字ツールに切り替え、オプションバーとプロパティパネルを 03 のように設定します。ここで使っているフォント「URW DIN」はAdobe Fontsからアクティベートすることができます。そして、正方形の外に「MdN」と入力してから、移動ツールで正方形の中心に移動します 04 。

119ページ、**Lesson3-06**参照。

02 正方形を描く

「URW DIN」はAdobe Fontsから。[フォントサイズ：58px] [テキストカラー：黒]

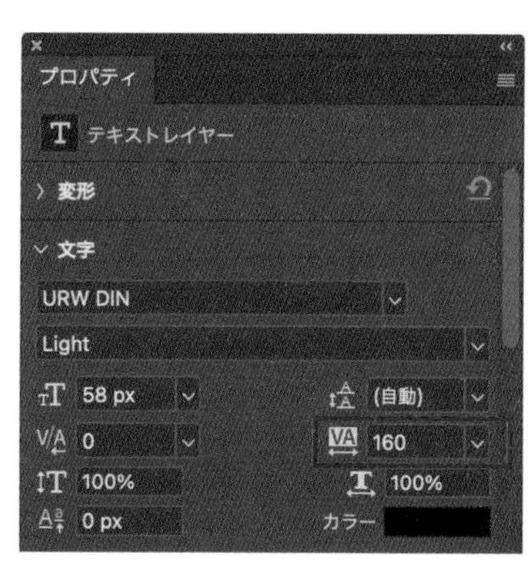


入力後にプロパティパネルで、文字間を調整。[トラッキング：160] に設定している

03 テキストの入力前・後の設定

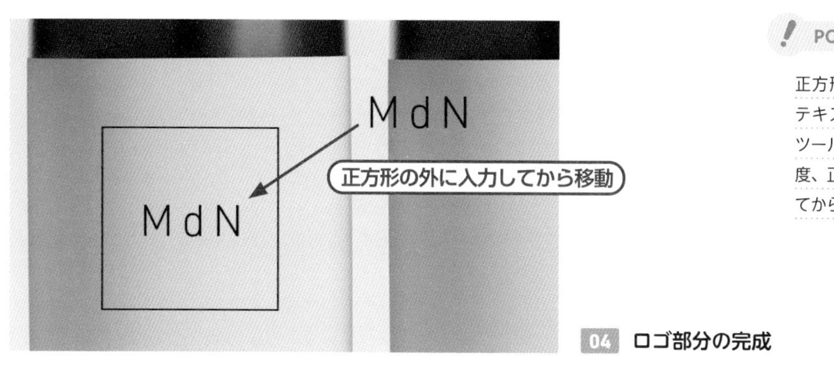


04 ロゴ部分の完成

**POINT**

正方形を描いた直後に正方形の中にテキストを入力するとエリア内文字ツールに変わってしまいます。必ず一度、正方形の外側でテキストを作成してから移動ツールで移動しましょう。

## 03 ラベルのテキストを作成

次に、ロゴ下のテキスト部分を作成しましょう。横書き文字ツールのオプションバーで 05 のように設定し、「Hair oil made from（改行）natural ingredients」と入力します。作例で使っている「Pacifico」というフォントもAdobe Fontsから利用できるフォントです。

「Pacifico」はAdobe Fontsから。［フォントサイズ：40px］［テキストカラー：黒］［中央揃え］にしている

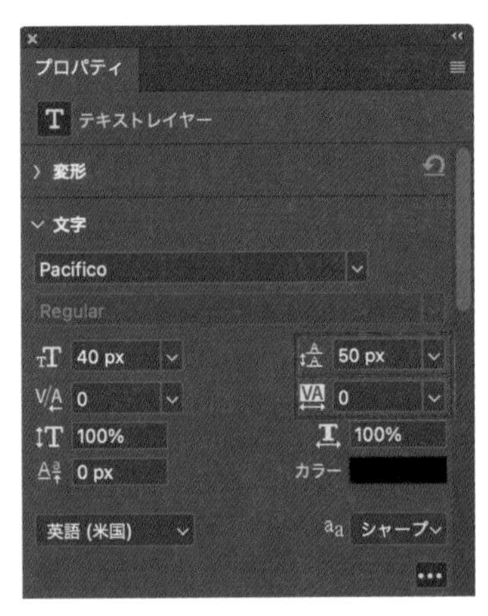


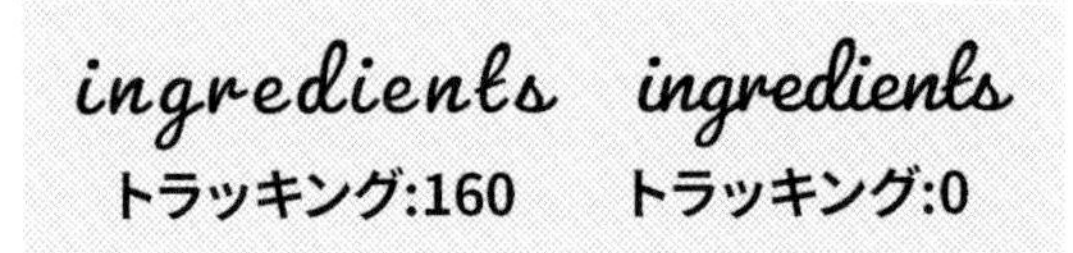


トラッキングを「0」にすることで、筆記体がきちんとつながって見える

テキストの入力後にプロパティパネルで設定する。［行間：50px］［トラッキング：0］

**05 テキストの入力前・後の設定**

テキストを入力したら、レイヤーパネルから長方形レイヤーと2つのテキストレイヤーを選択し、移動ツールのオプションバーで水平方向中央揃えに整列させます。このとき、余白の感じが 06 のようになっているとバランスよく見えます。

116ページ、**Lesson3-06**参照。

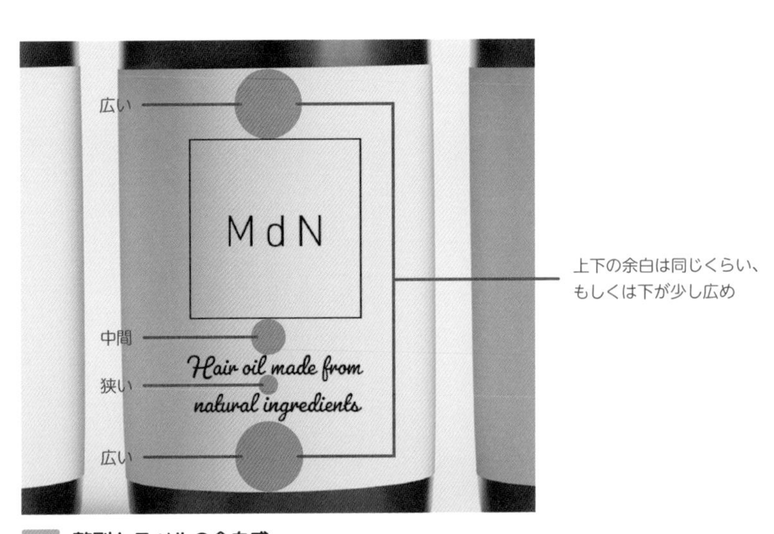


**06 整列とラベルの余白感**

## 04 ボトルラベルを合成してなじませる

ここまで追加した3つのレイヤーはグループ化し、グループの名前を「ラベル」にします。さらにスマートオブジェクトに変換しておきます 07 。そして、このボトルの写真自体が少し傾いている 08 ので、角度を補正しましょう。背景レイヤーの鍵を外して通常レイヤーに変換し、自由変形を使って「0.3°」回転させます 09 。ボトルとラベルが違和感なくなじみました。これでラベルの合成は完成です。

memo

対象のレイヤーを選択した状態で、⌘[Ctrl] +Tキーを押すと自由変形に切り替わります。

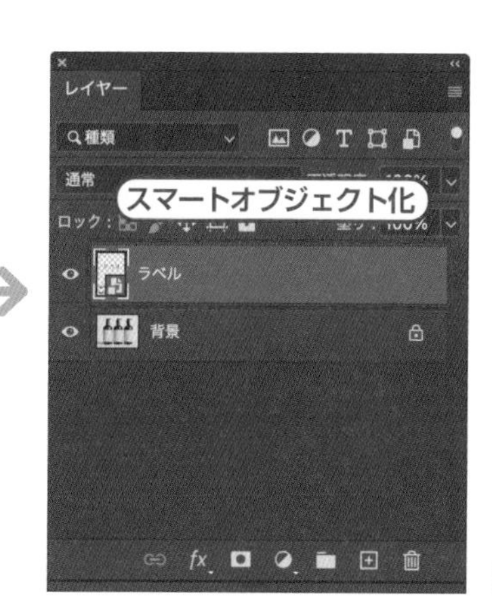


07 レイヤーの整理

08 ボトルの写真が少し右肩上がりになっている

「0.3°」回転させる

09 自由変形のオプションバーを使って角度補正

### 合成したいボトルの形状が細い場合

この作例では不要ですが、ボトルの形状がもっと細く曲面が急な場合は、ラベルを曲面に合うように歪ませる必要があります。その方法を紹介しておきます。

ラベルレイヤーを選択した状態で、メニュー→“編集”→“変形”→“ワープ”をクリックします。オプションバーがワープの設定になるので、「ワープ」を「アーチ」や「でこぼこ」など、曲面に合うものに設定し、数値を調整します。そのほかに手動で直接ドラッグすることもできるので、ボトルに合うよう変形させましょう 10 。

[ワープ：上弦] [カーブ：10%]としている

下側だけ少し弓なりになっている

**10 ワープを使った合成**

# ボトルの合成とテキストの配置



Lesson8

前節でラベルを合成したボトルを、切り抜いて「ヘアオイルバナー.psd」に移動します。さらに、キャッチコピーとなるテキストを配置し、1つ目のバナーを完成させます。

## 01 ボトルを切り抜く

今回のボトルのように境界線のはっきりした被写体を切り抜くときは、選択範囲とレイヤーマスクで切り抜くよりも、パスとベクトルマスクを使ったほうが仕上がりがきれいになります。まずはペンツールでボトルのラインをなぞっていきます。パスを描く前に、ペンツールのオプションバーの一番左が「シェイプ」ではなく「パス」になっていることを確かめましょう 01。

104ページ、**Lesson3-05**参照。

うまく切り抜くコツは、境界線の1pxほど内側をなぞることです。そうすると余計な背景が入ってこないためきれいに仕上がります 02。

パス　作成：選択…　マスク　シェイプ　自動追加・削除

[シェイプ]ではなく[パス]に設定する

01 ペンツールのオプションバー

02 ボトルをパスで囲む

**memo**
ペンツールは慣れるまで難しく感じるかもしれませんが、プロの現場では仕上がりのきれいなこの「パス抜き」と呼ばれる手法がよく使われます。

ボトルが囲めたら、レイヤーパネルでボトルの写真レイヤー（レイヤー0）を選択します。⌘［Ctrl］キーを押しながらレイヤーパネル下部の◘ボタンをクリックして、パスをベクトルマスクに変換します 03 。このとき、境界線を確認して乱れている部分があれば、ベクトルマスクサムネールをクリックして、パス選択ツール▶を使って微調整しましょう。

109ページ、**Lesson3-05**参照。

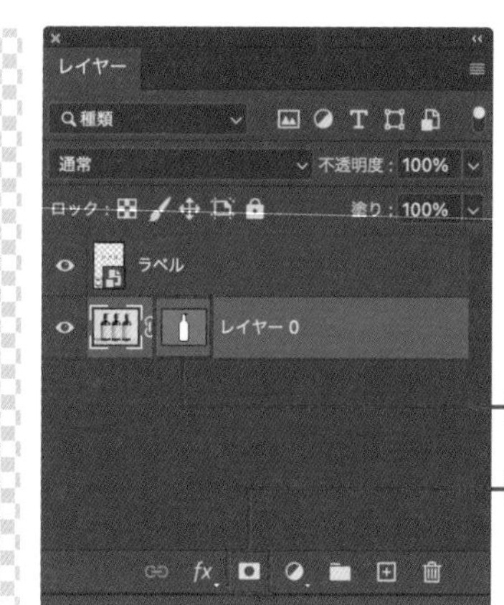


②パスをベクトルマスクに変換

①⌘［Ctrl］＋クリック

03 **ボトルの切り抜き**

## 02 ボトルの移動

ここまでできたらボトルの写真レイヤーと「ラベル」レイヤーをグループ化します。グループ名は「ボトル」にしておきます 04 。そして、「ボトル」グループを「ヘアオイルバナー.psd」へ移動しましょう。移動したらサイズや位置を変更する前にスマートオブジェクトに変換します 05 。スマートオブジェクトの状態で少し縮小し、左へ少し回転させます 06 。

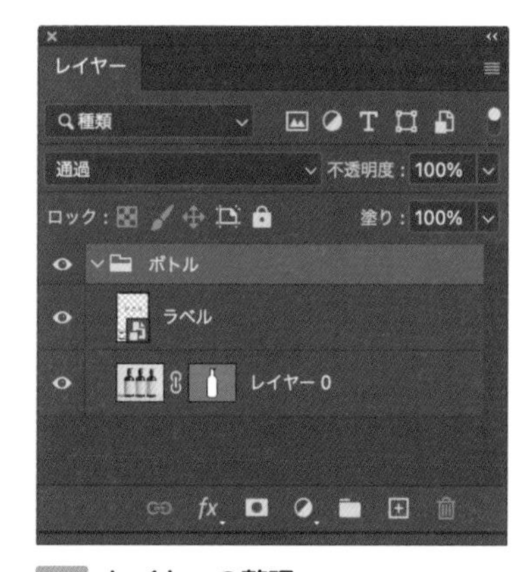


04 **レイヤーの整理**

05 **「ヘアオイルバナー.psd」に移動してスマートオブジェクト化**

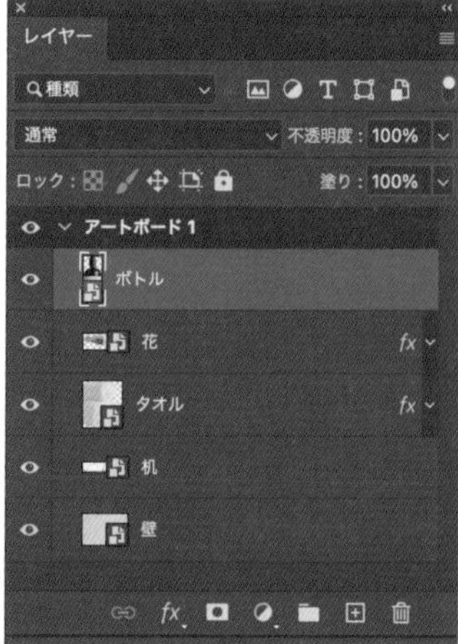

06 ボトルのサイズと角度を調整

## 03 影の作成

テーブルの部分に、ボトルの影を描いていきます。まず、ボトルの下に楕円形ツールで黒の楕円を描きます 07。

メニュー→“フィルター”→“ぼかし”→“ぼかし（ガウス）”を選ぶと、08 のようなアラートが表示されるので、「スマートオブジェクトに変換」を選びます。楕円形がスマートオブジェクトに変換されます。続いて表示される「ぼかし（ガウス）ダイアログで［半径］を「10px」程度としてぼかし、［OK］をクリックします 09。

POINT

このあと影をぼかして引き伸ばすので、この時点では楕円の横幅をボトルより少し小さめにします。

07 楕円形を描く

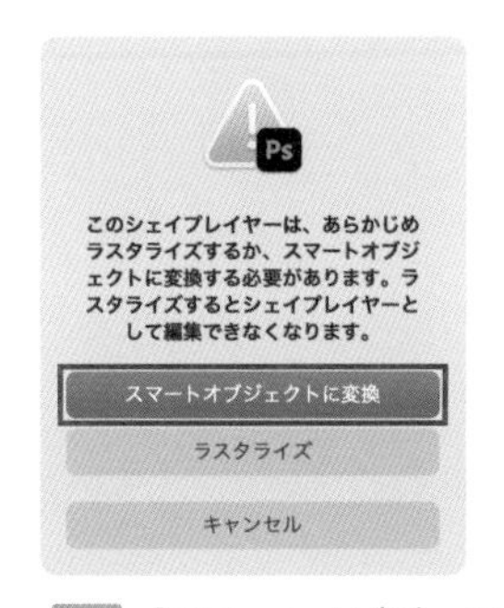


08 「スマートオブジェクトに変換」を選ぶ

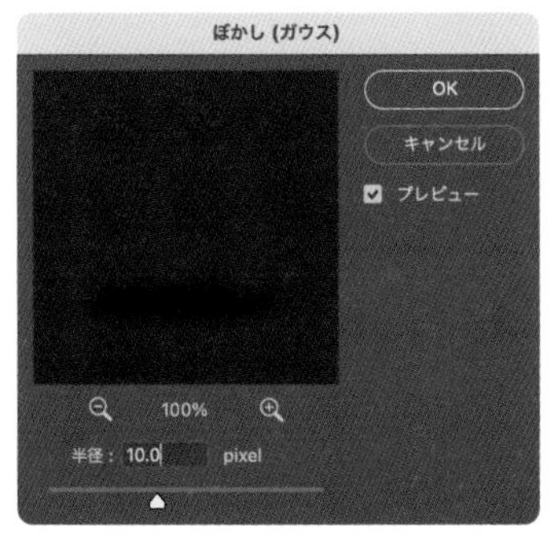


09 「ぼかし（ガウス）」ダイアログ

さらに、メニュー→“フィルター”→“ぼかし”→“ぼかし（移動）”を使って、影を横に伸ばしていきます 10 。ここでは［角度］を「0」にし、［距離］を「100px」にしていますが、楕円の大きさによって距離は調整しましょう。2つのぼかしが設定できたら、影のレイヤーの［不透明度］を30〜40%程度に下げてリアルな影に見せましょう 11 。

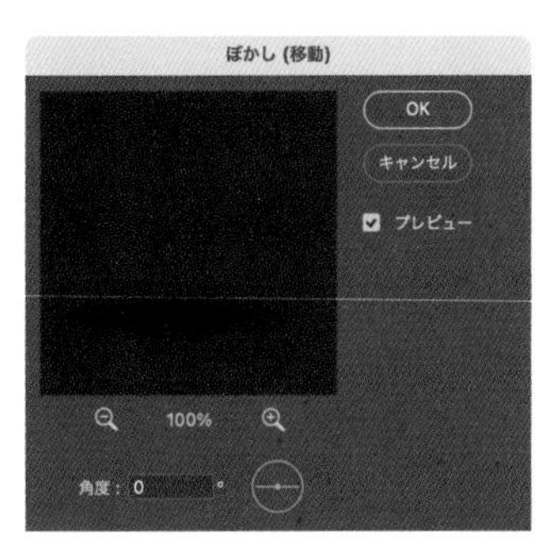


10 「ぼかし（移動）」ダイアログ

11 ボトルの影が完成

## 04 テキストの配置

最後にテキストを添えていきます。横書き文字ツールのオプションバーで 12 のように設定します。

そして、アートボードの右上あたりをクリックし、「うるおい続く（改行）ヘアオイル（改行）誕生。」と入力します。入力後に文字パネルまたはプロパティパネルでカーニングとトラッキングを 13 のように設定します。

「源ノ角ゴシックJP」はAdobe Fontsから。［フォントサイズ：55px］［右揃え］［テキストカラー：黒］にする

12 横書き文字ツールのオプションバーの設定

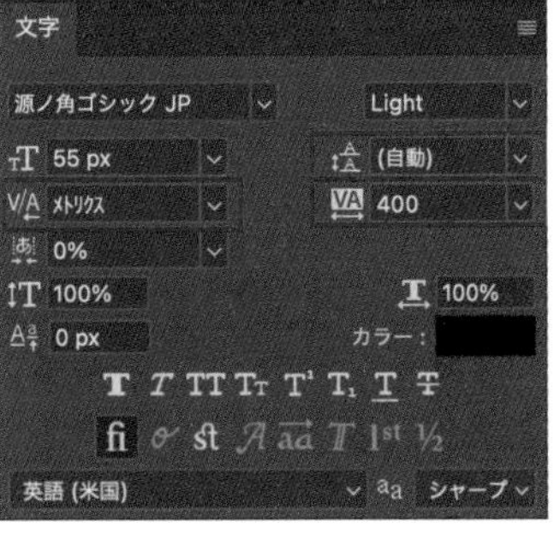


行間は「自動」のままにしている

**13 テキストの入力後に文字間を設定**

**memo**

カーニングを「メトリクス」にすると、そのフォントを設計したデザイナーが設定した、一番きれいな文字間に整えることができます。ただし、フォントによっては効かない場合もあります。

これですべてのパーツができ上がったので、最後に全体のバランスを見ながら大きさや位置などを微調整して完成です 14 。

**14 バナーが完成！**

# ほかのアートボードへの配置と画像の書き出し

Lesson8

THEME テーマ

前節で完成させた正方形のバナーをベースに、同じデザインの長方形のバナーを作成します。アートボードの機能を使うことで、同一デザインを異なるサイズに展開することが容易になります。

## 01 新しいアートボードを作成

「ヘアオイルバナー.psd」のアートボード1の右側に、新しく横長のアートボードを作成しましょう。ツールバーで移動ツールを長押しし、アートボードツールを選びます。長方形を描く要領でカンバス上をドラッグし、幅1200・高さ630pxのアートボードを作成します 01。アートボードは作成したあとでも、オプションバーやプロパティパネルで幅や高さの数値を調整すれば、サイズ変更が可能です。

memo
幅1200×高さ630pxというサイズは、WebサイトのURLをSNS上でシェアした際に表示される画像のサイズです。この画像のことを「OGP画像」といいます。

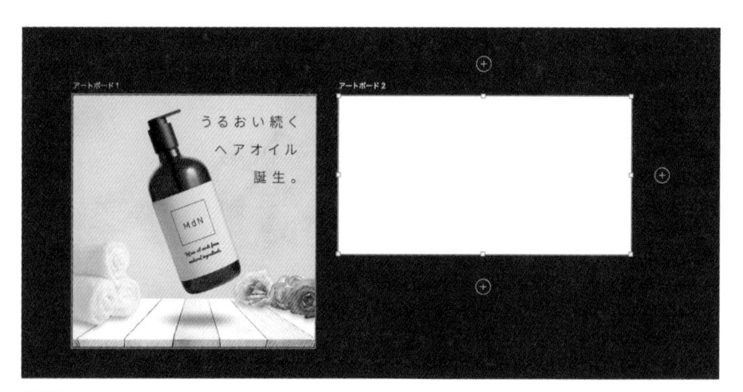


01 アートボードの作成

## 02 レイヤーを複製

次に「アートボード1」から「アートボード2」へ、レイヤーを複製して配置していきます。この作例ではレイヤー数が多くないため1枚ずつ複製していってもいいですが、レイヤー数が多いと取りこぼしが出てしまいます。取りこぼしのないように一気にすべてを複製し、いったんアートボードの外へ出してしまいましょう。

すべてのレイヤーの複製と移動を同時に行うには、まずレイヤーパネルですべてのレイヤーを選択します。次に移動ツールのオプションバーで「自動選択」のチェックを外し、option［Alt］キーを押しながらアートボード外へドラッグします 02。

02 オプションバーとカンバス上の表示

memo

移動ツールの「自動選択」のチェックは、⌘［Ctrl］キーを押し続けることで一時的にチェックを外すこともできます。その場合は、⌘［Ctrl］＋option［Alt］キーを押しながらアートボード外へドラッグします。

## 03 背景の配置

アートボードの外にレイヤーを全部出したら、今度はそれを背景から順番に「アートボード2」に移動していきましょう。アートボードが横長になるので、レイヤーの大きさやバランスを変えながら配置します 03。

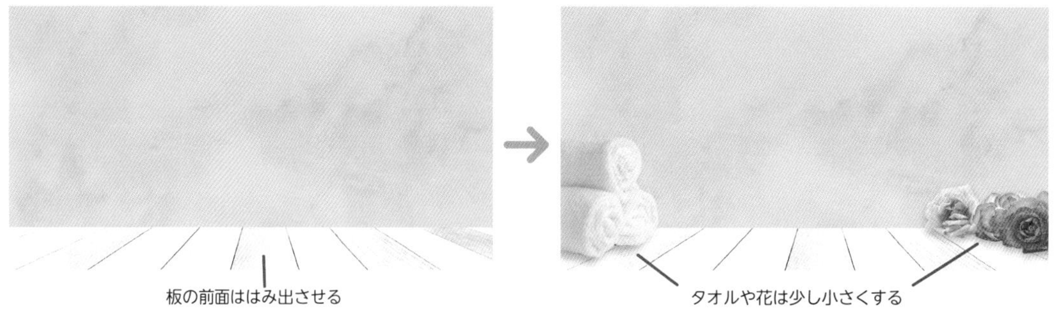


**03** **背面から順番に配置していく**

ボトルをまっすぐに立てる場合、自由変形時のオプションバーで角度を入力できるので、「0」と入力します **04**。すべてのレイヤーの移動と調整ができたら完成です **05**。

> **memo**
> 自由変形のショートカットキーは⌘[Ctrl]+Tキーです。

自由変形のオプションバーで角度を「0」に修正すると、レイヤーがまっすぐになる

**04** **自由変形時の角度の調整**

ボトルは左右中央に配置

テキストサイズも「45px」程度に小さくする

楕円形(影)は「ボトル」レイヤーの下にして不透明度を上げた

**05** **横長のバナーが完成!**

## 04 アートボードごとに書き出す

完成したら一度保存し、2つのアートボードを書き出してみましょう。おすすめの書き出し方は2通りあります。

### 「書き出し形式」で書き出す

まずは通常の書き出し方法から紹介します。Lesson1-08で学んだ、定番の書き出し方法です。06の左側でチェックを入れたアートボードすべてを一度に書き出せます。アートボードごとに形式や比率が設定できるので、例えば「アートボード1はPNG、アートボード2はJPG」といった形式違いの書き出しも可能です。試しに一度書き出してみてください。

39ページ参照。

アートボードが並んでいるので、書き出したい対象にチェックを入れる。

アートボードごとに書き出し方を設定できる。

最後に[書き出し]をクリックし、保存場所を選んだら書き出し完了。

06 「書き出し形式」ウィンドウ

### 「画像アセット」で書き出す

こちらもLesson1-08で学んだ、とても便利な書き出し方法です。あらかじめメニュー→“ファイル”→“生成”→“画像アセット”にチェックを入れておきます07。あとはレイヤーパネルでアートボード名を「書き出したい名前+拡張子」に変更するだけです08。

39ページ参照。

この設定をしておけば、PSDファイルを保存するたびに自動的に書き出しを実行してくれます。書き出される場所は、PSDファイルが置いてある場所です09。こちらも一度試してみましょう！

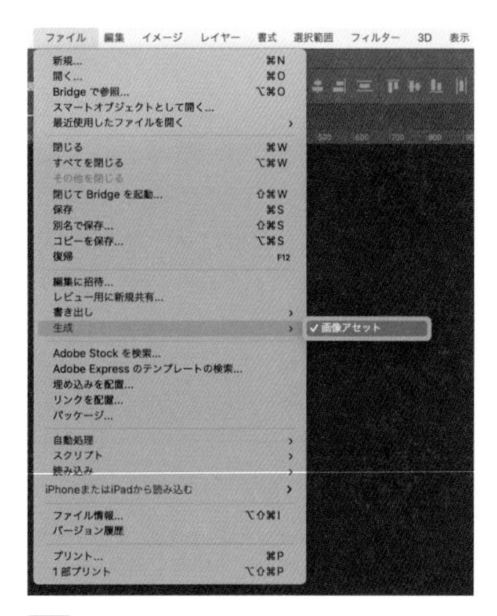


**07** 「画像アセット」にチェック

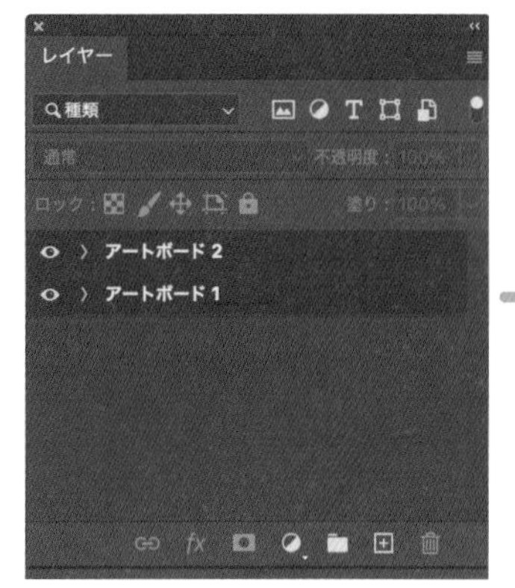


ここでは見やすいようにレイヤーをすべて閉じている

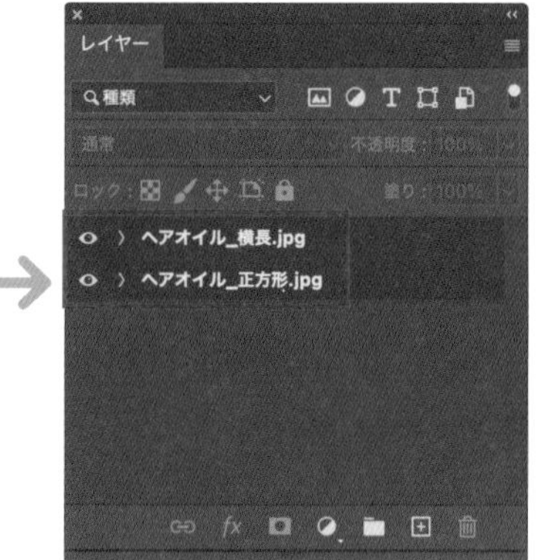


※アセット名にスペースは使えない
※拡張子は必ず半角で入力する

**08** レイヤーパネル

**09** 書き出し元のPSDファイルと同じ場所に「○○○-assets」フォルダとして、ひとまとめに書き出される

Lesson 9

# 実践：キャンペーンバナーを作る

最後の実践として、「雨の日キャンペーン」のバナーを作ってみましょう。色補正、テキスト、シェイプ、レイヤースタイルなど、学んだことをしっかり使いこなしましょう。

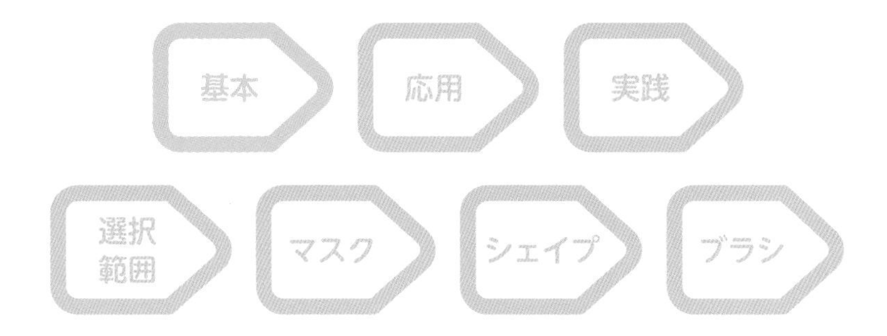

# アートボードの設定と背景の作成

Lesson9

THEME テーマ

ECサイトなどを想定した、雨の日限定フェアのキャンペーンバナーを作っていきます。写真を加工するだけでなく、背景のドットパターンや雲のイラストも描いてみます。

## 完成形と素材の確認

作成するキャンペーンバナーの完成形は 01 のようになります。Lesson8と同様に、ここで扱う素材はJPGデータではなく、すべてPSDデータとなっています 02 。

248～ページ参照。

01 完成形

brush.psd

woman.psd

02 使用素材のファイル

## 01 新規アートボードの作成

それではPhotoshopを開き、[新規ファイル] ボタンをクリックしましょう。新規ドキュメントウィンドウが表示されますので、ここでも1,000ピクセル四方のアートボードを作ります 03 。[アートボード] にもチェックを入れておきましょう。

新規ファイルが作成できたら、透明の「レイヤー1」は不要なため、レイヤーパネル下部の ボタンで削除しておきます。そして「雨の日バナー」というファイル名をつけて、Lesson8-01 と同じように、PSDファイルとしてコンピューターに保存しておきます。

249ページ参照。

**03 新規ドキュメントウィンドウ**

[幅・高さ：1000ピクセル] [解像度：72] [カラーモード：RGB] [カラープロファイル：作業用RGB]とし、[アートボード]にチェックを入れる

## 02 べた塗りレイヤーで背景を作成

まずはバナーの背景を作っていきます。レイヤーパネルの下部にある ボタンから「べた塗り」を選びます。名前の通りべた塗りされただけのレイヤーです。初期設定は描画色で塗られるため、カラーピッカー で薄い水色にしましょう 04 。作例では「#e3f8ff」にしています 05 。この水色のべた塗りレイヤーに、これから作るしずくパターンを乗せていきます。

**memo**

べた塗りレイヤーの色をあとから再編集したい場合は、レイヤーパネルでべた塗りレイヤーサムネールをダブルクリックして、色を選び直します。

250ページ、**Lesson8-01**参照。

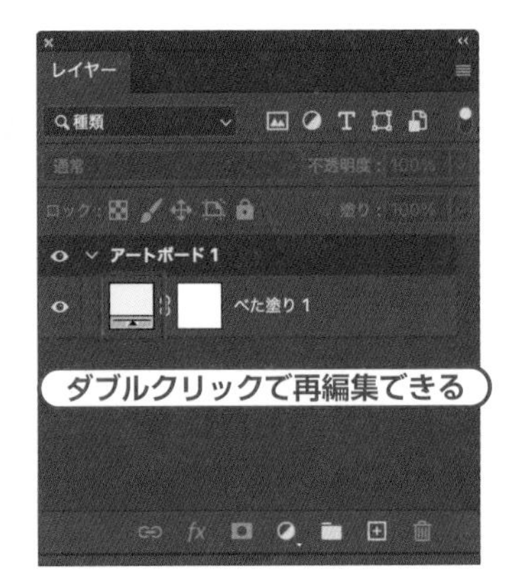


04 べた塗りレイヤー

05 カラーピッカー（べた塗りのカラー）

## 03 しずく型の作成

次にアートボードを追加します。「アートボード1」の右に250px四方のアートボードを用意します 06 。

270ページ、Lesson8-05参照。

追加したアートボード上に「しずくパターン」を作成していきます。プロパティパネルで［アートボードの背景色］を「透明」にします。楕円形ツールで40px程度の正円を描き、上部のアンカーポイントを伸ばしてしずくの形を作りましょう 07 。作例では色を「#96dcfe」としています。

memo

上部のアンカーポイントを伸ばす際、「この操作を行うと、ライブシェイプが標準のパスに変わります。続行しますか？」というアラートが出た場合は［OK］を押します。

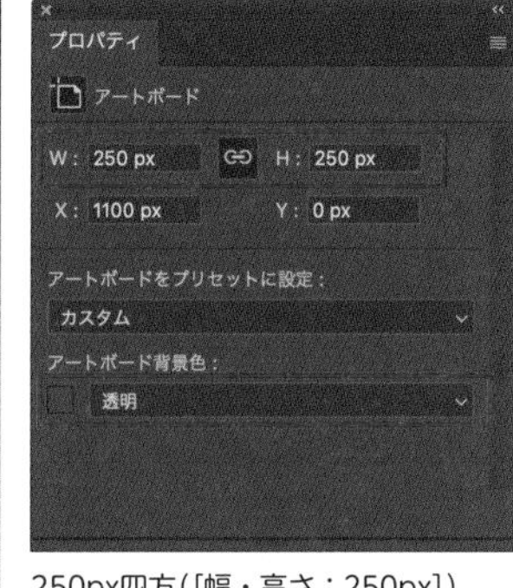


250px四方([幅・高さ：250px])、[アートボードの背景色]は「透明」にする

**06 アートボードの追加**

正円を描く

パス選択ツールでてっぺんのアンカーポイントをクリックし、真上に引っ張る

アンカーポイントの切り替えツールで、てっぺんのアンカーポイントをクリック

**07 しずくの描き方**

ひとつ描けたらアートボードの左上にぴったり合わせます。しずくを複製し、複製したほうの色を少し変えます(#43b9f2)。そして、アートボードの左上から125px（アートボードの半分）の位置に配置しましょう。最も簡単な方法としては、125px四方の正方形を描きそれに合わせます 08 。

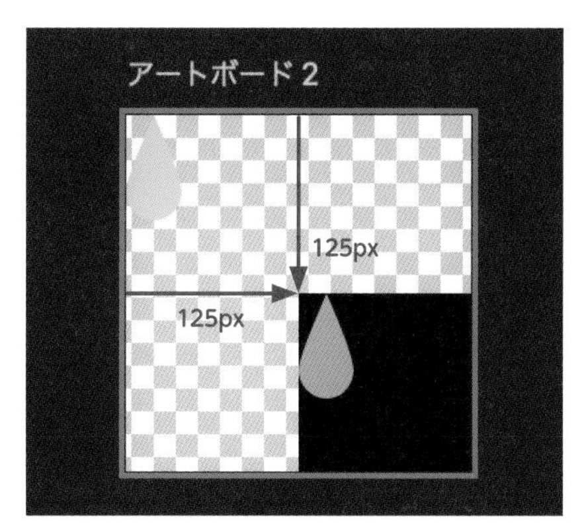


正方形を描いて左上にぴったり合わせる
(※その後正方形は削除する)

**08 しずく柄の作成**

## 04 しずく型をパターン登録

「アートボード2」を選択した状態で、メニュー→“編集”→“パターンを定義”をクリックします 09 。

「パターン名」ダイアログが開きますので 10 、「しずく」などわかりやすい名前をつけて登録しましょう。これでしずくのパターンが使えるようになりました。

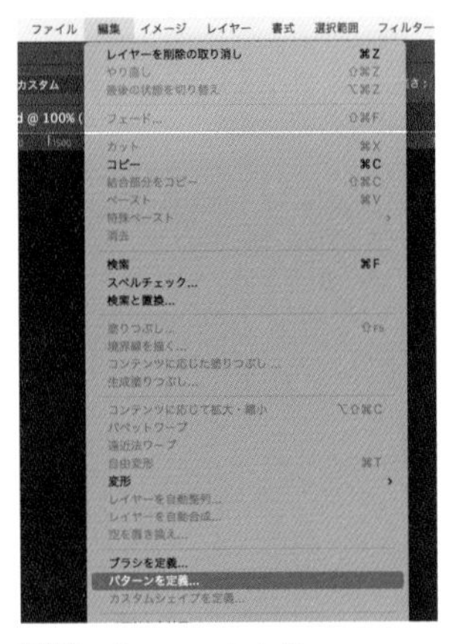


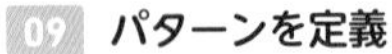
09 パターンを定義

10 「パターン名」ダイアログ

## 05 しずくパターンの適用

「アートボード1」に戻り、レイヤーパネルからべた塗りレイヤーのレイヤースタイルを開きます。「レイヤースタイル」ダイアログで［パターンオーバーレイ］をクリックし、パターンの中から先ほど登録したしずくパターンを適用させます（新しいパターンは一番下に追加されています） 11 。

198ページ、**Lesson6-03**参照。

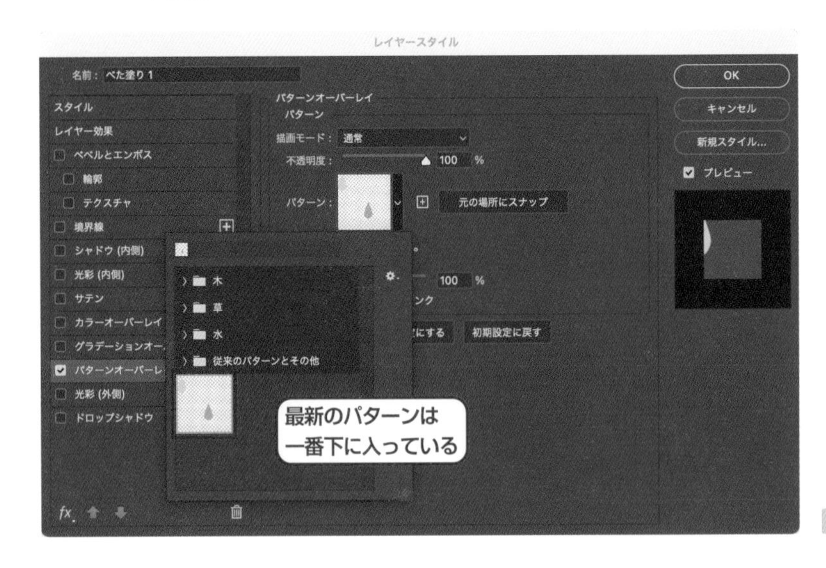


11 パターンの適用

このままではパターンが左上ぴったりから始まっていて不自然なため、パターンの位置を動かしましょう。レイヤースタイルを開いたままカーソルをアートボードの上にやると、パターンの移動ができるようになります。ドラッグして自然な位置に動かしてみてください 12 。ここまでできたら、一度保存して次に進みましょう。

memo
パターンの位置はあとからも調整できるので、実際に他のオブジェクトが乗ったあとで最終的にまた調整しましょう。



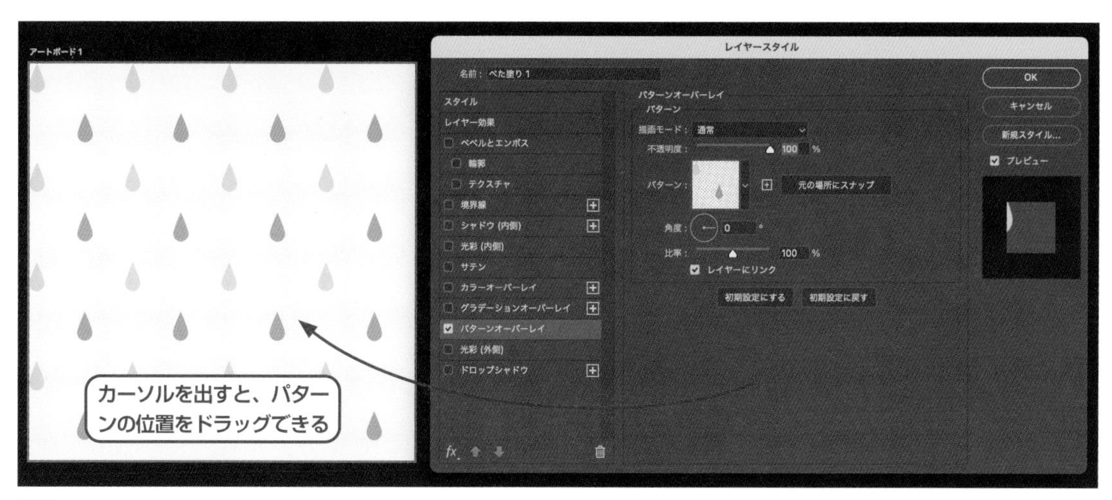


12 パターンの位置調整

# キャンペーンタイトルの作成

Lesson9

THEME
テーマ

**しずくパターンのレイヤーの上に、正方形の枠、ブラシの画像、テキストを配置していきます。位置は、全体のバランスを見ながら適宜調整しましょう。**

## 背景に正方形を配置

メインとなるキャンペーンタイトル部分を作成していきましょう。まずは、「雨の日バナー.psd」の「アートボード1」に長方形ツールで正方形を描きます。[幅・高さ：800px]の正方形で、線の幅「6px」の黒線に設定し、アートボードの中央に配置します 01 。

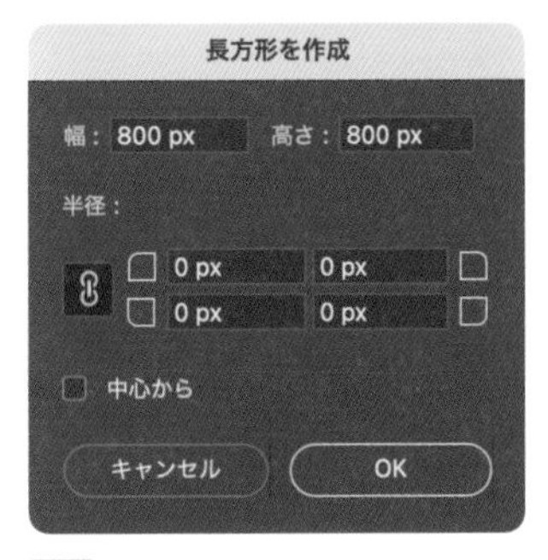


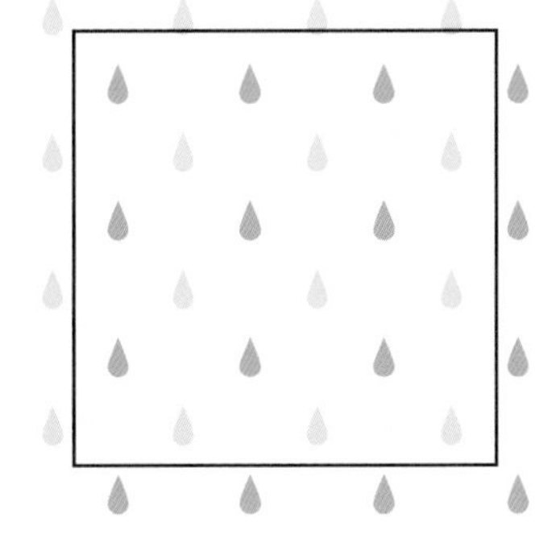

01 **正方形を描き、中央に配置**

## 水彩画像の選択範囲を作成

次に、素材画像「brush.psd」を開いてください 02 。この画像を切り抜いて、明るくしていきましょう。この水彩画像のようにエッジが複雑で選択範囲が手動で作りにくい場合は、「色域指定」という方法で色から選択範囲を作るのが有効です。メニュー→ “選択範囲” → “色域指定”を選んでください 03 。

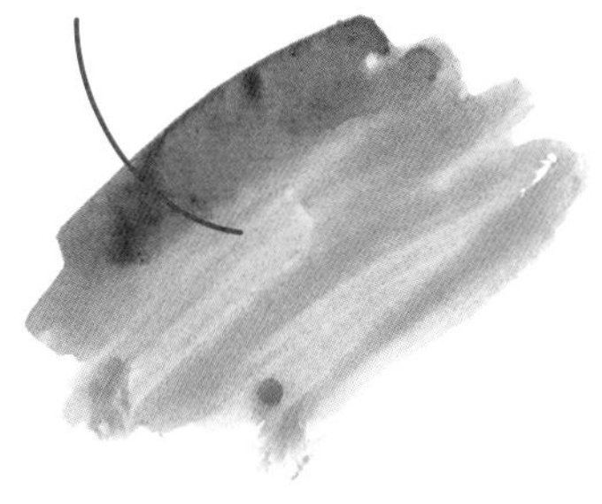


**02 素材画像「brush.psd」**

選択範囲　フィルター　3D　表示　プ
すべてを選択　⌘A
選択を解除　⌘D
再選択　⇧⌘D
選択範囲を反転　⇧⌘I
すべてのレイヤー　⌥⌘A
レイヤーの選択を解除
レイヤーを検索　⌥⇧⌘F
レイヤーを分離
色域指定...
焦点領域...
被写体を選択
空を選択
選択とマスク...　⌥⌘R

**03 メニュー→"選択範囲"→"色域指定"を選択**

「色域指定」ダイアログが開きます 04 。[許容量] を「32」程度に設定し、黒く表示されているプレビューの部分は [選択範囲] を選んでおきます。ダイアログからマウスカーソルを出すとカーソルがスポイトになるので、shift [Shift] キーを押しながら画像の青い部分をひたすらクリックしていきます。すると、クリックした部分の色がダイアログのプレビュー内に白で表示されます。この白い部分がのちのち選択範囲となるので、とにかく青い部分をひたすらクリックしてプレビューを白くしていきましょう 05 。

**memo**

特に青の濃い部分は、選択漏れがないようにたくさんクリックしましょう。

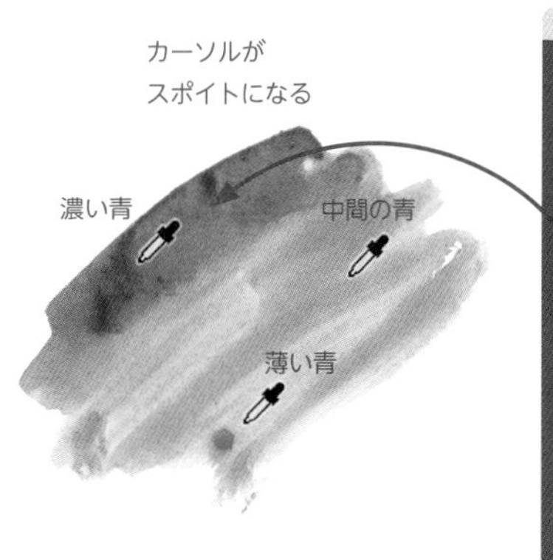


shift [Shift] を押しながら、いろんな青をクリックしていく

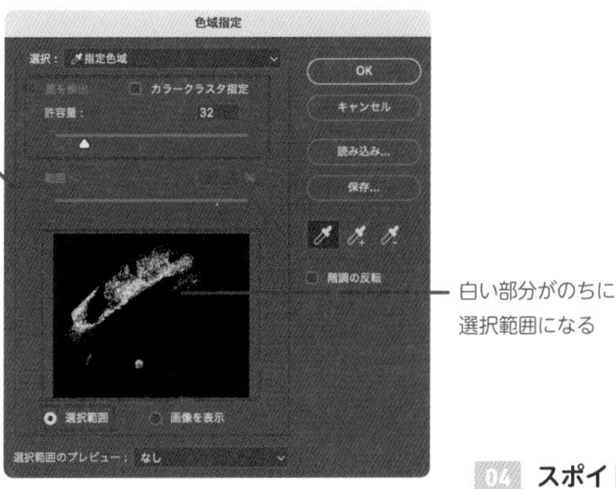


[許容量：32] 程度とし、[選択範囲] のラジオボタンを選択

**04 スポイトで青い部分をひらすらshift [Shift] +クリック**

**05 ここまで白くできたら選択範囲に変換**

## 03 水彩画像の切り抜きと補正

05 くらいにほぼ完全にプレビューが水彩の形に白くなったら、[OK]を押して選択範囲に変換します 06 。さらに、選択範囲をレイヤーマスクに変換して、画像を切り抜きます 07 。

93ページ、**Lesson3-02**参照。

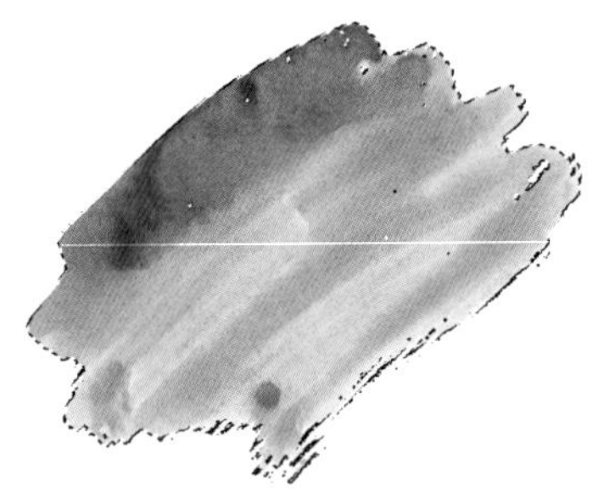

06 **複雑な選択範囲ができ上がる**

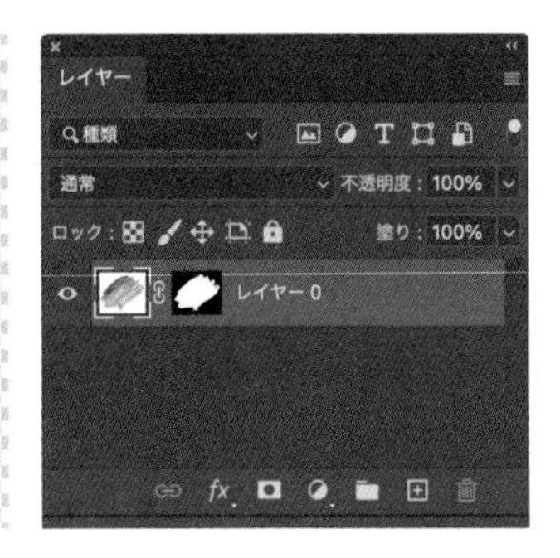


07 **レイヤーマスクで切り抜き**

切り抜きができたら「トーンカーブ」調整レイヤーを追加し、切り抜いた画像にクリッピングマスクしておきます。カーブの中央を少し持ち上げて全体を明るくします 08 。

95ページ、**Lesson3-02**参照。

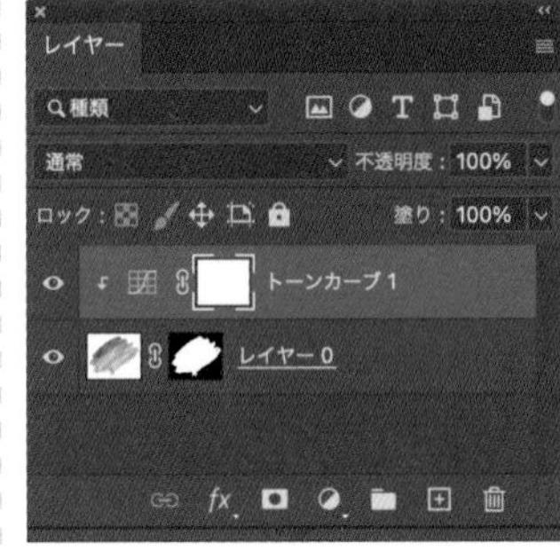


08 **トーンカーブで明るくする**

## 04 グループ化と移動

トーンカーブでの補正が終わったら2つのレイヤーをグループ化し、グループ名を「水彩」とします 09 。そして、グループごと「雨の日バナー.psd」の「アートボード1」へ移動します。移動後、サイズを変えたりする前にスマートオブジェクトに変換し、変換したのちに位置やサイズを調整します 10 。

memo

レイヤーの移動の方法は250ページ、**Lesson8-01** と同じ手順です。

09 レイヤーをグループ化

10 レイヤーを移動し、スマートオブジェクトにしたのちサイズ調整

## 05 レイヤーマスクで重なりを調整

次に、「雨の日バナー.psd」の「水彩」レイヤーにレイヤーマスクを追加します。真っ白なレイヤーマスクが追加されるので、このレイヤーマスクを使って、正方形と水彩の重なり方を 11 のように見せていきましょう。

> **memo**
> 選択範囲を作らずにレイヤーマスクを追加すると真っ白なレイヤーマスクを追加できます。

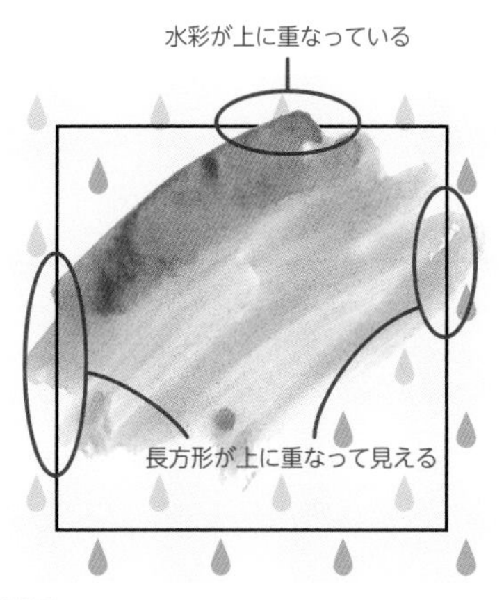


11 背景、水彩、正方形の線の重なり

まず左側から調整します。しっかり拡大表示し、黒い線の形に長方形選択ツールで選択範囲を作ります 12 。レイヤーパネルで「水彩」レイヤーのレイヤーマスクサムネールを選択 13 して、黒に塗りつぶします。この際、[描画色]を黒にしてoption [Alt]＋delete [Delete]キーを押すと一発で選択範囲を描画色で塗りつぶすことができます。すると、塗りつぶした部分がマスクされ、黒枠の正方形が上に重なったように見せることができました。選択範囲を解除し（⌘ [Ctrl] ＋Dキー）、右側も同じようにしてマスクします。

> **memo**
> 描画色での塗りつぶしはoption[Alt]＋delete[Delete]キーですが、背景色での塗りつぶしは⌘[Ctrl]＋delete[Delete]です。何かと便利なので覚えておきましょう。

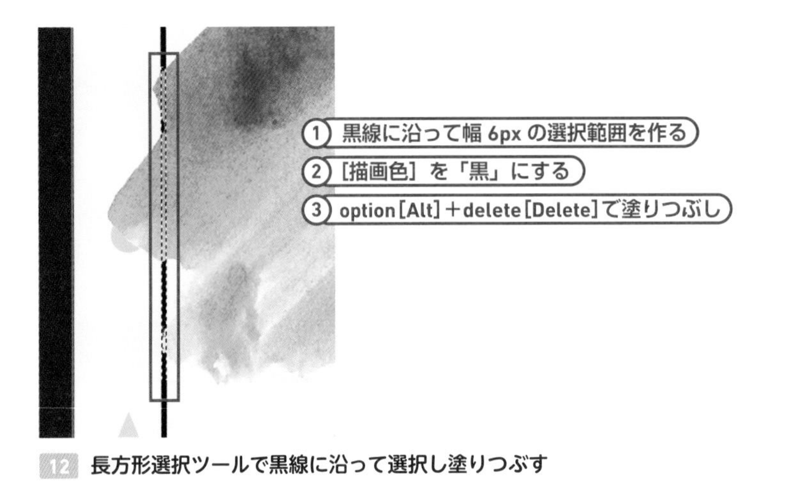


12 長方形選択ツールで黒線に沿って選択し塗りつぶす

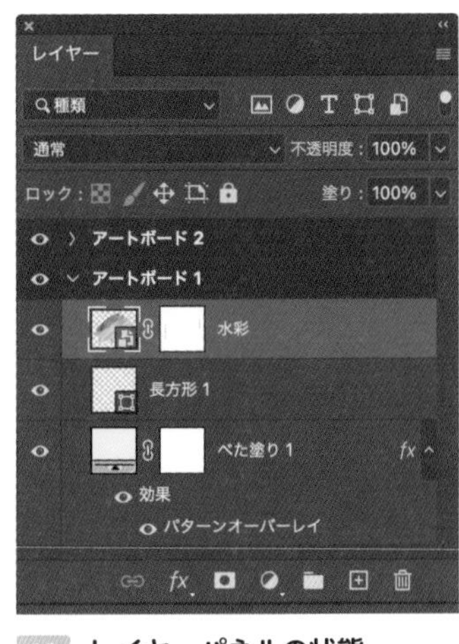


13 レイヤーパネルの状態

## 06 テキスト「Rainy」部分の作成

テキスト部分を作成していきます。この作例で使っている文字色はすべて黒、フォントはすべてAdobe Fontsから使うことができます。

119ページ、Lesson3-06参照。

文字ツールに切り替えます。横書き文字ツールを選び、オプションバーで 14 のように設定し「Rainy」と入力します。入力後にプロパティパネルまたは文字パネルで、カーニング／トラッキングをどちらも「0」にすると筆記体がきれいに繋がって見えます。

移動ツールに持ち替え、左右の余白が均等になるように位置を調整します 15 。

14 「Rainy」部分のオプションバー設定（フォントは「Braisetto」を使用）

カーニングとトラッキングを「0」に設定

15 テキスト「Rainy」の設定と配置

memo

2024年3月現在、Photoshop 2024のバグとして、「レイヤーを移動するとレイヤーおよびその周辺が白く消える」場合があります。その場合は、レイヤーパネルにて該当するレイヤーや前後のレイヤーを非表示→表示とすると正常に表示されます。

## 07 テキスト「Fair」部分の作成

続いて移動ツールでアートボードの外をクリックし「Rainy」テキストレイヤーの選択を解除します。必ず解除してからもう一度横書き文字ツールに戻り、16 のように再度設定しましょう。「Fair」と入力するのですが、入力しようと「Rainy」のすぐ下あたりをクリックすると、「Rainy」レイヤーの編集に切り替わってしまうため、アートボードの下方、少し離れたところに入力し、移動ツールで位置を調整するとよいでしょう 17。

「Fair」と入力したら、プロパティパネルか文字パネルでカーニングを「メトリクス」、トラッキングを「400」に設定します 18。

16 テキスト「Fair」のオプションバー設定（フォントは「Achivo Black」を使用）

17 テキストを入力してから移動

18 カーニングを「メトリクス」、トラッキングを「400」に設定

## 08 「雨の日限定フェア」部分の作成

最後に、日本語の「雨の日限定フェア」部分を入力します。こちらも先ほどと同様に、まずテキストレイヤーの選択を解除してからオプションバーを 19 のように設定し、入力します。これもまた「Rainy」レイヤーの編集に切り替わらないように、少し離れたところに入力してから移動させます。

入力ができたらカーニングを「オプティカル」、トラッキングを「200」に設定します 20 。最後に3つのテキストレイヤーの位置を整えたら、保存をして次に進みましょう 21 。

19 「雨の日限定フェア」部分のオプションバー設定(フォントは「DNP 秀英丸ゴシック Std」を使用)

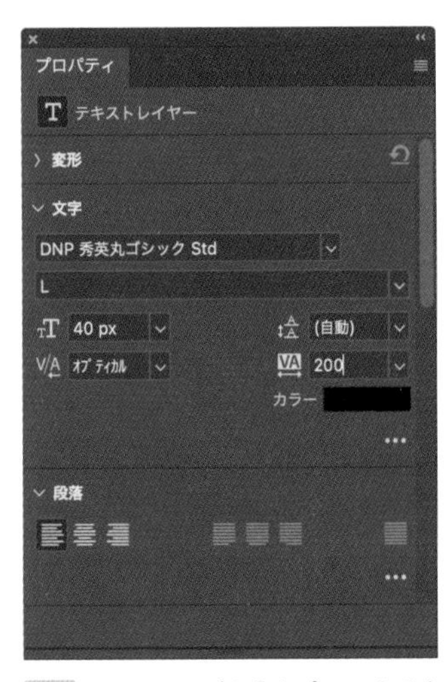


20 カーニングを「オプティカル」、トラッキングを「200」に設定

21 ここまでの完成

# 写真の切り抜きと補正



THEME テーマ

**ここでは、傘を持った女性の写真を切り抜いて、バナー上に配置します。写真の色調を補正したり、影をつけたりもいっしょに行います。**

## 01 人物のパス抜き

素材画像「woman.psd」を開いてください 01 。ペンツールとベクトルマスクを使って切り抜きしていきます。

ペンツールに切り替え、オプションバーの設定を見ます。[パス] になっていること、[シェイプが重なる領域を中マド] になっていることを事前に確認してください 02 。

memo
ペンツールが難しい場合は、選択範囲とレイヤーマスクでも問題ありません。

01 素材画像「woman.psd」

パス 作成： 選択... マスク シェイプ 自動追加・削除

新規レイヤー
シェイプを結合
前面シェイプを削除
シェイプ範囲を交差
✓ シェイプが重なる領域を中マド
シェイプコンポーネントを結合

ツールモードが [パス]、パスの操作が [シェイプが重なる領域を中マド] になっているのを確認

02 ペンツールのオプションバー

オプションバーの設定を確認したら、人物と傘をまずはぐるっと一周パスでなぞります。パスはどこから描き始めても大丈夫です。境界線の少し内側をなぞっていくときれいなパス抜きができます 03 。

03 人物と傘をパスで囲む

## 02 中マドで背景を抜く

ペンツールで人物と傘を一周したら、そのまま続けて右手と傘の隙間をペンツールでなぞります 04 。大きなパスの中に小さいパスがある状態です。オプションバーで最初に［シェイプが重なる領域を中マド］という設定にしておいたので、このままパスをベクトルマスクに変換すると、この小さなパスの内側はマスクされます。実際に⌘［Ctrl］を押しながらレイヤーマスクアイコンをクリックし、ベクトルマスクに変換してみましょう。指と傘の隙間がマスクされ、背景が抜けたことがわかります 05 。

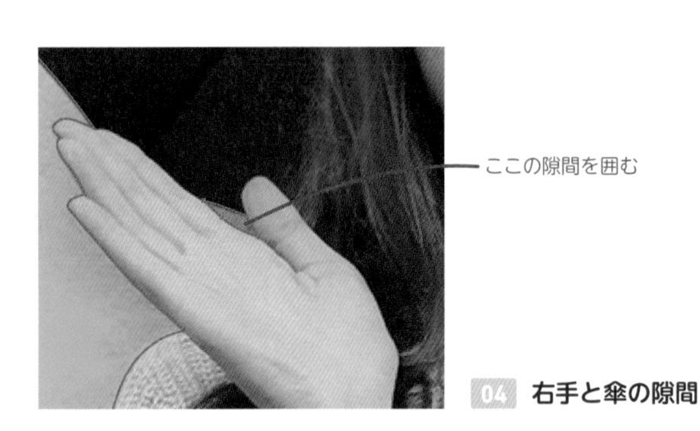

04 右手と傘の隙間

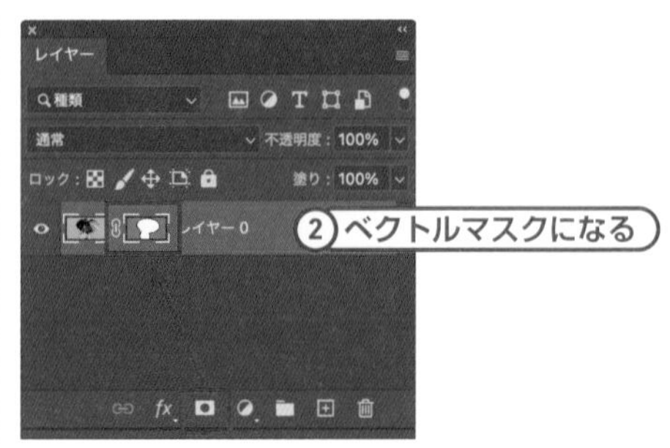

05 ベクトルマスクに変換

## 03 写真全体の明るさを補正

切り抜きを行うと、写真が全体的に青みがかっていたり、暗くコントラストも低いのがよくわかります 06 。これをしっかり明るく補正していきましょう。まずは「トーンカーブ」調整レイヤーを追加し、写真にクリッピングマスクしします。カーブの中央を持ち上げ、明るくします。コントラストが強くなりすぎるのでさらに一番左下の点を少しだけ上に持ち上げ、マイルドに仕上げます 07 。

95ページ、**Lesson3-02**参照。

06 **切り抜いたところ**

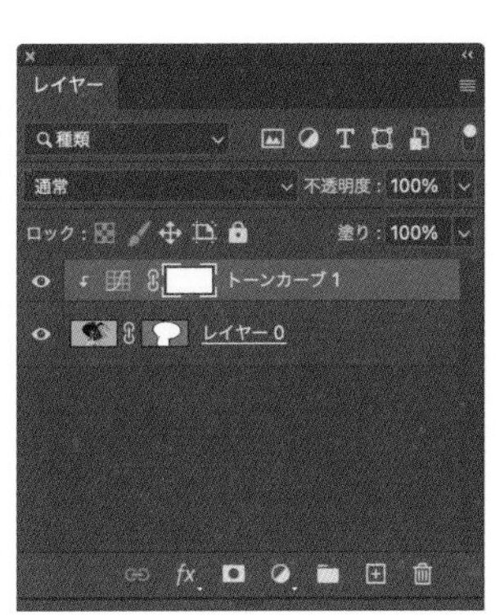


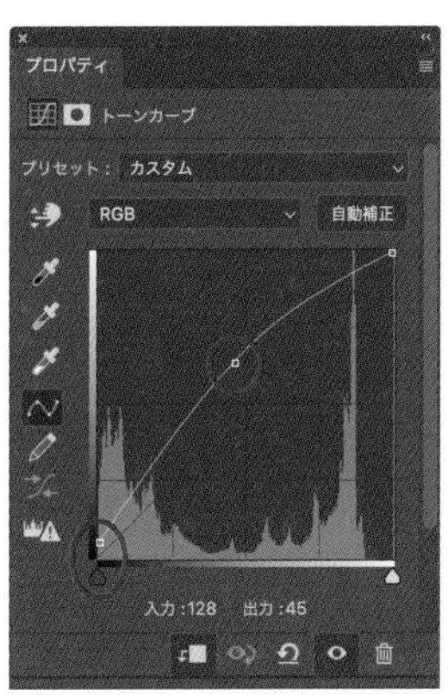


07 **トーンカーブの調整**

## 04 色味の補正

続いて「カラーバランス」調整レイヤーを追加し、青みを取っていきましょう。 08 のように、写真を赤みと黄色みに寄せてあげます。青みが取れて顔の血色もよく見えます。ただし、ここで青みを取りすぎると暖色系の写真になってしまい、水色を背景としている「雨の日バナー.psd」に移動したときに浮いて見えてしまう可能性があります。最終的には移動したあとで違和感があれば再度調整をしましょう。

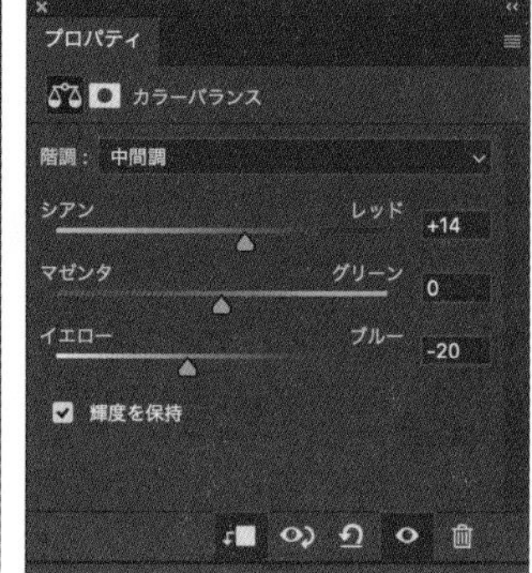


08 カラーバランスの調整

## 05 傘の補正

バナーの差し色となるカラフルな傘がもっと鮮やかに見えるように調整していきましょう。まずは傘の形に選択範囲を作ります。この場合の簡単な選択範囲の作り方をご紹介します。

①最初に作ったベクトルマスクのサムネールを⌘［Ctrl］＋クリックし、ベクトルマスクの形の選択範囲を作ります。

②クイック選択ツールで人物部分を選択範囲から除外していきます。少々の調整を加えたら選択範囲の完成です 09 。このとき、傘の柄の部分は選択範囲に含めても問題ありません。

09 傘部分の選択範囲を作成

選択範囲ができたら「色相・彩度」調整レイヤーを追加します。レイヤーの順番は「色相・彩度」が一番上になるようにします。傘部分の彩度を上げていきましょう 10 。ここまでで補正は完了です。

**memo**

髪の毛と傘の境界線が気になる場合は、あとから柔らかいブラシでレイヤーマスクを調整するといいでしょう。

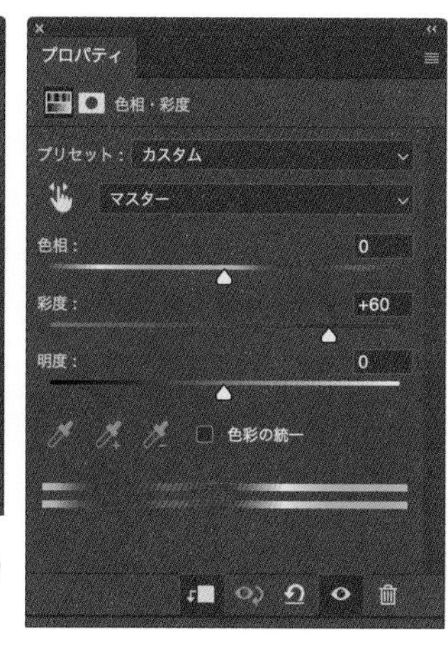


10 色相・彩度の調整

一番上に持ってくる

## 06 レイヤーをグループ化して移動

傘の補正ができたら、レイヤーをすべてグループ化し、グループ名を「女性」として「雨の日バナー.psd」へ移動しましょう。スマートオブジェクト化し、サイズや位置を調整します 11 。

11 「雨の日バナー.psd」へ移動し、サイズや位置を調整

「雨の日バナー.psd」の
レイヤーパネル

## 07 ドットの影を作成

位置を調整したら、「女性」レイヤーのサムネールを⌘[Ctrl]＋クリックして人物の形に選択範囲を作ります 12。

その状態で「べた塗り」レイヤーを追加します。べた塗りの色はしずくの青よりも濃い暗い青にします 13。作例では「#0f789e」としています。

12 選択範囲の作成

13 べた塗りの追加

続いてべた塗りレイヤーにドット模様をつけていきましょう。べた塗りレイヤーのレイヤースタイルを開きます。[パターンオーバーレイ] を選択し、[パターン] を選びましょう。ドットパターンは「従来のパターンとその他」→「従来のパターン」→「Webパターン」の中にあります。[描画モード] は「除算」、[不透明度] は「50%」に設定し、[OK] を押します 14。移動ツールでべた塗りレイヤーを少し右下に移動し、レイヤーの順番を「女性」レイヤーの下に変更すれば影の完成です 15。保存して最終ステップに進みましょう。

memo

「従来のパターンとその他」の項目がない場合は、201ページ、**Lesson6-03** の方法でパターンを追加しておきましょう。

14 ドットパターンの追加

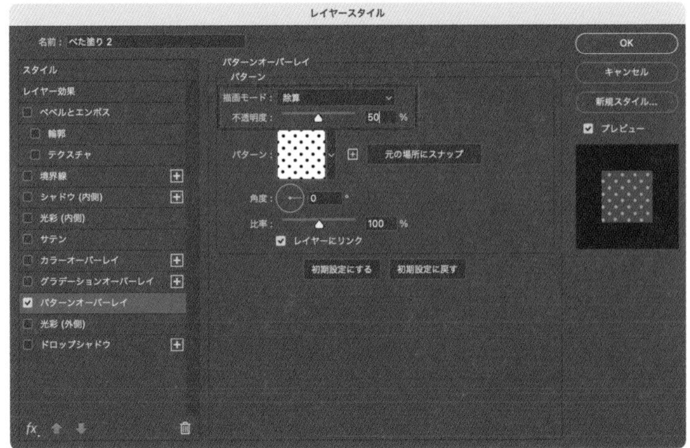


[描画モード：除算]、[不透明度：50%] とする

雨の日限定フェア
Rainy
Fair

**15** ここまでの完成

レイヤー
種類
通常
不透明度：100%
ロック：
塗り：100%
アートボード 2
アートボード 1
女性
べた塗り 2
効果
パターンオーバーレイ
雨の日限定フェア
Fair
Rainy
水彩
長方形 1
べた塗り 1
効果
パターンオーバーレイ

# 雲イラストの作成とテキストの配置

Lesson9

THEME テーマ

**バナーの左下に雲のイラストを描いて、その中にテキストを乗せましょう。「全品ポイント2倍」のテキストは、「2」の部分を強調する方法にちょっとしたコツがあります。**

## 01 雲のベースを作成

楕円形ツールを使って雲のイラストを描いていきましょう。オプションバーで[塗り]は「白」、[線]は「なし」に設定し、小さな円を1つ描きます 01 。

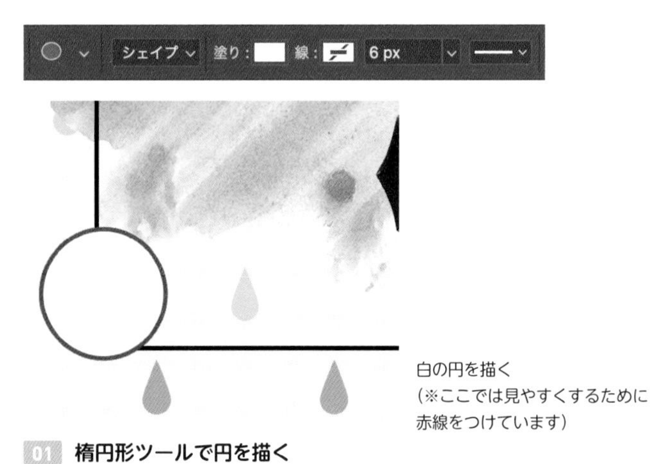


01 楕円形ツールで円を描く

円を1つ描いたらいくつか複製して、円のサイズを変えながら雲のもこもこを作っていきます 02 。雲の形はあとからも変えられるので、この時点では形に迷いすぎなくて大丈夫です。雲を描いたら、円のレイヤーをすべてグループ化し、グループ名を「雲」にしておきます 03 。

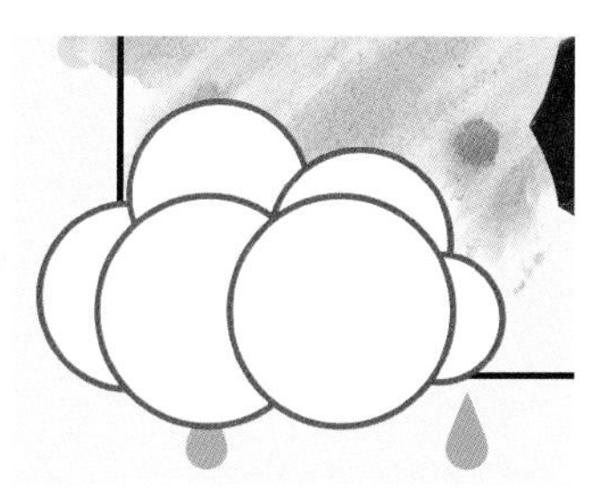

中サイズの円と小サイズの円で上部のもこもこ感を作る(※ここでは見やすくするために赤線をつけています)

大サイズの円で下部のふくらみを作る。中央に穴が空いたらそれも埋める

02 雲の形の作り方

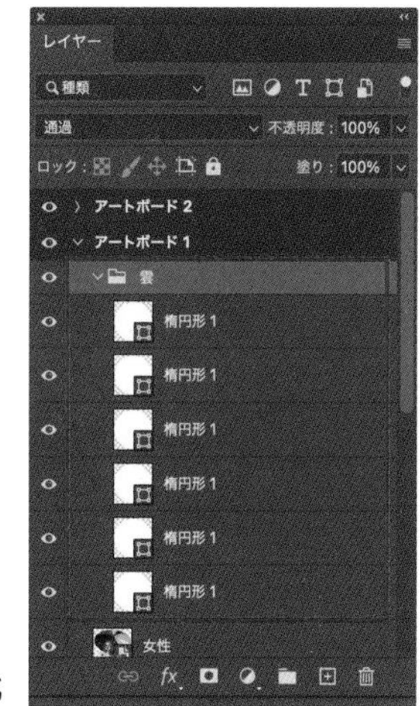


03 円のレイヤーをグループ化

## 02 全体に境界線をつける

グループのレイヤースタイルを開き、[境界線] を選択、[カラー] は「黒」、[サイズ]は「5px」で境界線を[位置：外側]につけます 04 。

このようにグループに対して境界線を設定することによって、シェイプ (楕円形) を結合せずにばらばらの状態のままでも、全体の外側に境界線をつけることができます。境界線は常にグループ全体につくため、あとから雲の形を調整したり円を追加しても境界線が崩れることはありません 05 。

**memo**

レイヤーパネルでグループレイヤーのフォルダマークをクリックすれば、グループ全体に適用するレイヤースタイルダイアログが開きます。

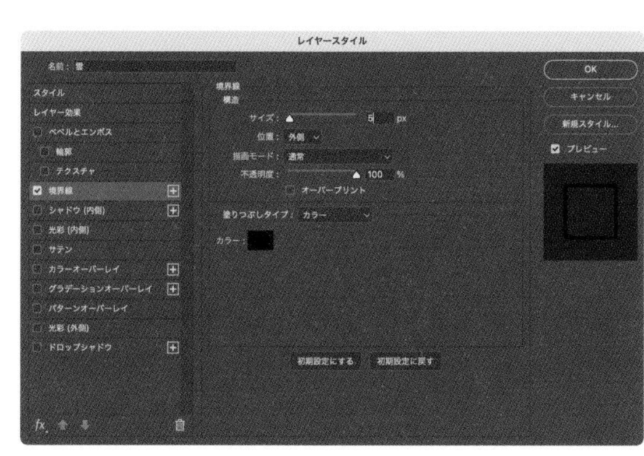


「雲」グループに境界線を設定

04 [境界線]の設定　[サイズ：5p]、[位置：外側]、[カラー：黒]

グループの中であれば、
円を動かしたり増減しても
境界線がついてくる

05 グループの中であれば、円を動かしたり増減してもOK

## 03 テキストを入力

テキストを入力する前に移動ツールに切り替え、一度アートボードの外をクリックし、すべてのレイヤーの選択を解除します。横書き文字ツールに切り替え、オプションバーで 06 のように設定し「全品(改行)ポイント2倍！」と入力します。作例では色を「#a78d00」としています。

入力したらプロパティパネルもしくは文字パネルで［行送り］を「80px」に設定し、移動ツールでテキストを雲の中央あたりへ移動させます 07 。このとき雲の中に入り切らない場合は文字サイズを小さくするか雲を大きくするなどして調整しましょう。

> **memo**
> ここで使用しているフォントもAdobe Fontsより利用できます。

フォントは「DNP 秀英丸ゴシック Std」、フォントスタイルは「B」。[フォントサイズ：60px]、[中央揃え]、[テキストカラー]は「ゴールド(#a78d00)」に設定

**06 横書き文字ツールのオプションバー**

**07 テキストの配置**

## 04 「2」の作り込み

文字パネルを使って、もっとテキストが魅力的になるよう作り込みをしていきましょう。

まず、数字については和文フォント（日本語用に設計されたフォント）よりも欧文フォント（英数字用のフォント）を使ったほうが見た目や収まりがいい場合が多いため、「ポイント2倍」の「2」だけを選択しフォントを変えます。作例ではAdobe Fontsの「Archivo Black」という欧文フォントにしました。

「2」は目立たせたいのでサイズも大きくしましょう。ただしこのとき、**[フォントサイズ]を変えるのではなく文字パネルの[垂直比率][水平比率]を使って大きくする**ようにしてください（140%程度） 08 。そうするとテキストは大きくなりますが文字のサイズは60pxのままとなり、あとからテキストレイヤーの文字サイズを変えたとして

> **memo**
> 英数字は日本語よりも小さく設計されていることが多いので、目立たせるところでなくても1〜2pxのサイズ調整は必要です。

> **POINT**
> 文字サイズを変えてしまうと、あとからテキストレイヤーの文字サイズを変えたくなったときに「2」だけ再度フォントサイズを指定する必要があります。テキストレイヤーの一部分だけ大きさを変えたい場合はこのように比率で調整します。

も、大きさの比率を保ったままになります。最後に［ベースラインシフト］も調整し、オプションバーの［◯］ボタンを押して編集を完了させたら「2」の作り込みは完成です。

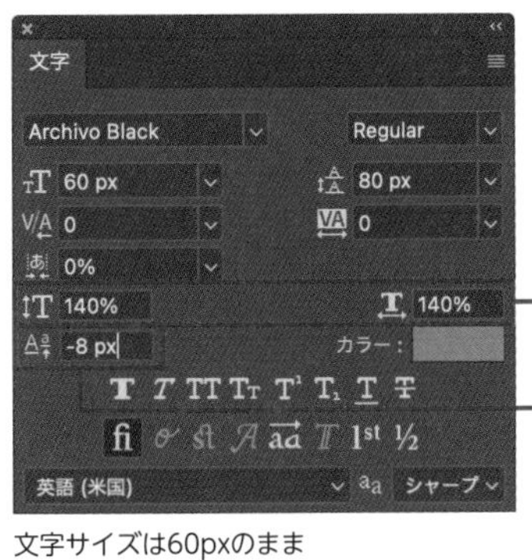


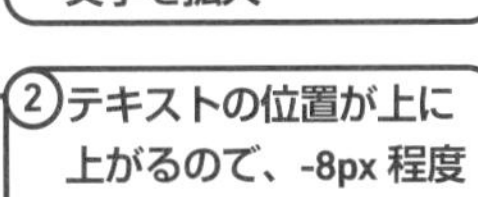


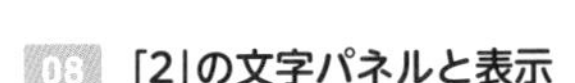

08 「2」の文字パネルと表示

調整したところ

## 05 その他テキストの作り込み

レイヤーパネルでテキストレイヤーを選択した状態で、プロパティパネルもしくは文字パネルにて［カーニング］を「メトリクス」に設定します。一括で全体がきゅっと詰まったのがわかります。特にカタカナや「！」の前後は隙間が広くなりやすいため、このように「メトリクス」または「オプティカル」を使って、まず自動カーニングを行います。自動カーニングをしても隙間が広く見える場所や、逆につまり過ぎていると感じる部分は手動でカーニング調整を行ってください。全体のバランスと照らし合わせて整えられたら雲部分の完成です 09 。保存をしておきましょう。

09 雲部分の完成

## 06 最終調整

これですべてのパーツが揃いました。全体を見ながら最終調整を行っていきましょう 10。しずくパターンの位置や、水彩の明るさ、人物の色味など、違和感のある部分はありませんか。いま一度確認して微調整を加えてみましょう。スマートオブジェクトにしているレイヤーは、レイヤーパネルでサムネールをダブルクリックすると、中身を編集できます。編集したあとで保存をすると「雨の日バナー.psd」に反映されます。保存した中身ファイルは閉じても大丈夫です 11。

memo

ここではレイヤーの整理についての説明はしていませんが、この作例のようにレイヤーの数が多いと後々修正をするときにレイヤーが整理されているほうが扱いやすいです。グループにしたりスマートオブジェクトにするなどして、レイヤーパネルは常に整理をこころがけましょう。

10 作例での微調整箇所

11 微調整を経て完成!

### さらに挑戦!

Lesson8-05 ➡と同じように、違うサイズのアートボードを追加してバナーをリサイズしてみましょう。縦長、横長、いろいろなサイズのバナーがありますが、デザインに正解はありません。自分がベストだと思うレイアウトで組んでみてください!

➡ 270ページ参照。

Lesson 10

# Photoshop 2024の新機能

Photoshop 2024ではAdobe FireflyのAI機能が搭載され、飛躍的な進化を遂げました。「生成塗りつぶし」と「削除ツール」は使い方次第では驚くようなクリエイティビティを発揮するツールなので、ぜひ押さえておきましょう。

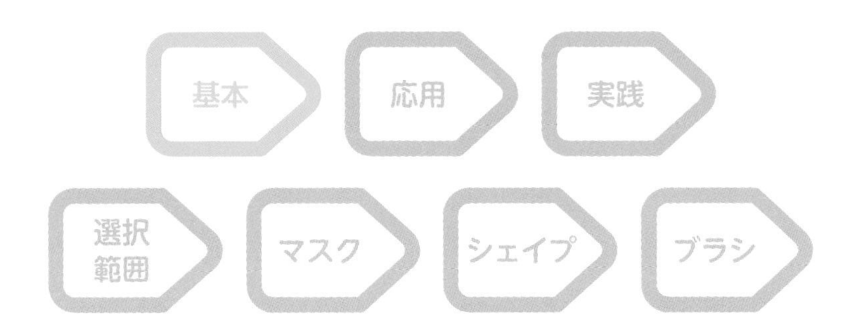

# 生成塗りつぶしと生成拡張

Lesson10 > 10-01

Photoshop 2024で追加された新機能の中で、「Adobe Firefly」(画像生成AI)の技術を利用した「生成塗りつぶし」機能と「生成拡張」の機能を使ってみます。

## 「生成塗りつぶし」機能とは？

「生成塗りつぶし」機能は、Photoshop 2024で新しく追加された機能の中でも最大の目玉となります。選択範囲を作りプロンプト（命令文）を入力すると、入力したものがAIによって生成されるという機能です。プロンプトを何も書かないと、選択範囲内の不要部分を認識して削除、背景を生成してくれます。

また、この生成塗りつぶしは、商用利用も可能な点が大きなメリットです。ただし、契約しているプランによって生成クレジット数が設けられています。Creative Cloud コンプリートプランの場合は1,000クレジット／月です。

memo
クレジットを使い切っても生成は行えますが、生成するのに時間がより掛かる場合があります。

### 選択範囲の不要物を削除する

生成塗りつぶしを試してみます。まずはプロンプトを何も書かずに、建物の写真から観光客を消してみましょう。01のようにたくさん映り込んだ観光客を消すのは、従来の方法ではなかなか難しいです。コピースタンプツールやスポット修復ブラシなどをメインに使いながら、さまざまなやり方を駆使して消すことになりますが、生成塗りつぶしを利用すれば一発で削除することができます。

01 元の写真

実際に素材画像「10-01-1.jpg」を使ってやってみましょう。

まず、なげなわツールで選択範囲を作ります 02 。クイック選択ツールなどで緻密な選択範囲を作る必要もありません。次にメニュー→“編集”→“生成塗りつぶし...”をクリックします 03 。プロンプトを入力する画面が出てきますが、何も入力せず[生成]をクリックします。しばらく待つとAIが自動的に背景を生成した結果を得ることができます 04 。ただし、AIによる自動生成なので、まったく同じ操作を行ったとしても得られる結果は作例と同じとは限りませんので注意しましょう。

02 選択範囲の作成

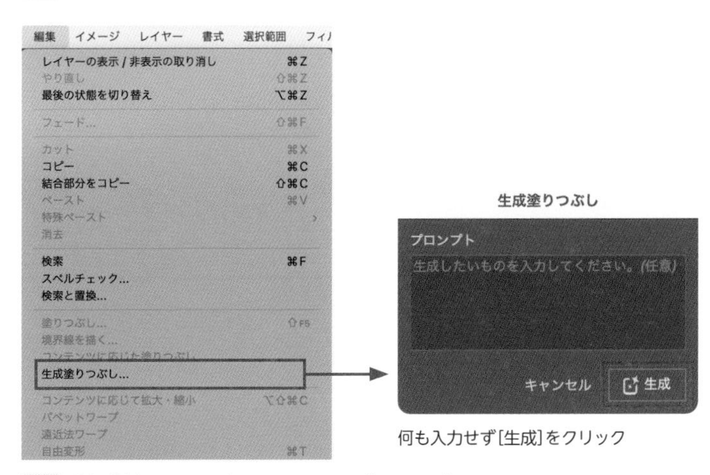


何も入力せず[生成]をクリック

03 「生成塗りつぶし」のメニューとダイアログ

きれいに観光客だけがいなくなった

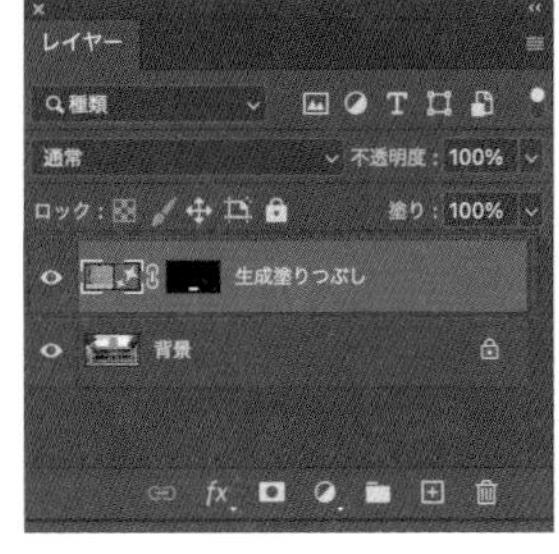


レイヤーパネルに、新規レイヤーとして生成される

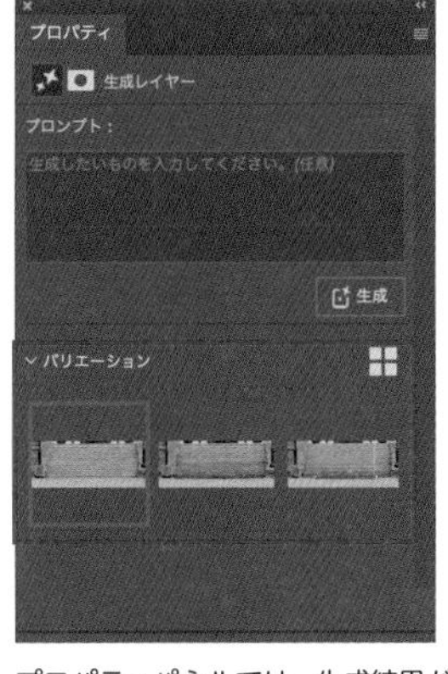


プロパティパネルでは、生成結果が3種類のバリエーションから選べる

04 生成結果（一例）

## 生成にチャレンジ！

次に、素材画像「10-01-2.psd」(森の写真) に、水を飲む熊を生成してみましょう 05 。

素材画像「10-01-2.psd」

完成例

05 ここで生成する画像のBefore／After

### 水辺を生成

まずは、素材画像の下半分を大きく選択範囲にし 06 、メニュー→"編集"→"生成塗りつぶし"をクリックします。続いて表示される「生成塗りつぶし」ダイアログでは [プロンプト] に「水面　波紋　映り込み」と入力し、[生成]をクリックします 07 。

少し待つと、森の写真に水辺が現れました 08 。プロパティパネルのバリエーションから一番イメージに近いものを選びましょう。ここで生成された水辺はどれも波紋がほとんどありませんでした。

06 選択範囲を作成

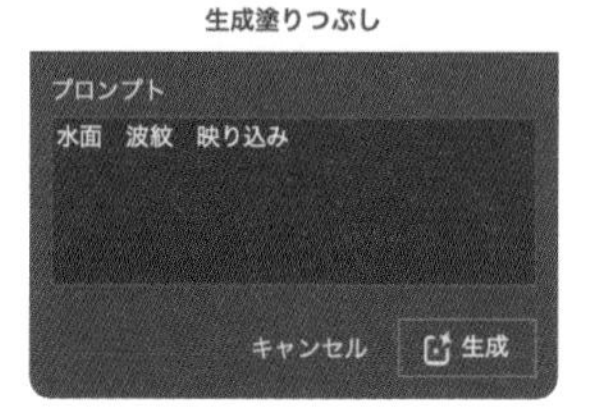


07 プロンプトを入力

08 水辺が生成された

### 熊を生成

続いて、水辺と森の一部を囲むように選択範囲を作り 09 、先ほどと同様に生成塗りつぶしを行います。プロンプトは「水を飲んでいる熊　映り込み」です 10 。熊とその水面への映り込みが生成されました 11 。

ただ、ここで生成された3バリエーションの中には、水を飲んでいる姿は1つだけでした。生成がうまくいかない場合はプロンプトを変えたり、さらに詳細に入力したりして、何度か生成をやり直してみましょう。同じプロンプトでも結果が違うこともあります。

memo

生成塗りつぶしでは、選択しているレイヤー以下を参照してあらゆるものを生成します。基本的には一番上のレイヤーを選択した状態で生成を行いましょう。

09 選択範囲を作成

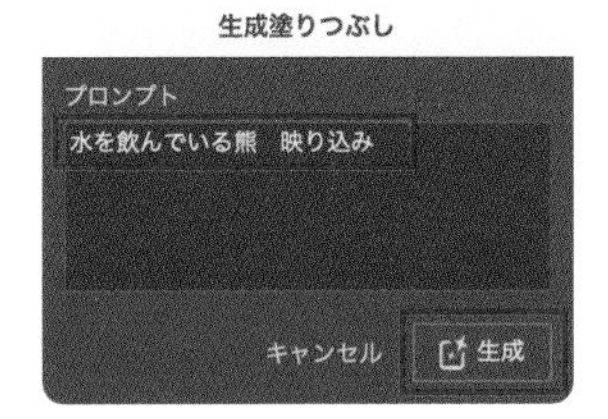


10 プロンプトを入力

11 水を飲む熊が生成された

## 「生成拡張」機能とは？

「生成拡張」機能は、切り抜きツールでカンバスを引き伸ばしたときに、オプションバーで「生成拡張」を選択しておくと、写真の見切れた部分を復元してくれるような機能です 12 。

Photoshopの従来からの機能で同じような「コンテンツに応じる／コンテンツに応じた塗りつぶし」というものがあります。ただし、こちらは単調な背景や風景を伸ばす場合などに使うもの 13 で、生成拡張のようにAIを搭載しているわけではないため、人物など複雑な写真には向いていません 14 。

元写真

頭や腕をAIが復元

12 生成拡張で画像を引き伸ばす

単調な背景や風景を引き伸ばすときに便利。

13 「コンテンツに応じる」で風景を引き伸ばす

「コンテンツに応じる」で 12 の元写真を引き伸ばしてみたもの

14 「コンテンツに応じる」は複雑な写真には向かない

## 生成拡張を使ってみよう

素材画像「10-01-3.psd」を開きます。ツールバーから切り抜きツールを選び、オプションバーの［塗り］を「生成塗りつぶし」に変更します 15 。右側の女性の頭や腕が入るくらいに引き伸ばし、オプションバーの［◯］ボタンか、return［Enter］キーを押します 16 。プロンプトは何も入力しなくて大丈夫です 17 。

15 切り抜きツールとオプションバー

16 女性の頭や腕が入るくらいに引き伸ばす

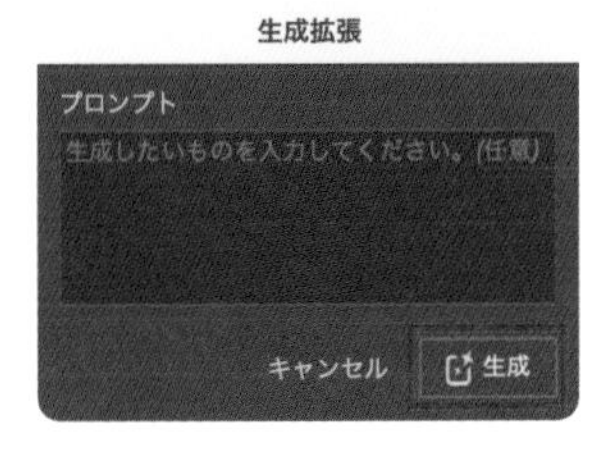


17 何かを復元させる場合はプロンプト不要

［生成］ボタンをクリックして少し待つと、たったこれだけで写真の引き伸ばした部分がしっかり補完されています 18 。補完された部分は新規レイヤーとして追加されており、バリエーションも3つできているので、プロパティパネルにて一番自然なものを選びましょう 19 。

18 生成結果

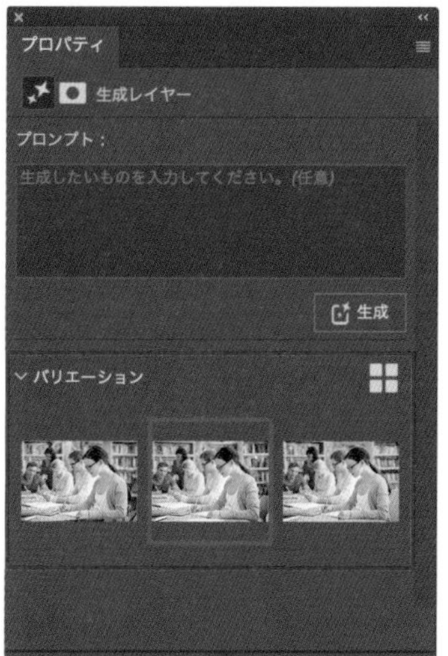


19 レイヤーパネル(左)とプロパティパネル(右)

Let's try 試してみよう！

# ストックフォトサービスを活用する

自分で撮った写真や手持ちの写真素材がイマイチ…というときには、作りたいものに合いそうな写真をストックフォトサービスで探してみるのも便利な方法の一つです。 text：編集部

STEP 1

## ストックフォトとは？

写真やイラスト、動画などの素材があらかじめ豊富に用意されており、利用者に有料・無料で提供するのがストックフォトサービス（ストックフォト）です。ストックフォトには膨大な数の素材が存在し、利用者は目的や用途に応じて素材を検索して、気に入ったものをダウンロードして利用できます。

本書で出てくる作例のいくつかは、ストックフォトサービス「123RF」図1の写真素材を活用して作成しています。

STEP 2

## 「123RF」にアクセス

ここからは123RFを例に、ストックフォトの使い方を見ていきましょう。123RFには、世界各国のクリエイターが提供する2億点あまりの素材（写真、イラスト、動画ほか）があります。

トップページ（https://jp.123rf.com/）にアクセスすると、画面上部にナビゲーションがあり、その下に検索バーがあります図2。

STEP 3

## 素材をキーワード検索

探している素材のキーワードを検索バーに入力して、虫眼鏡の検索ボタンを押すと、キーワードに沿った素材が表示されるので、その中から好みのものを探していくのが基本的な使い方です図3。

図1 ストックフォトサービス「123RF」

https://jp.123rf.com/

POINT

ストックフォトはサービスによって有料・無料が異なり、料金プランもさまざまです。また、ライセンス（使用可能な範囲や条件）もサービスごと、あるいは素材ごとに異なります。使う場合はまず利用条件をよく確認し、利用目的がライセンスに違反していないかを事前に確かめましょう。

図2 ナビゲーションと検索バー

図3 キーワード「ビーグル犬」で検索

\STEP/
## 4 素材の絞り込み

キーワード検索の結果が表示された画面で、検索バーの下にある「PLUS」を選ぶと有料で提供されている素材に、「FREE」を選ぶと無料で利用可能な素材に絞り込みが行えます 図4。

図4 PLUS（有料素材）／FREE（無料素材）で絞り込める

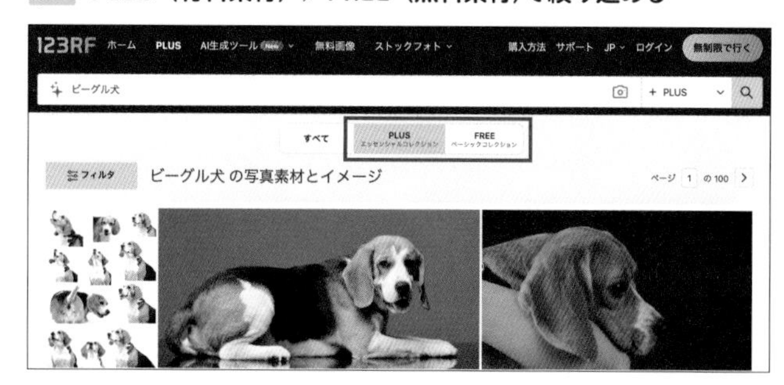


\STEP/
## 5 フィルタ機能を使う

また、「フィルタ」機能を使うと、検索結果の中から条件に合う素材だけに絞り込みが可能です 図5。写真、イラスト、動画など、素材の種類を限定できるほか、ライセンスのタイプ、画像の向きなどでも絞り込めます。

図5 フィルタ機能で「写真素材」だけに絞り込み

\STEP/
## 6 素材のダウンロード

検索結果で目的の素材が見つかったら、素材画像のサムネールをクリックすると、個々の素材のページに移動します 図6。[ダウンロード] をクリックすると素材が入手可能です。有料素材の場合は、サイズを選択できます。

123RFの料金プランには定額制やチケット制などがあり、図7 から確認できます。有料素材を7日間無料で試せるプランも用意されているので、気になる方は試してみてください！

図6 素材のダウンロードページ

図7 ダウンロード料金プラン

**https://jp.123rf.com/products/**

# コンテキストタスクバー

THEME テーマ

**Photoshopで画像やテキストを選択したあとに、選択した内容に応じてよく実行されそうな次のアクションを表示してくれるのが、「コンテキストタスクバー」です。コンテキストタスクバーの表示設定も紹介します。**

## コンテキストタスクバーとは？

Photoshop 2024へのメジャーアップデートで登場した「コンテキストタスクバー」は、ユーザーが次に何をしようとしているかを予測して機能やツールを表示してくれる小さなバーで、ワークスペース上に現れます 01 。

コンテキストタスクバーの機能では、例えば写真を開くと［被写体を選択］が表示されたり、選択範囲を作るとマスクボタンや［生成塗りつぶし］といった項目が表示され、テキストレイヤーを追加すると簡素化したオプションバーのような内容に変わります 02 。このように常に手元に次の操作項目が表示されるため、作業の効率化を図れます。基本的には選択したレイヤー付近に表示され、すべてのレイヤーの選択を解除すると、コンテキストタスクバーも非表示となります。

01 コンテキストタスクバー

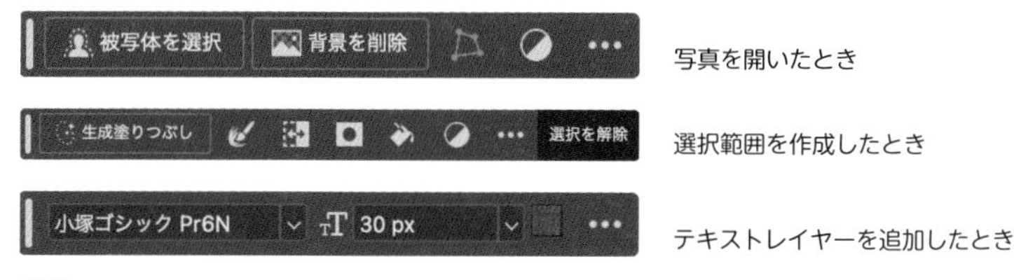


02 状況によって変わる内容

## コンテキストタスクバーの表示設定

一方で、コンテキストタスクバーはレイヤーを選択するたびに、その付近へぽんぽんと移動するため、操作の邪魔になることも多く、本書では基本的に非表示としています。

「邪魔にならない場所に表示させておきたい」場合は、バーの左端を掴んで希望の位置へドラッグさせ、…ボタンをクリックし、「バーの位置をピン留め」をクリックします 03 。するとその場所で固定されるので、ワークスペースの端などに置いておくとよいでしょう。また、…ボタンからバーを非表示にした場合、もう一度表示させるにはメニュー→“ウィンドウ”→“コンテキストタスクバー”にチェックを入れます 04 。

03 バーの位置をピン留め

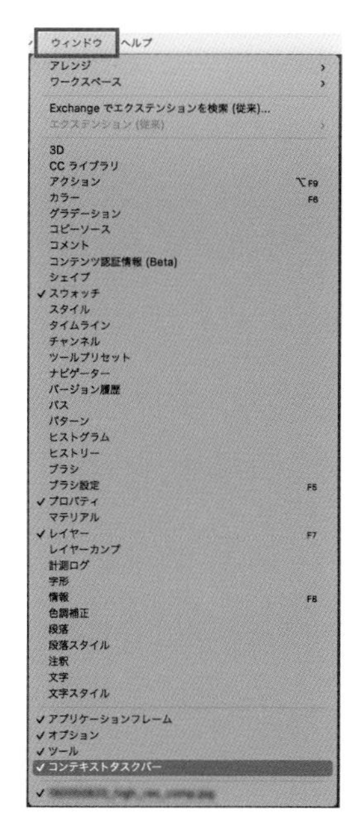


04 コンテキストタスクバーの再表示

# 削除ツール

Lesson10 > 10-03

削除ツールもPhotoshop 2024のバージョンアップで追加された機能の一つ。AI機能を利用しているため、画像から削除したい対象を消すだけでなく、自然な形で補完してくれます。

## 削除ツールとは？

削除ツールはブラシ型のツールで、写真の中で削除したいものを囲むだけで、その部分を削除し、自然な背景を生成してくれるツールです 01 。

同じようなツールにスポット修復ブラシツールがありますが、削除ツールではより広い領域を削除できます。また、スポット修復ブラシはブラシで塗った部分を修復するために周辺のピクセルを参照するため、広い面積に使うと不自然に補完されてしまう場合があります。しかし、削除ツールはAIを搭載しているため、「テーブルの上のフルーツを取り除く」＝「テーブルを復元」と自動的に考えてくれ、望んだ通りの結果になりやすいです 02 。細かい部分の修復は「スポット修復ブラシ」ツール、広い面積の場合は「削除」ツール、と使い分けるのもよいでしょう。

チェックを入れておく

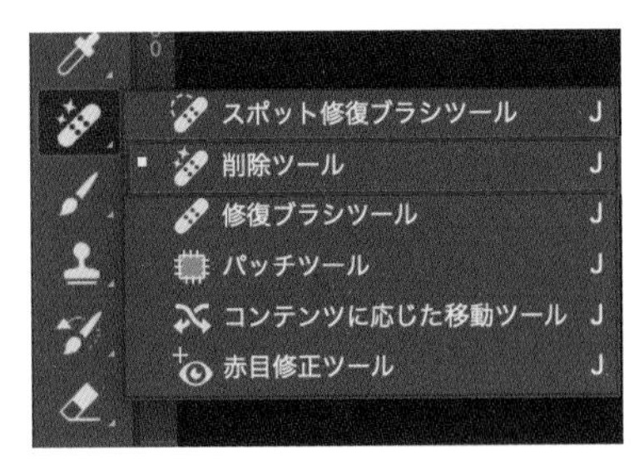


01 削除ツールとオプションバー

**memo**

スポット修復ブラシと同様に、削除ツールもオプションバーで［全レイヤーを対象］にチェックを入れておくと、直接レイヤーに書き込むことなく新規レイヤーを使って非破壊編集ができます。

元画像(赤丸で囲んだフルーツを消す)

削除ツール(AI):テーブルや植物の葉を自然に生成

スポット修復ブラシツール:周辺の情報から不自然に補完

02 削除ツールとスポット修復ブラシツールの比較

## 削除ツールを使ってみよう

素材ファイル「10-03-1.psd」を開いてください。新規レイヤーを追加し、削除ツールを選びます。背景レイヤーではなく新規レイヤーの方に描き込んでいきたいので、オプションバーの[全レイヤーを対象]にチェックを入れます 03 。

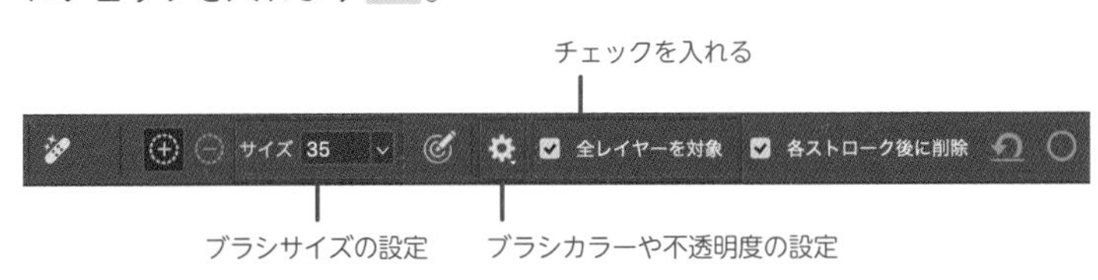


03 オプションバーの設定

フルーツがたくさん置いてある中から一つを、削除ツールで囲んでみましょう。このとき、ごしごしと塗りつぶす必要はなく、なげなわツールのようにフリーハンドで一筆書きで囲むだけで自動的に中が塗りつぶされ、そのまま自動的にフルーツが削除されます 04 。初期設定ではブラシの色がマゼンタになっているので、見づらい場合はオプションバーの歯車アイコンから変更しましょう。

そのまま同じように削除ツールを使ってフルーツをいくつか削除してみましょう 05 。

一筆書きで囲む(※ここでは見やすいようにブラシの色を変更している)

自動的に塗りつぶされる

少し待つと自動的に削除される

04 削除ツールで囲む

05 いくつか削除した結果

**memo**

例で使用している写真のように、ぎっしり物が詰まっている中からきれいに消すのは難しい場合もあります。その場合は消したあとで違和感のある部分をスポット修復ブラシツールなどで調整しましょう。

# これだけは覚えよう！ショートカットキー一覧

## ファイル関連

| | Mac | Windows |
|---|---|---|
| 新規作成 | ⌘＋N | Ctrl＋N |
| 保存 | ⌘＋S | Ctrl＋S |
| 別名で保存 | ⌘＋shift＋S | Ctrl＋Shift＋S |

## 画面操作

| | Mac | Windows |
|---|---|---|
| ドキュメントを100％表示 | ⌘＋1（イチ） | Ctrl＋1（イチ） |
| ドキュメントを画面サイズに合わせる | ⌘＋0（ゼロ） | Ctrl＋0（ゼロ） |
| ズーム（拡大） | space＋⌘＋クリック※ | Ctrl＋space＋クリック |
| ズーム（縮小） | space＋⌘＋option＋クリック※ | Ctrl＋Alt＋space＋クリック |
| 一時的に手のひらツールに切り替える | space＋ドラッグ | space＋ドラッグ |

※OSの設定により⌘→spaceの順でキーを押すとSiriが立ち上がることがあります。
space→⌘の順に押すか、Siriの設定を変える必要があります。

## ツール切り替え

| | Mac | Windows |
|---|---|---|
| 移動ツール | V | V |
| ブラシツール | B | B |
| 横書き文字ツール | T | T |

## 操作関連

| | Mac | Windows |
|---|---|---|
| 取り消し（1つ前に戻る） | ⌘＋Z | Ctrl＋Z |
| やり直し | ⌘＋shift＋Z | Ctrl＋Shift＋Z |
| 自由変形 | ⌘＋T | Ctrl＋T |
| 選択範囲の解除 | ⌘＋D | Ctrl＋D |
| 選択範囲の反転 | ⌘＋shift＋I（アイ） | Ctrl＋Shift＋I（アイ） |
| 新規レイヤーを追加 | ⌘＋shift＋N | Ctrl＋Shift＋N |
| アクティブレイヤーの表示／非表示 | ⌘＋,（カンマ） | Ctrl＋,（カンマ） |
| ブラシサイズを大きくする | （ブラシツールを選択した状態で）] | （ブラシツールを選択した状態で）] |
| ブラシサイズを小さくする | （ブラシツールを選択した状態で）[ | （ブラシツールを選択した状態で）[ |

# Index 用語索引

## た行



## な行



## は行

# Index　用語索引



## ま行



## や行



## ら行



## わ行

# 著者紹介

## おの れいこ

福岡県産フリーランスWebデザイナー。西南学院大学卒業後、不動産系の企業に入社。その後Web業界へ転身し、現在はWebやグラフィック制作を中心に個人やチームで活動中。その他、勉強会やイベント企画・運営など、人と人をつなげる活動も行っている。趣味は画像合成・レタッチ。苦手なものは球技全般。

Picnico：https://picnico.design/

●制作スタッフ

[装丁]　西垂水 敦(krran)
[カバーイラスト]　山内庸資
[本文デザイン]　加藤万琴
[DTP]　生田祐子(ファーインク)
[編集]　山口 優(Lesson3・4)　芹川 宏(Lesson5・6・7)
[執筆協力]　髙橋 宏士朗

[編集長]　後藤憲司
[担当編集]　熊谷千春

初心者からちゃんとしたプロになる

# Photoshop基礎入門　改訂2版

2024年7月1日　初版第1刷発行

[著者]　おのれいこ
[発行人]　山口康夫
[発行]　株式会社エムディエヌコーポレーション
〒101-0051　東京都千代田区神田神保町一丁目105番地
https://books.MdN.co.jp/
[発売]　株式会社インプレス
〒101-0051　東京都千代田区神田神保町一丁目105番地
[印刷・製本]　中央精版印刷株式会社

Printed in Japan


【カスタマーセンター】
造本には万全を期しておりますが、万一、落丁・乱丁などがございましたら、送料小社負担にてお取り替えいたします。お手数ですが、カスタマーセンターまでご返送ください。

落丁・乱丁本などのご返送先
〒101-0051　東京都千代田区神田神保町一丁目105番地
株式会社エムディエヌコーポレーション カスタマーセンター
TEL：03-4334-2915

書店・販売店のご注文受付
株式会社インプレス　受注センター
TEL：048-449-8040 ／ FAX：048-449-8041

【内容に関するお問い合わせ先】

株式会社エムディエヌコーポレーション
カスタマーセンター メール窓口

info@MdN.co.jp

本書の内容に関するご質問は、Eメールのみの受付となります。メールの件名は「初心者からちゃんとしたプロになるPhotoshop基礎入門　改訂2版　質問係」、本文にはお使いのマシン環境（OSとアプリの種類・バージョンなど）をお書き添えください。電話やFAX、郵便でのご質問にはお答えできません。ご質問の内容によりましては、しばらくお時間をいただく場合がございます。また、本書の範囲を超えるご質問に関しましてはお答えいたしかねますので、あらかじめご了承ください。

ISBN978-4-295-20594-4　C3055